编委会

主　编：杨　奇　　刘维华　　张德权

副主编：陈海燕　　杨俊华　　赵　娟　　卜宁霞　　陈　娟

编　写：陈海燕　　杨俊华　　赵　娟　　卜宁霞　　陈　娟

　　　　邓亚婷　　吴春燕　　马春芳　　孔祥明　　张　雯

　　　　崔生玲　　陈建蓉　　李永琴　　张慧宁　　陈秀红

　　　　李　昕　　谢荣国　　白庚辛　　邵　倩　　王　洁

　　　　马　静　　马　岩　　张　虎　　武永生

兽药饲料畜产品质量安全监测技术指南

宁夏回族自治区兽药饲料监察所　编

黄河出版传媒集团
阳光出版社

图书在版编目（CIP）数据

兽药饲料畜产品质量安全监测技术指南 / 宁夏回族
自治区兽药饲料监察所编. -- 银川:阳光出版社,
2024.1
　ISBN 978-7-5525-7227-8

Ⅰ.①兽… Ⅱ.①宁… Ⅲ.①兽用药－质量检验－指
南②饲料－质量检验－指南③畜产品－质量检验－指南
Ⅳ.①S859.79-62②S816.1-62③S872-62

中国国家版本馆 CIP 数据核字(2024)第 012859 号

兽药饲料畜产品质量安全监测技术指南　　宁夏回族自治区兽药饲料监察所　编

责任编辑　郑晨阳　　薛　雪
封面设计　赵　倩
责任印制　岳建宁

黄河出版传媒集团
阳　光　出　版　社　出版发行

出 版 人　薛文斌
地　　址　宁夏银川市北京东路 139 号出版大厦（750001）
网　　址　http://www.ygchbs.com
网上书店　http://shop129132959.taobao.com
电子信箱　yangguangchubanshe@163.com
邮购电话　0951－5047283
经　　销　全国新华书店
印刷装订　宁夏凤鸣彩印广告有限公司
印刷委托书号　（宁)0028413

开　　本　787 mm×1092 mm　1/16
印　　张　24.75
字　　数　500 千字
版　　次　2024 年 1 月第 1 版
印　　次　2024 年 1 月第 1 次印刷
书　　号　ISBN 978－7－5525－7227－8
定　　价　118.00 元

目 录
CONTENTS

第①篇

兽药质量安全监测技术指南

第 1 章　兽药检测概述

兽药是指用于预防、治疗、诊断动物疾病或有目的地调节动物生理机能的物质，主要包括血清制品、疫苗、诊断制品、微生态制品、中药材、中成药、化学药品、抗生素、生化药品、放射性药品，以及外用杀虫剂、消毒剂等。根据我国兽药行业发展趋势，可将兽药分为生物制品、化学兽药、中兽药三个类别。

兽药产业是促进畜牧业健康发展的基础性产业，随着国内畜禽养殖业规模化、集约化进程不断加快，养殖企业和养殖场户面临的疫病防控风险不断加大，对于动物疾病防治的重视程度日益增加，推动了国内兽药市场的快速发展。兽药企业产业链向一体化和商业化拓展，不断创新，加强技术攻关，推动了行业生产能力和技术水平的提升，打破了国外制药巨头在中国的市场垄断，市场竞争力显著提升。2021年，全国兽药生产企业共 1 579 家，生产总值 752.2 亿元，同比增长 36.3%。截至2022 年，宁夏回族自治区有兽药生产企业 7 家，共 23 条生产线，兽药产品批准文号 177 个，2022 年，兽药生产总值超 37.1 亿元。但是，我国兽药企业存在数量多、规模小、企业结构不合理、制剂工艺总体水平不高、产品竞争力不强、市场竞争无序等问题，这些已成为兽药行业持续发展的巨大阻力。在此背景下，农业农村部对兽药相关规章和规范性文件进行了修订颁布和实施，2022 年全面推进新版《兽药生产质量管理规范（2020 年修订）》实施，进一步深化兽药产品批准文号行政审批"放管服"改革，修订了《兽药注册管理办法》和《进口兽药管理目录》等法规，促进兽药行业更加规范和可持续地发展，保障兽药行业绿色健康发展。

兽药产品质量安全对促进兽药行业健康发展、维护畜牧业产品质量安全发挥着重要作用。近年来，我国兽药产品质量不断提高，2005—2019 年兽药产品合格率由

72.7%提高到 98.22%。近 3 年，宁夏抽检兽药产品 1 265 批，其中合格 1 165 批，不合格 100 批，总合格率为 92.09%。检出不合格的项目主要包括性状、鉴别、含量、pH 及非法添加等，其中兽药有效成分含量不合格占比最高。含量不合格主要与未严格按照生产工艺生产，不按标准规定投料有关；中兽药原料以次充好或以伪品代替正品等导致鉴别项目不合格，在显微鉴别时能检出植物组织特征，但采用薄层色谱法鉴别时，却检不出相应的成分；pH 不合格，将导致药物稳定性、生物利用度等无法有效控制；性状不符合规定可能与投料质量及工艺、储运环境等因素有关，直接影响药品质量。

使用不合格的兽药，会对动物以及动物源性食品消费者甚至兽药使用人员和环境造成不同程度的危害，从而给畜产品质量安全及人类健康造成严重的隐患。为进一步强化兽药产品质量安全监管，确保兽药产品安全有效，《中华人民共和国兽药典》《兽药规范》《兽药质量标准》《中华人民共和国兽用生物制品规程》，以及新批质量标准和地方标准等逐步加强安全性项目控制、高风险制剂安全性控制项目要求和兽药杂质控制，增修订部分品种有关物质检查项目及限度，增加了细菌内毒素等项目控制，强化重点品种质量控制，进一步完善中兽药显微鉴别和薄层鉴别等方法，以促进兽药质量持续提高。

目前，部分生产企业为了追逐利益、提高其所生产药物的疗效，违规添加抗菌药、禁用兽药、人用药品以及农业部门未批准使用的其他化合物，即兽药处方外添加其他化合物的现象日益突出。添加方式有中药中添加化学药品、化学药品以同类药物替代标称药物、一种制剂添加多种药物等。兽药中的非法添加极易造成不知情用药，导致动物源性食品的兽药残留，带来严重的食品安全风险和生物安全风险，也侵害合法生产企业的正当利益，扰乱兽药市场秩序。2009 年，农业部加强了对兽药处方外非法添加的关注，组织开展添加物的筛查以及检测技术的研究。2016 年，确定了兽药处方外非法添加物筛查原则，陆续建立了理化分析和高效液相色谱、质谱等仪器分析方法，颁布了 28 个兽药非法添加物检测方法标准。2019 年，建立了系列防范非法添加检查方法和通用方法，完善处方外非法添加物检测方法光谱数据库。截至 2021 年，农业农村部发布处方外非法添加物检测方法标准的公告/文件共 23 个，发布标准 82 个。经过修订，现行有效检测方法标准 51 个，检测非法添加目标物 132 种，筛查紫外光谱图库 153 种。农业农村部发布的系列检查方法对《中华人民共和国兽药典》起到了重要补充作用，兽药非法添加物检测方法标准的检测对象从单个制剂向一类制剂发展，目标物质从单个化合物向一类化合物扩增。标准在进一步发展过程中扩大检测方法适用性，加强高效及高通量检测技术研究，并据此开展禁用药物和非法添加物监督检查，全面遏制兽药处方外非法添加，为农产品质量安全风险监测发挥了重要作用。

兽药质量检测工作是规范生产和依法监管的重要依据。近年来，在以各种仪器为载体的前提下，加强了现代分析技术的应用，化药类兽药检测由原来以容量分析法为主，逐步转向采用高效液相色谱法、气相色谱法等，提高了检验的专属性、准确性、精密性；中兽药由传统的薄层鉴别、显微鉴别，仅检验"有没有"，到现利用气相色谱、高效液相色谱仪等，向检验"有多少"转变；兽药非法添加由原来的薄层鉴别和显微鉴别逐步转向高效液相色谱法、超高效液相色谱–质谱联用仪、超高效液相色谱仪–二极管阵列检测法等，扩大筛选范围、提高检测效率和准确性。

第 2 章　兽药质量安全监测技术

　　兽药质量安全监测技术是兽药质量控制的重要手段，近年来，畜牧业的高质量发展对兽药质量的要求不断提高，检测技术的不断更新，对兽药检验工作提出了更高的要求。掌握兽药检验新理论、新方法、新技术，是保证兽药检验结果科学性、可靠性的前提，本章主要介绍了目前兽药质量检测常用理化分析法、仪器分析法、微生物法等检测技术，兽药非法添加最常用的超高效液相色谱仪-二极管阵列检测法（UPLC-PDA 法）、高效液相色谱仪-二极管阵列检测法（HPLC-PDA 法）和飞行时间质谱法（TOF-MS 法）及监测细菌耐药性的全自动细菌生化鉴定法、分子生物学鉴定法、微量肉汤稀释法等。

第 1 节　兽药质量检测方法

1　理化分析法

　　理化分析是通过物理、化学等分析手段进行分析，确定物质成分、性能、微观及宏观结构和用途等，在兽药检测中常用来进行药物性状、鉴别、检查和含量测定等项目的检测。

1.1　容量分析法

　　容量分析又称滴定分析，是一种重要的定量分析方法，此法将一种已知浓度的试剂溶液滴加到被测物质的试液中，根据完成化学反应所消耗的试剂量来确定被测物质的量。依据滴定液与被测物质之间发生的化学反应类型不同可将容量分析法分为酸碱滴定法、氧化还原滴定法、沉淀滴定法和非水滴定法等，其中酸碱滴定、氧化还原滴定、配位滴定、沉淀滴定和非水滴定法等称为目视滴定方法，涉及的器具有滴定管、容量瓶、移液管、刻度吸量管等；此外，还有广泛使用的仪器滴定法，如可采用电位滴定仪和永停滴定仪。测定过程中需注意酸碱滴定管的排气、滴定速度的控制、读数和终点的判定、标准溶液的配制及电极保存等操作的影响。

容量分析法作为传统的分析技术具有方便、快速、准确等优点，在现行兽药质量标准中仍有一定的保留并发挥着其应有的作用。《中华人民共和国兽药典》（2020 年版）中共收载原料药及制剂共 477 个品种，其中 172 个品种采用容量分析法进行含量测定，主要有消毒剂、磺胺类、解热镇痛类和驱虫类药物。

1.1.1　酸碱滴定法

酸碱滴定法是利用酸和碱在水中以质子转移反应为基础的滴定分析方法。最常用的酸标准溶液有盐酸或硫酸，标定的基准物质是碳酸钠；最常用的碱标准溶液是氢氧化钠，标定的基准物质是邻苯二甲酸氢钾。如碳酸氢钠注射液用盐酸标准溶液测定含量，硼葡萄糖酸钙注射液用氢氧化钠标准溶液测定硼酸含量。酸碱滴定法的关键是滴定终点的确定，也与滴定过程中 pH 的变化情况和变化规律有关，根据滴定突跃选择指示剂。滴定曲线显示，滴定突跃（在计量点附近突变的 pH 范围）范围较大，pH 为 4.30~9.70，凡是变色范围全部或部分落在滴定突跃范围内的指示剂都可以用来指示终点，所以酸性指示剂（甲基橙、甲基红）和碱性指示剂（酚酞）都可用来指示强碱滴定强酸的滴定终点。

1.1.2　氧化还原滴定法

氧化还原滴定法是以溶液中氧化剂和还原剂之间的电子转移为基础的一种滴定分析方法，该法所用氧化滴定剂有高锰酸钾、重铬酸钾、碘、铁氰化钾、氯胺等；还原滴定剂有亚砷酸钠、亚铁盐等，根据标准溶液所用的氧化剂或还原剂不同，可分为高锰酸钾法、重铬酸钾法和碘量法。氧化还原滴定的等当点可借助仪器滴定法（如电位分析法）来确定，但通常借助指示剂来判断；有些滴定剂溶液或被滴定物质本身有足够深的颜色，如果反应后褪色，则其本身就可起指示剂的作用，例如高锰酸钾；而可溶性淀粉与痕量碘能产生深蓝色，当碘被还原成碘离子时，深蓝色消失，因此在碘量法中，通常用淀粉溶液作指示剂；本身发生氧化还原反应的指示剂，例如二苯胺磺酸钠、次甲基蓝等，在滴定到达等当点附近时，它也发生氧化还原反应，且其氧化态和还原态的颜色有明显差别，从而指示出滴定终点。与酸碱滴定法相比较，氧化还原滴定法不仅可用于无机分析，而且可以广泛用于有机分析，许多具有氧化性或还原性的有机化合物可以用氧化还原滴定法来进行分析。如治疗家畜缺铁性贫血的常用内服药硫酸亚铁、抗原虫药甲硫喹嘧胺，在《中华人民共和国兽药典》（2020 年版）中其含量测定方法分别是高锰酸钾法和重铬酸钾法；安乃近注射液和二巯丙磺钠注射液含量测定均采用的是碘量法。

1.1.3　配位滴定法

配位滴定法是以配位反应为基础的一种滴定分析法，又称为络合滴定，可用于对金属离子进行测定。若采用乙二胺四乙酸（EDTA）作配位剂测定金属原子，其反应可表示为 $M^{n+}+Y^{4-}=MY^{n-4}$，式中 M^{n+} 表示金属离子，Y^{4-} 表示 EDTA 的阴离子。作为配位滴定反应生成的配合物要有确定的组成和足够的稳定性、配合反应速度要足够快等特点。如葡萄糖酸钙注射液和氢氧化铝胃黏膜保护剂等药物的含量测定均采用此类方法。

1.1.4　沉淀滴定法

沉淀滴定法指的是以沉淀反应为基础的一种滴定分析方法。目前，在兽药检测中应用最多的是银量法，即以硝酸银标准溶液滴定，测定能与 Ag^+ 反应生成难溶性沉淀的一种容量分析法，可以测定的离子有 Cl^-、Br^-、I^-、SCN^- 和 Ag^+ 等，还可以测定经过处理能够产生这些离子的有机化合物如精制敌百虫粉、氯化琥珀胆碱注射液和碘解磷定原料药等。《中华人民共和国兽药典》（2020 年版）中收载的巴比妥、复方氨基比林注射液中巴比妥的含量测定采用的是银量法，该方法是利用巴比妥类药物在碳酸钠的碱性溶液中可以与硝酸银作用，先生成可溶性的一银盐，然后继续反应生成不溶性的二银盐白色沉淀，以硝酸银标准溶液滴定至出现不溶性的二银盐的混浊时，即供试品全部转化为一银盐就是滴定终点，用自身产生的二银盐作为指示剂，最终计算得到巴比妥的百分含量。

1.1.5　非水滴定法

非水滴定法是在非水溶剂中进行的滴定分析方法。非水溶剂指的是有机溶剂与不含水的无机溶剂。主要适用于难溶于水的有机物、在水中不能被直接测定的弱酸或弱碱、在水中不能被分步滴定的强酸或强碱。药物主要用于测定有机碱及其氢卤酸盐、硫酸盐和有机酸盐，以及有机酸碱金属盐类的含量，并用于测定某些有机弱酸的含量。非水滴定法具有简便快速、灵敏准确等优点，因此应用较为广泛。如兽药乙酰甲喹注射液、二甲氧苄啶、三氯苯达唑、马来酸麦角新碱、马波沙星等都是很弱的有机碱，可以在冰醋酸介质中用高氯酸标准溶液滴定测其含量。

1.1.6 电位滴定法与永停滴定法

1.1.6.1 电位滴定法

电位滴定法是利用电极电位和浓度之间的关系来确定被测物质含量的分析方法，其原理基于构成原电池的电动势。构成原电池的两个电极，一个是指示电极，其电极电位随溶液中被分析成分的离子浓度的变化而变化；另一个为参比电极，其电极电位固定不变，靠电极电位的突跃来指示滴定终点。在滴定到达终点前后，滴液中的待测离子浓度急剧变化，引起电位的突跃，被测成分的含量可通过消耗滴定剂的量来计算。如较为广泛应用的消毒类药物聚维酮碘溶液就采用电位滴定法测定其含量。

1.1.6.2 永停滴定法

永停滴定法是利用亚硝酸与有机胺类的氨基发生重氮化反应来测定有机胺类含量的方法，由于亚硝酸很不稳定，极易分解，所以在实际工作中，通常利用亚硝酸钠在酸性条件下产生亚硝酸后再与有机胺类作用。兽用磺胺类药物就是利用结构中含有芳香第一胺基在酸性溶液中与亚硝酸钠标准溶液定量地完成重氮化反应而生成重氮盐，从而计算出其含量的。

1.2 重量分析法

重量分析法，是指称取一定重量的供试品，将其中待测成分以单质或化合物的状态与供试品中其他成分分离出来，根据单质或化合物的重量及供试样品的重量来计算被测成分含量的方法。重量分析法中的全部数据都是直接由分析天平称量得到的，不需要像滴定分析法那样需经过与基准物质或标准溶液进行比较，也不需要用容量器皿测得的体积数据，因而没有这些方面引起的误差。因此，对于高含量组分的测定，重量分析法具有准确度较高的优点，测定的相对误差一般不大于0.1%。重量分析法的不足之处是操作烦琐，费时较长，对低含量组分的测定误差较大。根据待测组分与试样中其他组分分离方法的不同，可以分为沉淀法、气化重量法和电解法。

1.2.1 沉淀法

沉淀法是重量分析法中应用最广泛的一种方法，这种方法是以沉淀反应为基础，将被测组分转化成难溶化合物沉淀下来，再将沉淀过滤、洗涤、烘干或灼烧，最后称量沉淀的重量，根据沉淀的重量算出待测组分的含量。兽用复合维生素 B 注射液中维生素 B_1 的含量测定采用的就是沉淀法。

1.2.2 气化重量法

气化重量法是用适当的方法使待测组分从试样中挥发逸出，再根据试样质量的减少值或吸收待测组分的吸收剂质量的增加值来计算该组分含量的方法。例如，测定某纯净化合物结晶水的含量，可以加热烘干试样至恒重，使结晶水全部气化逸出，试样所减少的质量就等于其所含结晶水的质量。

1.2.3 电解法

电解法又称电重量法，利用电解原理，使金属离子从电极上溶解或在电极上析出，然后称其重量，从而求得其含量，主要用于硅、硫、磷、钨、钼、镍及稀土元素的精确测定和仲裁分析。例如，要测定某试液中 Cu^{2+} 的含量，可以通过电解使试液中的 Cu^{2+} 全部在阴极析出，电解前后阴极质量之差就等于试液中 Cu^{2+} 的质量。

兽药检测中的干燥失重、炽灼残渣均采用的是重量分析法。干燥失重属于重量法中的挥发重量法，挥发重量法包括常压加热干燥、减压加热干燥和干燥剂干燥，本法适用于贵重样品和在空气中易氧化的样品，该项目的检查目的在于控制制剂在生产过程中或储存期间引入的水分，以保证其干燥及稳定性；炽灼残渣用于判断药物中非挥发性无机物含量是否符合限量规定，其中试样的取用量过多，炭化和灰化时间太长；取用量过少，加大称量误差。一般应使炽灼残渣的量在 1~2 mg，炽灼残渣限度一般为 0.1%~0.2%，故试样取用量多为 1.0~2.0 g。炽灼残渣限度较高或较低，可酌情减少或增加试样的取用量。

1.3 杂质限量检查法

药物中含有的杂质是影响药物纯度的主要因素，如药物中含有超过限量的杂质，就有可能使理化常数变动，外观性状产生变化，并影响药物的稳定性；杂质增多也必然造成药物的含量偏低或活性降低，毒副作用显著增加。因此，药物的杂质检查是控制药物纯度、提高药物质量的一个非常重要的环节。利用化学试剂与药物中固定的杂质成分的反应来检查氯化物、硫酸盐、硫化物、铁盐、铵盐、重金属、砷盐等杂质。不同制剂规定检查的杂质不同，一般采用化学、生物或仪器测定法根据该兽药在按既定工艺进行生产和正常贮存过程中可能含有或产生并必须控制的杂质（如残留溶剂、有关物质等）进行检查。杂质的限量是指药物中所含杂质的最大允许量，只要药物中的杂质含量在一定的限度内，对动物不产生毒害，不影响药物的疗效和稳定性，就可供动物治疗保健用。《中华人民共和国兽药典》（2020 年版）规定的杂质检查主要为限量检查，检查时，一般无须测出杂质的准确含量，只要杂质的含量范围控制在限量范围内，即为合格。

1.4　物理常数测定法

物理常数是表示药物物理性质的特征常数，其数值由药物分子结构及其聚集状态等因素决定，在一定条件下是不变的。物理常数检查法利用物理法检查兽药的固有理化特性是否发生改变以及发生改变的程度，是控制兽药质量的重要检查方法，测定结果不仅对兽药具有鉴别意义，也反映了该药品的纯度。检查的参数有熔点、相对密度、比旋度、渗透压摩尔浓度、吸收系数和 pH 等。纯物质的熔点和相对密度在特定条件下为常数，若物质的纯度不够，则其测定值会随着纯度的变化而改变，依据测定的熔点和相对密度，可以鉴别或检查药品的纯度；pH 体现水溶液制剂中氢离子的活度，其反映药物是否按规定的生产工艺制备，影响着药物的稳定性和有效性；渗透压摩尔浓度主要针对兽用静脉输液和滴眼液等，若处方中添加了渗透压调节制剂，均应控制渗透压摩尔浓度。常用仪器包括熔点仪、比旋度仪、渗透压摩尔浓度测定仪、酸度计等。每个参数具体检查方法可参考《中华人民共和国兽药典》（2020 年版）附录 0600。

1.5　特性检查法

对药品溶液的颜色、澄清度、不溶性微粒、可见异物、崩解时限、溶出度、最低装量、装量差异等的检查称为药品特性检查，不同制剂的检查指标不一样，如片剂须检查重量差异和崩解时限；散剂检查外观均匀度、含量均匀度等；注射液检查装量差异、可见异物、不溶性微粒等。溶液的颜色和澄清度在一定程度上可反映药品的质量和生产工艺水平；检查重量和装量差异目的在于控制制剂的每片、每瓶或每袋重量及装量的一致性，保证用药剂量的准确；溶出度和崩解时限的检查是为了保证药物的有效性和安全性。此类检查常用的仪器有崩解仪、智能溶出度仪、微粒分析仪等，每个参数具体检查方法可参考《中华人民共和国兽药典》（2020 年版）附录 0900。此类方法的检验结果客观，不受检验人员的主观影响，为药品质量的评价提供客观而科学的依据；且能深入地分析药品成分内部结构和性质，反映兽药的内在质量。其局限性表现在需要一定仪器设备和场所，成本较高，要求条件严格；检验需要的时间较长；要求检验人员具备扎实的基础理论知识和熟练的操作技术。

1.6　中兽药显微鉴别法

中兽药显微鉴别法指的是利用显微镜对中药药材、粉末及粉末制剂中药材的组织、细胞或内含物等特征进行鉴别的方法。显微鉴别法是《中华人民共和国兽药典》（2020 年版）中中兽药药材和中成药鉴别的主要方法，通过观察药材和成方制剂中各药材特异的组织结构，既可以检测成方制剂中所列的所有组分，还可以检测出制剂中未包含的成分，如添加成方组分外的其他中药或添加化药，它是定性判定中兽药真假的主要方法之一。通过将观察到的组织结构和《中华人民共和国兽药典》中规定的要求进行比较，来判定是否符合规定。为了提高显微鉴别的正确性，可将供试药物的中药对照药材或已经鉴定品种的中药材进行对照比较，或者参照中国兽药典委员会编著的《中药显微鉴别和薄层色谱彩色图集》中收录的图片进行对照比较。

2　仪器分析法

2.1　光谱法

光谱法是基于物质与电磁辐射作用时，测量由物质内部发生量子化的能级之间的跃迁而产生的发射、吸收或散射辐射的波长和强度而进行分析的方法，广泛用于地质、冶金、石油、化工、农业、医药、生物化学、环境保护等多个领域，光谱分析法是常用的灵敏、快速、准确的近代仪器分析方法之一，主要有紫外-可见分光光度法、红外分光光度法等。

2.1.1　紫外-可见分光光度法

该法在 190~800 nm 波长范围内测定物质的吸光度，用于药品的鉴别、杂质检查和含量测定，可用于定性和定量分析，本法是《中华人民共和国兽药典》收载最早的仪器分析方法之一，适用于微量和痕量组分分析，测定灵敏度可达到 $10^{-7}\sim10^{-4}$ g/mL 或更低范围，相对误差可小于 1%，使用设备简单，操作简便，在药品检验中有着较为广泛的应用。但是由于紫外光谱是带光谱，不能和红外光谱、拉曼光谱一样可提供化合物结构的指纹信息，故其专属性不强，可作为鉴别试验组合方法之一，一般不单独使用。在应用中应注意它只适用于一些特定的杂质。《中华人民共和国兽药典》（2020 年版）中收载的芬苯达唑片、阿苯达唑片等药物通过紫外分光光度法在一定波长或特定波长下有吸收峰来进行鉴别和含量测量。

2.1.2　红外分光光度法

红外分光光度法在 4 000~400 cm⁻¹ 波数范围内测定物质的吸收光谱，广泛应用于化合物的鉴别、检查及含量测定。由于红外光谱的高度专属性，在药品检验工作中，其常与其他理化方法联合使用，作为有机药品特别是原料药的鉴别手段。鉴于有机药品品种不断增加，许多药品化学结构比较复杂或相互间差异较小，用颜色反应、沉淀、结晶形成或紫外-可见分光光度法等常用方法不足以对其进行区分时，采用红外分光光度法可以有效地解决上述问题。此外，由于红外光吸收与物质浓度的关系在一定范围内服从朗伯-比尔定律（Lambert-Beer Law），因而可采用红外分光光度法对药品进行定量分析。供试品的制备除另有规定外，应按照中国兽药典委员会编的《兽药红外光谱集》收载的各光谱图所规定的方法制备样品并进行检测。该法需要注意的是单一组分样品的纯度应大于 98%；制备样品时，红外光谱仪实验室的温度应控制在 15~30 ℃，相对湿度应小于 65%；除另有规定外，样品应在制样前，按照药品质量标准中各品种项下干燥失重的条件进行干燥。若该药品为不检查干燥失重、熔点范围低限在 135 ℃以上、受热不分解的供试品，可在 105 ℃条件下进行干燥；熔点在 135 ℃以下或受热分解的供试品，可在五氧化二磷干燥器中干燥过夜或采用其他适宜的干燥方法进行干燥；制样过程中，样品的浓度要适当，一般要保证制成的样品红外光谱图最强吸收峰的透光率在 5%~20%；采用压片法制样时，所使用的溴化钾或氯化钾要有一定的纯度，无明显的干扰吸收，应预先研细，最好过 200 目筛，然后在 120 ℃条件下干燥 4 h 后分装在磨口瓶中，加塞密闭后在干燥器中保存备用；供试品研磨应适度，通常以粒度 2~5 μm 为宜；压片法制成的片厚一般调节至 0.5 mm 以下。

2.2 色谱法

色谱法是一种分离和分析方法,在分析化学、有机化学、生物化学等领域有着非常广泛的应用,其原理是利用不同物质在不同相态的选择性分配,以流动相对固定相中的混合物进行洗脱,混合物中不同的物质以不同的速度沿固定相移动,最终达到分离的效果,目前常用的仪器有薄层色谱展开成像系统、高效液相色谱仪和气相色谱仪等。

2.2.1 薄层色谱法

薄层色谱法又称薄层层析法,将供试品溶液点于薄层板上,根据被分离组分的极性,选择合适的单一溶剂展开剂或混合展开剂,在展开容器内展开,使供试品所含成分分离,可用于鉴别、限量检查和含量测定。薄层色谱法具有快速、简便、直观、经济等优点;可同时分离多个样品;可通过改换展开剂、展开方向、显色衍生等获得样品丰富的检测信息。近年来,薄层色谱法在非法添加化学药品的筛查方面不可或缺,凸显其快速、经济的优势。该法需要注意的是薄层色谱点样量一般为 0.5~10 μL,样品浓度通常为 0.5~2 mg/mL;样品太浓或点样量过大时,展开剂会从原点外围绕行而不是通过整个原点把它带动向前,使斑点拖尾或重叠,降低分离效率。手动点样一般用 0.5 μL、1 μL、2 μL 和 5 μL 定量毛细管或微量注射器进行点样;点状点样直径通常控制在 3 mm 以内,在同一圆点进行多次点样时,要尽可能使每次的点样环中心重合,直径大小一致,以免形成多个环状,在圆点的不均匀分布将使展开后的色谱图带不够清晰和整齐。自动点样所用样品溶液点样前要通过 0.45 μm 滤膜过滤,避免溶液中的杂质堵塞点样针;样品瓶中样品量一般要求 0.5 mL 以上,过少将吸取不到样品或者损伤点样针;根据点样溶液性质选择相应洗针液,及时补充洗针液和清空废液瓶。展开剂应严格按照比例准确配制,用量以薄层板浸入的深度距原点 5 mm 为宜,切勿倒入过多;若原点浸入展开剂,成分将被展开剂溶解而不能随展开剂在板上分离。展开剂要现用现配,不能重复使用。

2.2.2 高效液相色谱法

高效液相色谱法是在高压力下,利用不同组分与固定相和液体流动相作用力不同,实现分离的色谱方法。此法具有高度的专属性,特别适合对复杂体系样本的分离。高效液相色谱法广泛应用于药品研发、生产、质控、监督等领域,涉及药品鉴别、杂质控制、含量测定、打击假冒伪劣药品等方面，已成为药物分析与药品检验的主流分析方法。该法用于药品鉴别的基础是两个结构相同的组分具有相同的保留值，通过验证供试品的保留值是否与对照品相同，进而间接确证供试品结构与对照品结构是否相同；该法用于药品含量测定，是基于待测组分的色谱峰面积或峰高与待测组分的量相关（通常呈线性或对数线性关系），通过比较供试品中待测组分的色谱峰面积或峰高与对照品色谱峰面积或峰高的大小来确定供试品待测组分的量。操作过程中应注意以下几点：流动相要用符合液相纯度要求的试剂配制，配制好的流动相应采用适宜的滤膜过滤，用前必须脱气，贮存于玻璃等容器内，不能贮存在塑料容器中；根据实验要求和流动相的 pH 范围，选择合适的色谱柱；除另有规定外，按规定配制对照品溶液和供试品溶液，定量测定时，对照品溶液和供试品溶液均应配制两份，且注入液相色谱仪之前，应采用适宜的滤膜过滤，以减少对色谱系统产生污染或影响色谱分离；样品分析前须进样稀释溶剂，以排除对待测物质峰的干扰。

2.2.3　气相色谱法

气相色谱法是利用气体作流动相的分离分析方法，气相色谱法具有分离效率高、分析速度快、应用广泛、检测灵敏度高等优点，主要用于分离分析各类易挥发性物质，检测药物的含量、有关物质、特征图谱以及残留溶剂等。操作过程中须准确配制供试品溶液和对照品溶液，按规定方法进行测定；多份供试品测定时，每隔5 批供试品测定完成后再进样对照品溶液 2 次，核对仪器有无变化；对于挥发性或热稳定性较差的样品，须进行预处理再进行分析，预处理方法通常有衍生化法和分解法。

3　生物检查法

3.1　无菌检查法

无菌检查法是在严格遵守无菌操作的条件下，将处理后的供试品接种于不同的培养基中按规定培养，根据培养结果判断供试品是否无菌的方法，包括薄膜过滤法和直接接种法。该法用于检查要求无菌的兽药、原料、辅料、兽医医疗器具及其他品种。具体检验方法和结果判断参考《中华人民共和国兽药典》（2020 年版）一部附录 1101 规定。该法须注意防止微生物污染，防止污染的措施不得影响供试品中微生物的检出；单向流空气区、工作台面及环境应定期按医药工业洁净室（区）悬浮粒子、浮游菌和沉降菌的测试方法的现行国家标准进行洁净度确认；无菌检查内部环境的洁净度须符合无菌检查的要求，日常检验还须对试验环境进行监控。由于微生物污染分布的不均匀性，无菌检查结论具有一定的局限性，限制了对整批产品无菌性的评价，仅代表供试品在该检验条件下微生物污染的情况。

3.2 微生物计数法

微生物计数法用于检查非无菌制剂及其原、辅料等是否符合相应的微生物限度标准，包括平皿法、薄膜过滤法和最可能数（Most probable number，MPN）法。检查时，应根据供试品理化特性和微生物限度标准等因素选择计数方法，检测的样品量应能保证所获得的试验结果能够判断供试品是否符合规定，所选方法的适用性须经确认。具体检验方法和结果判断参考《中华人民共和国兽药典》（2020 年版）一部附录 1105 规定。除另有规定外，本法不适用于活菌制剂的检查；供试品检查时，若使用了中和剂或灭活剂，应确认其有效性及对微生物无毒性。

3.3 蛋白酶级联反应法

目前，细菌内毒素检查是利用内毒素可先后激活鲎试剂中 C 因子、B 因子、凝固酶原、凝固蛋白原发生蛋白酶级联反应，最终使鲎试剂产生凝胶、浊度或颜色改变，以量化样品中的细菌内毒素，判断药品中细菌内毒素的限量是否符合规定，根据反应结果分为凝胶法、浊度法和显色基质法。凝胶法通过鲎试剂与内毒素发生凝集反应产生凝固蛋白（凝胶）的原理来定性或半定量检测内毒素，此法操作简单，是目前最常用的方法，具体检验操作方法按《中华人民共和国兽药典》（2020 年版）一部附录 1143 规定执行。在细菌内毒素检查实验中，应使用细菌内毒素国家标准品或细菌内毒素工作标准品，实验操作过程中应防止内毒素的污染，溶解鲎试剂及混匀供试品和鲎试剂时，不要剧烈振荡，避免产生气泡，以免影响检验结果。

随着鲎试剂的逐渐减少，急需新的细菌内毒素检查方法，开展重组 C 因子测定内毒素的研究。重组 C 因子法使用的试剂中只包括重组 C 因子和荧光底物，内毒素激活重组 C 因子，活化的重组 C 因子与荧光底物发生反应，产生荧光，即可检测。因此重组 C 因子的反应更加专属适用于含有 β 葡聚糖干扰的样品的检测。

3.4 抗生素微生物检定法

该法是利用抗生素在低、微浓度下可选择地抑制或杀死微生物的特点，以抗生素的抗菌活性为指标，来衡量抗生素中的有效成分效力的方法，也称抗生素效价测定方法。《中华人民共和国兽药典》抗生素微生物检定包括管碟法和浊度法。其中管碟法是利用抗生素在摊布特定试验菌的固体培养基内呈球面形扩散，形成含一定浓度抗生素球形区，抑制了试验菌的繁殖而呈现出透明的抑菌圈。此法是根据抗生素在一定浓度范围内，其总量的对数与抑菌圈直径（面积）呈线性关系，通过比较标准品与供试品产生抑菌圈的大小，计算出供试品的效价。浊度法是将一定量的抗生素加至接种有试验菌的液体培养基内，混匀后，经短期培养（一般为 3~4 h），测量液体培养基的浊度，用其表征抗生素对试验菌生长的抑制作用；通过比较标准品与供试品对试验菌生长抑制的程度，测定供试品效价的一种方法。具体检验方法和结果判断参考《中华人民共和国兽药典》（2020 年版）一部附录 1201 规定。

第 2 节　兽药非法添加检测技术

兽药非法添加检测技术可有效帮助打击兽药非法添加现象。目前最常用的检测技术是超高效液相色谱仪-二极管阵列检测法（UPLC-PDA 法）、高效液相色谱仪-二极管阵列检测法（HPLC-PDA 法）和飞行时间质谱法（TOF-MS法）。

1　超高效液相色谱仪-二极管阵列检测法（UPLC-PDA 法）

UPLC-PDA 法适用于兽药及其原料与辅料中有紫外发色团的非法添加物初步筛查。该方法特异性强，易于初步判断，可根据光谱形状推测药物大致分类（如解热镇痛类、磺胺类、氟喹诺酮类等），再通过保留时间与谱图库的光谱图对比，可基本锁定概率较高的几种目标添加物，易于对非法添加物进行初步分类判断。UPLC-PDA 法可实现对所有类型的兽药进行筛查，操作简单，进样时间短，进样量少，分析效率高，可减少溶剂损耗，降低分析成本，更凸显现代环保理念。但该方法由于谱图库覆盖面有限，无法检测未收录的化合物，对于光谱图库外的未知添加物无法分析，虽然通过扩充光谱图库可以使其覆盖面增大，但扩充数量有限，特别是对于无紫外吸收的未知物无法扩充，不能实现全覆盖，难以形成筛查规模，有一定的局限性；同时只能做到粗筛后的初步判定，无法确证具体未知物，筛查结果呈可疑阳性的样品，须按农业农村部发布的非法添加检查方法标准进一步检验，从表述上仅能判为可疑阳性结果，不能判定具体检出或未检出某物质。具有紫外吸收的辅料在色谱图中出峰时极易被误判为未知非法添加物，在数据处理时，须注意区别色谱图中的峰是原料药的还是辅料的，以防造成假阳性判定。

2 高效液相色谱仪－二极管阵列检测法（HPLC-PDA 法）

HPLC-PDA 法适用于兽药及其原料与辅料中有紫外发色团的非法添加物确证检测，检查内容明确，目标性强。根据样品色谱图中出现的最大吸收波长和保留时间与对照品对比，再通过液相软件中的纯度与光谱匹配度的计算，进一步确认目标添加物。高效液相色谱法作为一种分离效率高、选择性好、操作简单的仪器方法，在检验检测机构中兽药非法添加方面得到了快速的推广应用。但是，该方法仅能实现检测某一类或者几种兽药中的特定的一个或几个非法添加物，检测覆盖面较小，检测效率低，不能在短时间内实现所有药品的非法添加检查。检测过程中对于除方法中规定的非法添加目标物之外的其他非法添加物无法检测，有一定的局限性；在数据分析时，分析色谱图中的峰是否代表非法添加物，须结合该药物的有关物质色谱图综合分析，考虑检出物是否属于有关物质范畴，如果检出物在有关物质标准规定限度以内，则判定该药物为合格兽药，反之判定其为不合格的劣药，不属于非法添加范畴。

3 飞行时间质谱法（TOF-MS 法）

TOF-MS 法主要用于本身没有共轭结构、没有紫外吸收或者即使有紫外吸收但组分复杂的药物的初步筛查。该方法可以实现液相检测方法可检和不可检的所有兽药及其复杂成分的检测，该方法通用性强，检测覆盖面广，进样时间短，进样量少，分析效率高；TOF-MS 法没有质量分析上限，分析速度快，飞行时间质谱仪作为脉冲型质量分析仪，数据采集速度快，分辨率高，分辨率可达 55 000，可直接进行元素组成分析，质量准确度高，TOF-MS 法全扫描方式检测的离子质量准确度要比一般质谱高 100 倍以上，灵敏度高，TOF-MS 法不需要进行任何电压或电流的扫描，离子传输效率很高。但质谱仪作为目前高端分析仪器之一，其操作及分析技术掌握难度大，数据库建立困难，有一定的局限性；通过该方法对样品进行全扫描检测，仅可实现分子量及同位素的确定，可初步推断是疑似非法添加物，无法确证具体未知物，确证还需要其他分析仪器辅助检测。

第 3 节　动物源细菌耐药性监测技术

动物源细菌耐药性监测技术主要有细菌分离鉴定和药物敏感性检测。细菌分离鉴定最早依赖于菌落生长和染色镜检的形态判定，后根据细菌的生理生化特点，通过细菌与特定物质的显色、产气等，进一步准确确定细菌的种类。随着分子生物学技术的发展，聚合酶链反应（PCR）检测技术开始应用于细菌鉴定，使得细菌鉴定更为快速、便捷，如今随着基因测序技术的发展，细菌鉴定甚至不受培养条件的限制，可直接从样本中获取细菌群落结构、功能基因等信息，便于细菌资源的开发与利用、细菌性传染病流行趋势研究等。药物敏感性检测试验的耐药表型检测方法有纸片扩散法和稀释法，稀释法主要有试管肉汤稀释法、微量（MH）肉汤稀释法、琼脂稀释法等；使用商品化的药物敏感性检测试剂盒，可有效地提高指示菌药敏检测结果的准确性。耐药基因型可通过 PCR 和基因测序技术进行检测。

1　全自动细菌生化鉴定法

全自动细菌生化鉴定法是基于已知细菌的特征性实验数据和理论知识以及所分析的反应结果建立的，用已知菌株获取大量实验数据建立该菌种的典型反应，形成鉴定生化反应谱，将多种、微量反应底物集成在 1 张鉴定卡中，通过将待鉴定菌的碳源利用、酶类活性等生化反应，与数据库信息对照，可实现微生物自动鉴定。目前常见的全自动微生物鉴定系统有 VITEK® 2 COMPACT、Thermo 全自动药敏分析系统、BD Phoenix Automated Microbiology 系统等。此方法的优点是简便、快速、鉴定范围广，单次鉴定可集成多种生化反应结果；缺点是仍需要细菌分离纯化的步骤，结果准确性受前处理步骤影响较大，且鉴定卡等耗材成本较高。该法完全依赖于细菌纯化培养物，可分为目标待鉴定菌和未知待鉴定菌两类。对于目标待鉴定菌，可通过优化目标分离株的增菌、分离、纯化过程，省略操作过程中的镜检步骤，直接对应使用革兰氏阴、阳性鉴定卡进行鉴定，可简化实验环节，优化鉴定过程，减少人力和时间的浪费；对于未知待鉴定菌，要根据细菌培养是否需氧、革兰氏染色结果和显微镜检形态，逐步判断所需鉴定卡类型。

2 分子生物学鉴定法

PCR 是细菌耐药性检测中最常用的分子技术。该方法使用正向和反向 PCR 引物在脱氧核糖核苷酸存在下由 DNA 聚合酶快速扩增目标 DNA，从而达到检测核酸的目的。目前常用的仪器有核酸提取仪、核酸扩增仪、水平电泳仪、琼脂糖凝胶成像系统。该方法实验过程中需要注意 PCR 应该在一个没有 DNA 污染的干净环境中进行，所有试剂都应该没有核酸和核酸酶的污染，并都应该以大体积配制，试验一下是否满意，然后将其分装成仅够一次使用的量储存，从而确保实验与实验之间的连续性；试剂或样品准备过程中非一次性用具都应洗涤干净并高压灭菌。

3 微量肉汤稀释法

将一定浓度的抗菌药物稀释至不同浓度，MH 肉汤中接种受试菌株，通过测定菌株在不同浓度药物培养基内的生长情况可定量检测该药物的最低抗菌浓度（MIC）、最小杀菌浓度（MBC）、可抑制 50%受试菌的 MIC（MIC50）、可抑制 90%受试菌的 MIC（MIC90）。

目前，有商品化的革兰阳/阴性需氧菌药敏检测板，也可根据研究需要，利用 96 孔板自行制备药敏检测板。主要操作步骤如下：将纯化后细菌分离株接种于 MH 琼脂培养基，37 ℃培养 16~18 h，挑取特征菌落数个，置于 2~3 mL 灭菌生理盐水（0.9%氯化钠溶液）中，调制菌液浓度为 $1.5×10^8$ cfu/mL 左右或麦氏比浊读数为 0.48~0.56 麦氏单位；取适量营养肉汤培养液倒入加样槽，从加样槽中吸取药敏培养液 100 μL 加入阴性对照孔，取上述菌液 60 μL，加入药敏培养液中混匀进行稀释，吸取稀释液 100 μL 加入 96 孔微量药敏板条；将板条放入恒温培养箱中，35 ℃培养 18~20 h；自培养箱中取出板条，用干毛巾轻轻擦拭板条底部，使用微生物鉴定药敏分析系统读取结果及分析报告，或肉眼判读各个孔的阴阳性结果。肉眼所见，未有菌生长的某抗生素的最低浓度即为该菌株对此抗生素的 MIC 值；若某抗生素所有浓度下均未见菌生长，则该菌株对此抗生素的 MIC 值记作小于或等于其最低稀释浓度；反之，若某抗生素所有浓度下均见菌生长，则该菌株对此抗生素的 MIC 值记作大于其最高稀释浓度。

　　该法实验过程中 −80 ℃冻存的菌株至少需传代 2 次复苏活性后进行药敏试验，阴性对照必须在结果读取时显示为清澈（即无细菌生长），任何阴性对照混浊的现象都提示当前结果为不可靠。菌液与肉汤一定要充分混匀，未完全混匀的肉汤可能导致药敏结果跳孔。对几种特殊结果的处理如下：① 全阴或全阳，考虑操作过程中带入污染菌，检查并更换所有已开封使用耗材，如枪头、无菌加样槽、棉签、生理盐水、营养肉汤培养液，并注意操作环节防止其污染；② 全部结果为阴，考虑操作过程中未加入配制的菌液、加入菌液量不足、培养箱温度、噬菌体的问题，检查移液器、培养箱温度、操作环境等；③ 跳孔，跳孔指同一个药物浓度梯度中的出现不符合逻辑的浓度不生长或者生长，对此现象的解释可能为手工操作不熟练问题，药物单一的跳孔可以忽略不计，连续的跳孔根据情况就高不就低地读取 MIC 值或者关闭当前药物并重新复核；④ 斑点状生长、半孔生长判为阳性，单个点状生长判为阴性。

第3章 兽药质量检测仪器及设备

质量控制离不开仪器设备，设备的完整性和准确率是确保检测结果有效性的前提，本章以目前兽药检验检测常用仪器和最新仪器为主，从仪器型号特点、工作原理、结构组成、维护与保养，操作规程及注意事项等内容进行介绍。兽药检测常用仪器设备见附表1。

第1节 全自动电位滴定仪

全自动电位滴定仪是一种以电位为检测指标的常规分析仪器，具有滴定结果准确、判别多个等当点、操作简单及自动化程度高等特点。本节以瑞士万通 907 Titrando 全自动电位滴定仪在兽药检测领域应用为例进行介绍。

1 型号特点

907 Titrando 全自动电位滴定仪主要由控制处理器（主机）、交换装置（交换单元）和搅拌器等部分组成，配合相应的指示电极可进行不同类型的分析测定。该仪器方法简单，容易操作；测量结果准确度高，重现性好；测量范围宽，可检测 10 μg 低含量样品至 100% 纯品；分析时间短，只需 2~5 min；应用范围广，可检测液体、固体或膏状物，游离水、界面水及结晶水均可测定；解决了电极的可追溯性问题，使系统中每一部分的分析结果都可以实现追溯；拥有智能提示功能，当使用的电极和实验方法中设置的电极类型不同时，系统会自动提示用户更换正确电极，能够兼容所有类型电极。

2　功能原理

全自动电位滴定仪是通过测量电极电位变化，来测量离子浓度的。首先选用合适的指示电极和参比电极，与被测溶液组成一个工作电池，然后加入滴定剂。在滴定过程中，由于发生化学反应，被测离子的浓度不断发生变化，因而指示电极的电位随之变化。在滴定终点附近，被测离子的浓度发生突变，引起电极电位的突跃，因此根据电极电位的突跃可确定滴定终点，并给出测定结果。在滴定过程中，滴定池内溶液产生不同的电位变化，当 $\triangle E/\triangle V$ 的电位变化大于门限值后为等当点值，满足设定条件，仪器转到制停程序，停止滴定并给出测定结果。

3　适用范围

瑞士万通 907 Titrando 全自动电位滴定仪，适用于兽药的水分测定和含量测定。

4　操作规程

4.1　标定操作规程

4.1.1　开机

打开电源稳压器，待电压稳定在 180~240 V 后，打开计算机，进入 tiamo 2.4 操作系统。

4.1.2　新建方法

进入 tiamo 2.4 操作系统后，点击左侧菜单栏中"方法"，再点击屏幕上方菜单栏打开"创建新方法"，弹出新方法对话框，选择滴定项下的动态电位滴定，点击"OK"后屏幕弹出运行状态模块方块组，右键点击删除 "REPORT"模块方块栏，双击"DETU"模块方块弹出模块设置界面，点击"常规设置"，设置设备名为907-1、配液器为 1、搅拌器为 4、速度为 3，开始条件设置为暂停 20 s、标定温度为默认 25.0 ℃，停止条件设置停止体积为 10 mL，电位评估设置等当点识别标准为30，等当点识别为最大，设置完成后点击"OK"。打开屏幕上方菜单栏中"文件"一栏点击"保存"，输入编辑方法名称，点击"OK"键，完成保存。

4.1.3　高氯酸空白标定

点击系统界面左下方"人工控制"弹出手动控制对话框，选择"配液器"后点击"准备",按"开始"键仪器自动吸取溶液,按两次"开始"键清洗仪器残留并排除气泡。

将制备好的空白试液放于电极下方,上下调整好电极、搅拌器和滴定管的位置,搅拌器需完全浸入溶液液面下方,点击系统界面右下方"人工控制"弹出手动控制对话框,选择搅拌器4,搅拌速度设为3,点击"开始键",使溶液充分混合后点击停止。

在系统界面点击工作平台,点击右侧运行界面的"方法",选择"高氯酸空白标定"方法,点击"开始"键,标定高氯酸空白。

4.1.4 高氯酸标定

将制备好的样品试液放于电极下方,上下调整好电极、搅拌器和滴定管的位置,搅拌器需完全浸入溶液液面下方,点击系统界面左下方"人工控制"弹出手动控制对话框,选择搅拌器4,搅拌速度设为3,点击"开始"键,样品完全溶解、充分混合后点击停止。

在系统界面点击工作平台,点击右侧运行界面的方法一栏,选择"高氯酸标定"方法,点击"开始"键,标定样品。标定完成后,按"停止"键停止仪器。

点击"数据库"选择相应的文件夹,选择样品查看相应结果。

4.1.5 处理数据

数据结果无法对应须重新处理,点击"数据库"右键点击需要修改的数据行,选择"再处理",弹出再处理对话框选择"方法",点击对话框下方"修改方法",打开"电位评估"修改"等当点识别",将"最大"更改为"最后"点击"OK"键,完成后在对话框左下方选择"重新计算",点击"OK"键,再重新查看结果是否合适。

4.1.6 打印报告

从菜单中选择相应样品行并查看结果,点击"打印"。

4.1.7 关机

测定全部完成后,清理滴定台。用纯化水冲洗电极、搅拌器及滴定管头,并将电极浸没入保护液中保存。关闭计算机并清理好工作台,填写仪器使用记录。

4.2 水分测定操作规程

4.2.1 开机

打开电源稳压器，待电压稳定在 220 V 后，打开计算机，进入 tiamo 2.4 操作系统。长按 "▼" 键向滴定杯中加入约 25 mL 无水甲醇试剂，确认电机尖端浸没至无水甲醇中。

4.2.2 卡尔费休试剂标定

4.2.2.1 平衡

在工作平台中运行界面选择仪器方法为 "卡氏试剂标定" 点 "开始" 键，仪器进入预滴定状态，开始平衡界面显示漂移值变化情况。当仪器漂移值小于 20 μL/min 时，仪器状态显示平衡 "OK"，则平衡完成。

4.2.2.2 纯化水测定

用微量注射器吸取纯化水 5 μL，在仪器状态显示平衡 "OK" 时点击 "开始" 键，在显示进样时间时快速将水样通过滴定瓶的进样口注入（注：微量进样器针头进样时须伸入电极瓶内液体下方进样），同时在点击 "开始" 键后会弹出样品信息窗口，须输入水样质量和单位。仪器默认卡氏试剂标定为 3 针，3 次标定相对标准偏差值符合要求后，标定完成，点击 "停止" 键。

4.2.2.3 查看数据

点击 "数据库" 选择相应的文件夹，选择 3 次标定结果后点击屏幕上方菜单栏 "▦" 查看 RSD 值，要求 RSD 值<2。

4.2.3 样品水分测定

4.2.3.1 平衡

在工作平台中运行界面选择仪器方法为 "水分含量" 点击 "开始" 键，仪器进入预滴定状态，开始平衡界面显示漂移值变化情况。当仪器漂移值小于 20 μL/min 时，仪器状态显示平衡 "OK"，则平衡完成。

4.2.3.2 水分测定

称取样品，按 "开始" 键后迅速从进样口进样，同时须在弹出样品信息窗口输入样品质量和单位。样品滴定完成后，按 "停止" 键。

4.2.3.3 查看数据

点击"数据库"选择相应的文件夹，选择样品查看相应结果。

4.2.4 打印报告

从菜单中选择相应样品行，点击屏幕上方菜单栏"⊞"查看结果，点击"打印"。

4.2.5 关机

测定全部完成后，按"▲"键清除废液，用无水甲醇清洗电极杯和电极，加入 25 mL 的无水甲醇浸没电极，以防滴头因结晶堵塞。关闭计算器并清理工作台，填写仪器使用记录。

5 期间核查

5.1 自校及验证条件

设置室温 15~30 ℃，相对湿度≤65%。电源电压符合仪器要求。费休试液滴定度应在 3~6 mg（H$_2$O）/mL。

5.2 漂移值测定

打开主机电源及打印机开关，进入 tiamo 2.4 操作系统。在工作平台运行界面选择仪器方法，点击"开始"，仪器进入预滴定状态，开始预滴定消除溶剂空白。预滴定完毕后，进行漂移值测定（注：重复测定，共测定两次漂移值；两次漂移值均小于 20 μL/min），测定完成后，从菜单栏选中要打印的值，点击打印。

5.3 核查周期

本仪器核查周期为 6 个月。

6 维护保养

6.1 滴定仪维护

仪器长时间不使用或者需要更换滴定剂时，需要清洗滴定管单元及管路，使用手动控制功能，进行加液，然后再排空，重复 2~3 次。滴定仪两处分子筛，每隔 2 个月更换一次。

6.2 电极维护

观察电极保护套中的参比液是否浸没电极前端，及时补充电极参比液。清洗电极后，轻甩抖动清除残液，不能用滤纸擦干电极，轻轻接触吸干即可，避免损坏。定期进行仪器维护和保养，确保测量过程中仪器正常运转。

6.3 维护周期

本仪器维护周期为 2 个月。

7 注意事项

（1）仪器要求配置稳定的电源。

（2）进行标定或者水分测定前，须检查电极和配液器是否连接正确。

（3）实验结束后，及时清洗仪器内残留的液体，用超纯水冲洗两次，确保管路干净。

（4）电极较脆弱，使用完后需按照正确的保存方法进行保存。

（5）用纯水体积来测滴定度，需要注意注射器内的气泡是否排完。

（6）如果测定的样品是固体，在测定过程中需要确认样品没有黏附在滴定池壁上或电极上，否则将导致测定结果不准确。

第 2 节 永停滴定仪

自动永停滴定仪是按照中国药典所规定的永停滴定法来检测药品含量的终点指示仪器，具有精度高、测定准确、使用方便、小巧轻便、性能稳定等优点。广泛应用于化学实验室、药品检验所、各大医院、制药厂、兽药厂、饲料厂等进行医药、化工等方面的容量分析。本节以 ZYT-2J 型自动永停滴定仪在兽药检验中的应用为例进行介绍。

1. 型号特点

ZYT-2J 型自动永停滴定仪由特制的精密计量泵、三通转换阀、液路等部分组成，具有自动吸液、自动注液、自动测定功能。容量滴定值由 LED 数字直接显示。系统密封好，结构新颖、操作方便、测量准确、性能可靠。

2　工作原理

永停滴定法是将两支相同的铂电极（面积约为 0.1~1 cm²）插入被测溶液中，在两电极间外加一低电压（10~200 mV），然后进行滴定。测量加入不同滴定剂时的电流，以电流对滴定剂体积作图或直接观察滴定过程中通过两个电极间的电流突变来确定滴定终点。若电极在溶液中极化，则在未到达终点时，仅有很小或无电流通过。但当到达终点时，滴定液略有过剩，使电极去极化，溶液中有电流通过，电流计指针突然偏转，不再恢复。反之，若电极由去极化变为极化，则电流计指针从有偏转回到零点，不再变动。

3　适用范围

含有芳伯胺的药品，通过快速重氮化法，并用永停法指示终点，测定药品含量。

4　操作规程

4.1　开机

打开电源开关，点击"确定"，出现主菜单，点击"参数设定"，设定各项参数，点击"确定"键，退回主菜单。

4.2　排液

主菜单点击"手动控制"，点击"注液"，再点击"确定"，让泵体活塞自动上移至上限位自动停止，再点击"吸液"和"确定"，泵管活塞下移，标准液被吸入泵体，下移到极限位时自动停止；再点击"注液"，泵管活塞上移，先排走泵体内的气泡，活塞上移到上限位时，自动停止。反复二三次，排走泵体和管道中的所有气泡，使整个液路中充满标准溶液。

4.3　检测

被滴液杯中放入搅拌子，打开搅拌开关，调节搅拌速度，使搅拌速度适中。将电极和滴液管下移，浸入被滴液杯中。将极化电压、灵敏度、按照测定的样品调节至规定的范围。对于未注明滴定条件的样品，极化电压设置为 50 mV；灵敏度设置为 10^{-9}。主菜单点击"自动检测"，输入样品质量，点击"确定"，仪器开始自动检测，滴定结束后，屏幕显示完成对话框。滴定结束，点击"注液"，放空泵体和管道中的标准液。用蒸馏水冲洗电极和滴液管。

4.4　关机

关闭电源，清理现场，填写仪器使用记录。

5　维护与保养

（1）玻璃泵管与活塞配合紧密，一般不宜脱离，以免损坏玻璃泵管，如确污染严重则必须脱离清洗，但严禁活塞装在玻璃泵管内时加热去潮。

（2）每月进行一次维护检查，然后填写维护记录。

（3）每次使用完毕，应立即清洁仪器，用细软布擦拭箱体表面污迹、污垢，目测应无清洁剂残留。

6　注意事项

（1）出现数显不亮，查看电源插头是否松动。

（2）若滴定过程中产生气泡，可能由于液路部分接头松动。

（3）指针反应迟钝而产生过滴现象，电极纯化应用清洁剂清洗，被滴液未加催化剂。

（4）在注液或滴定过程中液体通过三通或泵体外渗，可能是液路不通，滴定管堵塞或三通转不到位，泵管外套松动。

（5）数字显示乱跳，注意可能是电源接地不良或周围有强电磁场干扰。

（6）电极的清洁状态是滴定成功与否的关键，污染的电极在滴定时指示迟钝，终点时电流变化小，此时应重新处理电极。处理方法：可将电极插入 10 mL 浓硝酸和 1 滴三氯化铁的溶液内，或洗液（重铬酸钾硫酸溶液）内浸泡数分钟，取出后用水冲洗干净。

（7）永停滴定在滴定过程中有时原点会逐渐漂移，随着滴定的进行，流过电流计的电流会逐渐增大，但这种原点漂移是渐进的，而测定终点是突跃的，因此不会影响判断终点，一般在终点前 1 滴突跃可达满程的一半以上。

（8）滴定时是否已临近终点，可由指针的回零速度得到启示，若回到零的速度越来越慢，就表示已接近终点。

（9）由于重氮化反应速度较慢，因此在滴定时尽量按照规定要求滴定。

（10）催化剂、温度、搅拌速度对测定结果均有影响，测定时均应按照规定进行操作。

第 3 节　熔点仪

熔点仪用于有机化合物的熔点测定。具有操作方便、结果准确的优点，广泛应用于化学工业、医药研究，是生产药物、染料及其他有机晶体物质的必备仪器。本节以步琪 M-560 型熔点仪在兽药检验中的应用为例进行介绍。

1　型号特点

步琪 M-560 型熔点仪由填装样品的毛细管、温度传感器、加热块、透射光源、反射光源和影像系统等部分组成。采用微机控制程序升温，工作可靠、控温精度高、测量准确、重现性好、操作简便，具有即时温度显示和初熔点、终熔点记录键，可记录两个熔点值。本仪器的设计完全符合《中华人民共和国兽药典》中关于熔点测定法中仪器用具与测定方法的规定和要求。

2　工作原理

粉末状晶体样品在晶体状态下是不透明的，而在液体状态下是透明的。与其他物理量变化相比，透光率变化更加容易评估，因而常被用于熔点检测。测量原理是在传温介质中加热毛细管中的试样，观察其相变过程或相变时透光率的变化以确定熔点。

3　适用范围

测量易粉碎的固体药品的熔点。

4　仪器操作

4.1　开机

接通电源，打开仪器开关，电源指示灯亮。

4.2　方法建立

不输入参数和直接使用待机屏幕的参数，也可以以方法保存设定参数。

4.3　样品制备

使用步琪提供的原装毛细管制备样品，采用装样器 M-569 或者在硬表面上将样品压实，形成高度为 4~5 mm 的压实柱。

4.4　测定

当温度升至预定温度时，插入毛细管，开始测试。测试结束后，屏幕自动显示样品的初熔值和终熔值。

4.5　关机

待测样品测定完成后，切断电源，填写仪器使用记录。

5　维护与保养

（1）熔点仪在不使用时，尽量放置于干燥、通风的室内，室内温度变化不应太大，以免光学零件受潮后生霉，应定期清理仪器灰尘。

（2）取拿毛细管时要小心，以防玻璃刺伤手。当测试完腐蚀性液体后，应及时做好清洗工作。应防止带腐蚀性的液体滴到仪器的外壳上，而损坏仪器外壳。严禁擅自拆装仪器，若仪器发生故障，应及时报修。

（3）定期从加热块取下玻璃窗，并用乙醇或丙酮清洗。

6　注意事项

（1）被测样品必须完全干燥、均匀，且为粉末形态。潮湿的样品必须先进行干燥。粗晶样品和非均匀样品必须在研钵中研细。

（2）为了确保持续的系统性能和可靠性，只能使用原装步琪耗材和备件。

（3）测量可升华的样品时毛细管两端必须都封口。

（4）定期使用药品检验熔点标准品校正温度。

第4节　数字式旋光仪

旋光度测定仪是测定物质旋光度的仪器。通过旋光度的测定，可以分析确定物质的浓度、含量及纯度，广泛应用于制药、食品、化工等各个领域。本节以 WZZ-3 型数字式旋光仪在兽药中的应用为例进行介绍。

1　型号特点

WZZ-3 型数字式旋光仪由光源、小孔光阑、物镜、滤光片、偏振镜、旋光管、光接收器以及数据处理和存储单元等部分组成。该仪器具有稳定可靠、体积小、灵敏度高、没有人为误差、读数方便等优点。可测试旋光度、比旋度、浓度和糖度，自动复测（1~6 次），并自动计算平均值。

2　功能原理

WZZ-3 型数字式旋光仪采用 20 W 钠光灯作为光源，由小孔光阑和物镜组成，由一个简单的点光源平行光管产生的平行光经偏振镜变为平面偏振光，当偏振光经过磁旋线圈时，其振动平面产生往复摆动，光线经过偏振镜投射到光电倍增管上，产生交变的电信号并输出。

3　适用范围

旋光仪主要用于《中华人民共和国兽药典》某些品种性状项下比旋度的测定，或一定制剂的含量测定。

4　操作步骤

4.1　开机

接通电源，开启"电源"开关，预热 30 min，待钠光灯发光稳定。将仪器右侧的光源开关向上扳到直流位置（若光源开关向上扳后，钠光灯熄灭，则再将光源开关上下重复扳动 1~2 次，使钠光灯在直流下点亮）。

4.2　显示模式的改变

直流灯点亮后按"回车"键，这时液晶显示器即有 MODE、L、C、n 选项显示，MODE 为模式，C 为浓度，L 为试管长度，n 为测量次数。MODE1 为旋光度；MODE2 为比旋度；MODE3 为浓度；MODE4 为糖度。

如果显示模式无须改变，则按"测量"键，若需要改变模式，修改相应的模式数字对应 MODE、L、C、n 每一项，输入完毕后，按"回车"键，显示器显示"0.000"，表示可以测试。在输入过程中发现输入错误时，可按"→"键，光标移动，可修改错误。

4.3　显示形式

测旋光度，MODE 选 1（按数码键 1 后，再按"回车"键）：测量内容显示旋光度"OPTICAL ROTATION"，数据栏显示 a 及 a_{AV}，需要输入测量的次数，AV 表示平均值。

测比旋度，MODE 选 2，测量内容显示比旋度"SPECIFIC ROTATION"，数据栏显示 [a] 及 [a] $_{AV}$，需要输入试管长度 L（dm）、溶液浓度 C 及测量次数 n，AV 表示平均值。

测浓度，MODE 选 3，测量内容显示浓度"CONCENTRATION"，数据栏显示 C 及 C_{AV}，需要输入试管长度 L、比旋度 [a] 及测量的次数 n，若比旋度为负，也应输入正值，浓度会自动显示负值，此时负号表示为左旋样品。

测糖度，MODE 选 4，测量内容显示国际糖度"INTEL SUGAR SCALE"，数据栏显示 Z 及 [Z] $_{AV}$，需要输入测量的次数 n。

数据栏下面的 σ_{n-1} 为测量 n=6 次时的标准偏差，反映样品制备及仪器测试结果的离散性，离散性越小，测试结果的可信度越高。

4.4　供试品测定

将空白溶液管置光路中，如有数值，按"清零"键，使数码管显示零；重复 3 次。

将测定管用供试液冲洗后缓缓加入供试液，勿使其产生气泡，按相同的位置和方向放入样品室内，仪器显示所测的旋光度或相应示值。

按下"复测"钮，重复读 3 次，取 3 次平均值作为测定结果。使用完毕后关闭顺序依次为："测量""光源"和"电源"，最后切断电源，并将旋光管立即冲洗干净并晾干。填写仪器使用记录。

5 期间核查规程

5.1 核查项目

准确度、基本参数及重复性。

5.2 环境条件

室内温度为 10~30 ℃，湿度为≤85%，电源电压为（220±22）V，频率为（50±1）Hz。工作台稳定，不受明显的冲击振动，并且没有强电磁场干扰。

5.3 核查项目及方法

仪器主要技术指标见表 1-3-4-1。

表 1-3-4-1　数字式旋光仪主要技术指标

项目	等级	最小分度值	测量范围	准确度	重复性	稳定性
指标	0.01	≤0.002	≥±45°	±0.01	≤0.003	≤0.01
	0.02	≤0.005	≥±45°	±0.02	≤0.007	≤0.02
	0.05	≤0.01	≥±45°	±0.05	≤0.017	≤0.05

仪器按使用要求开启后，点燃光源，预热 30 min，观察光源灯起辉和发光应正常，光源能量应足够并无闪烁现象。取经 105 ℃干燥至恒重的蔗糖，精密称量，加水溶解并稀释成蔗糖含量为 0.2 g/mL 的溶液，将测试管用供试液冲洗数次，缓缓注入供试液适量，计算比旋度。蔗糖比旋度如表 1-3-4-2 所示。

表 1-3-4-2　不同温度下蔗糖比旋度

温度/℃	20	25	30
比旋度/度	+66.60	+66.53	+66.45

5.4 核查结果评定

根据上述测试结果和蔗糖的比旋度值，计算仪器的重复性和准确度。将结果与表 1-3-4-1 参数比较，决定仪器的等级后，方可使用。如仪器性能已下降，但又符合下一级等级的指标时，仪器可降级使用。

5.5 核查周期

本仪器核查周期为半年，检查应在两次检定或校准周期之间。

6 维护保养

（1）仪器应安放在干燥的地方，避免经常接触腐蚀性气体，并防止剧烈的振动。

（2）每两个月检查一次光路，由于受外界环境的影响，仪器的光学系统表面可能积灰或发霉，影响仪器性能，应用小棒缠上脱脂棉花蘸少量无水乙醇或乙酸正丁酯轻轻揩拭。

（3）旋光管橡皮圈易老化而漏水，应经常更换。

（4）光学零件勿轻易拆卸，若因故必须拆卸更换光学零件，应送厂家处理。

（5）样品室内应保持干燥、清洁，仪器不用期间应放置硅胶吸潮，长期不用，应每周开机通电 1 h。

7 注意事项

（1）温度对旋光度影响不大的供试品，一般可在室温测定，对温度有严格要求的供试品，必须按规定执行。

（2）测定管中若有气泡，应先使气泡浮在凸颈处或除去，透光面两端的玻璃应用软布擦干。

（3）测定管两端的螺帽不宜旋得过紧，以免产生应力，过松容易漏液，影响读数，测定管安放时注意标记的位置和方向，供试品与空白应一致。

（4）每次测定前应以溶剂作空白校正，测定后，再校正 1 次，以确定在测定时零点未移动，若旋光度差值超过±0.01时，应重新测定。

（5）测定结束后，测定管要及时清洗，可用两种溶剂分两步清洗。对于一般水溶性的供试品：第一种清洗溶剂选用水，第二种清洗溶剂选用乙醇；对于脂溶性的供试品：第一种清洗溶剂选用乙醇，第二种清洗溶剂选用丙酮。

（6）仪器的各个光学镜片应保持干燥、清洁，防止灰尘和油污的污染，钠光灯有一定的使用寿命，连续使用一般不超过 4 h，亦不准瞬间内反复开关。

（7）钠光灯起辉后至少 20 min 后发光才能稳定，测定或读数时应在钠光灯稳定后读数，测定时钠光灯尽量使用直流电路供电。

（8）测试结束后，将测定管洗净并晾干，以备下次使用，不允许将盛有供试品的测定管长时间放置在仪器的样品室内，仪器不使用时样品室可放硅胶吸潮。

第 5 节　渗透压摩尔浓度测定仪

渗透压摩尔浓度测定仪是用于测定溶液和各种体液渗透压摩尔浓度的仪器，具有测量精度高、重现性好等特点。广泛应用于制药、药物分析、生物、环保、卫生制品、食品饮料等领域的水溶液渗透压摩尔浓度测定及科学研究。本节以 STY-1A 渗透压摩尔浓度测定仪在兽药中的应用为例进行介绍。

1　型号特点

STY-1A 渗透压摩尔浓度测定仪由制冷系统、传感器、主机等组成，仪器采用半导体制冷器，具有无污染、低噪声、环保等优点，仪器操作简便，检测结果重复性和重现性均较好。

2　功能原理

STY-1A 渗透压摩尔浓度测定仪利用冰点下降的原理，仪器内部半导体制冷器热面的导热膜将热量传到散热器，散热器的热量通过强制冷风传递到空气中，冷面的导热膜通过冷穴将被测溶液的热量吸收，使被测溶液迅速达到过冷状态。启动冷针把晶核引入被测溶液中，加速被测溶液结晶。温度传感器实时测量被测溶液的温度变化，当被测溶液达到固态、液态平衡阶段时，记录下被测溶液的冰点温度值，单片机经过处理算出被测溶液的渗透压摩尔浓度值。

3　适用范围

适用于注射剂、水溶液型滴眼液、洗眼剂等制剂的渗透压摩尔浓度测定。

4　操作步骤

4.1　开机

先检查仪器电源是否接好，接好则启动仪器后面板左下部电源开关。仪器自检约 1 min，自动进入主菜单。按仪器前面板的"上""下"键，确认点击"OK"、返回按"ESC"进行操作。

4.2　仪器校准

4.2.1　校准仪器零点及校准量程

进入面板上"仪器系统校准"，将出现"校准仪器零点""选择仪器量程""校准仪器量程""仪器时间设定"4 个选项，选择"校准仪器零点"；取干净测定管及干净的取样头，用移液器吸取 100 μL 纯水，注入测定管中；将测定管固定在传感器上（或插入冷穴内），按"确认"键开始校准仪器零点；零点校准完毕，仪器会有图显并自动记录该校准结果，且结果保留至下一次重新校准。

4.2.2　校准仪器量程

进入"选择仪器量程"，确认进入，按上下键进行量程选择。选择好后退出；取干净测定管及干净的取样头，用移液器吸取 100 μL 100 mOsmol/kg H_2O 标准液移入测定管，固定在传感器上（或插入冷穴内）；进入"校准仪器量程"，按"确认"键开始校准仪器量程。校准量程完毕后返回上一界面，面板上左下角显示为校准次数，右下角为存入值，校准 4 次后，存入后 3 次的平均值，其余各次保存最后一次的校准值；重复操作，依次对 200、300、400、500、600、700 mOsmol/kg H_2O 等量程进行校准。

4.2.3　仪器时钟设定

进入"仪器时间设定"界面，按"确认"键可以选择年、月、日、时、分、秒，按上下键可以修改数字。按"确认"键完成时间的设定。

4.3　测量渗透压摩尔浓度

进入"测量摩尔浓度"界面，取干净测定管及干净的取样头，用移液器吸取 100 μL 待测溶液，固定在传感器上（或插入冷穴内）。按"确认"键开始测量。按"返回"键终止，取消此次测量；测量过程中界面上显示上下两数值，上数值表示测量次数，下数值表示被测溶液渗透压摩尔浓度对应的信号变化值。当打印测量结果或对仪器校准后,测量次数清零;测量结束,显示被测溶液的渗透压摩尔浓度值及渗透压比值,按"确认"键保留本次测量结果;继续测量不同浓度的被测样品须换用新的取样头及测定管,并且两次测量之间用滤纸轻拭传感器。当被测值远离上次量程校准值时,用接近的渗透压摩尔浓度标准液校准量程。

4.4　数据结果查询

选择进入"数据统计分析"界面,进入"数据结果查询"界面,显示测量次数、被测溶液的渗透压摩尔浓度、渗透压比值。按"确认"键可以选择数据是否保留;进入"数据统计分析"界面,对已测并保留的数据进行分析,显示平均值及相对标准偏差。

4.5　打印结果及清洗

确认打印机是否已连接。选择打印项并按"确认"键打印结果。清洗冷针:将注有清水的测定管固定在传感器上(或放入冷穴内),选择进入"清洗冷针"界面,确认执行,仪器自动进行清洗。

4.6　关机

关机后应清洗传感器,清理冷穴、冷室内的冰霜。

5　维护保养

(1)仪器的工作环境应保持室温在 5~30 ℃,且应在清洁的检验室内工作。

(2)将仪器置于平坦稳固的工作台上,仪器工作时防止受到晃动等干扰。

(3)仪器的后面板距墙应有一定的距离(不小于 20 cm),仪器的后面板应保障通风,远离热源。

(4)渗透压仪传感器头部为玻璃制品,勿碰伤。

6　注意事项

(1)每次开机检测前,先用标准液 300 mOsmol/kg H_2O 检测仪器工作是否正常。如测量结果偏差较大,须重新校准仪器零点和量程。

(2)为使测定结果准确并有良好重现性,应避免测定溶液中存在气泡;在每次测定后,应用蒸馏水清洗测定管。

（3）如果测量过程中，出现"测量中止按返回键返回"提示，说明测定管内有杂质，导致被测溶液过早结晶，需要取干净测定管重新测量。

（4）如重复测定一份样品，需重新取样至另一干净测定管中，否则影响测定结果的重现性。

（5）仪器仅能保留 20 次测量结果，每 20 次测量后须打印结果保存，否则将清除最先的数据。

（6）仪器校准用的校准液的配制方法，参考《中华人民共和国兽药典》（2020年版）一部附录 0632。

第 6 节　崩解仪

崩解仪用于检查口服固体制剂在规定条件下的崩解情况，具有操作简便、精度高的特点。本节以 ZB-1D 智能崩解仪在兽药检验中的应用为例进行介绍。

1　型号特点

ZB-1D 智能崩解仪由主机、水浴箱、吊篮、烧杯、温度传感器（内置）等组成。主机传动箱和控制箱两部分构成。机身部分是传动箱，它通过两个吊臂连接升降部分。升降部分由横梁一组支臂和吊钩组成。横梁固定在传动箱的吊臂上。各支臂固定在横梁上，再通过吊钩悬挂吊篮。机头部分是控制箱，对时间、温度及吊篮升降进行控制。ZB-1D 智能崩解仪采用液晶模块显示，由单片机系统对升降系统时间进行控制，可以方便地完成崩解时限检测，时间可任意预置。

2　工作原理

该仪器是根据《中华人民共和国药典》有关片剂、丸剂等崩解时限检测的规定而研制的机电一体药检仪器，仪器装置采用升降式崩解仪，主要结构为能升降的金属支架与下端镶有筛网的吊篮，并附有挡板。

3 适用范围

用于检测片剂、胶囊剂、丸剂等药物的崩解时限。

4 仪器操作

4.1 开机

开机前，向水箱中加入纯化水至规定高度。打开电源开关，开启仪器，电源指示灯亮。分别向水浴槽和烧杯内加水至刻度线。

4.2 设定温度

按"功能转换"键和"温度设定"键设置温度，水箱开始加热，达到设定值时，自动保持恒温。

4.3 设定时间

左右两个时间窗口，在正常状态下，按"上"和"下"键进行时间设定。

4.4 加入崩解溶液

将各个烧杯中加入适量的崩解溶液，装入水箱杯孔中。再将各个吊篮分别放入烧杯并悬挂在支臂的吊钩上。

4.5 测定

用温度计检测烧杯内崩解液是否达到温度设定值，当水浴温度达到恒温设定值时，将待测样品分别放入吊篮各管内，必要时放入挡板，按"启动"键电机开始工作，到达预定时间时，蜂鸣报警，样品检测完毕，电机停止工作。

4.6 关机

实验结束后，关闭电源，取出吊篮，倒掉烧杯内崩解液，将吊篮和烧杯清洗干净，放出水槽的水，填写仪器使用记录。

5 维护与保养

5.1 环境要求

仪器使用时环境温度为 10~30 ℃，湿度应小于 75%，避免日光直射仪器，避免振动，避免酸碱溶液腐蚀，远离腐蚀性气体。

5.2　温度修正

当仪器显示的水温值与用标准温度计测量的水温值有差别时，须进行温度修正。具体步骤如下：先设定水浴温度为 37 ℃，启动控温。当水浴温度达到设定值并稳定 30 min 后，用标准温度计测量水浴温度，并记下温度读数（要求精确到小数点后一位），同时按下温度设定的"+"和"−"键，进入温度修正状态（温度显示窗闪烁显示测量值），然后按"+"或"−"键修改当前的温度值，使之与温度计的实测值相同。等待 10 s 后，系统自动退出温度修正状态（显示闪烁停止），温度窗恢复显示实测温度，并将新的温度修正值存入系统中，温度修正完成。

5.3　水箱

水箱内应加入纯化水，循环管路不容易被污染。若不常使用仪器，则在每次使用完，将水箱内的水放干净，避免水箱内部长菌，污染管路。

6　注意事项

（1）每次使用前，应查看水箱内是否装水，切勿在无水的情况下开机，加热。否则会损坏加热器。仪器运行时，如果发现不正常现象，应立即关机断电，待检修好后方可继续开机使用；注意不可将温度传感器探头插入腐蚀性溶液中。不允许使用有机溶剂清洁仪器外壳。

（2）应将仪器置于坚固的无振动共鸣的操作台上，环境应保持干燥、通风，勿使其受潮。

（3）电源应有地线且接地良好。

（4）每测试一次后，应清洗吊篮的玻璃内壁及筛网、挡板等，并重新更换水或规定的介质。

（5）主机箱后方、水槽上方引出的气导管通过尼龙单向阀连接，防止水槽中的水虹吸倒流，不可接反（接反亦无气泡产生）。

（6）崩解试验完毕，关闭电源开关。较长时间不用仪器，应拔下电源线插头。

第7节 溶出度仪

溶出度仪是用于检测口服固体制剂在规定条件下溶出的速率和程度的试验仪器，具有操作简便、性能稳定的特点，广泛应用于药物的研究、生产与检验。本节以 RC806D 溶出度仪在兽药检验中的应用为例进行介绍。

1 型号特点

RC806D 溶出度仪由水浴槽、溶出杯、升降机头、搅拌桨、投药装置等部件组成。自动取样溶出度仪由溶出度仪与自动取样系统及管路系统组成。自动取样系统由样品架、隔膜活塞泵及回补系统组成。可由微型计算机等组成的精密控制系统对各部件进行集中控制。《中华人民共和国兽药典》（2020 年版）一部附录 0931 对各测定方法项下使用的篮体、篮轴、搅拌桨、转筒、溶出杯等装置的参数进行了详细规定。

2 工作原理

RC806D 溶出仪通过溶出杯内流体的剪切力使药物的有效成分溶解于适宜的介质。测定原理可用 Noyes-Whiteney 方程表示。理论上，颗粒越细，表面积越大，溶出越快，但并非所有品种崩解的颗粒越细，溶出越快。一些疏水性药物，制剂崩解成为小颗粒后，易沉淀于杯底或粘于杯壁，不随转杆的转动而运动，在这种情况下，小颗粒反比大颗粒溶出慢。

3 适用范围

用于检测片剂、胶囊剂、颗粒的溶出度检测。

4 仪器操作

本节以《中华人民共和国兽药典》（2020 年版）一部附录 0931 中的第一法和第二法为例进行介绍。

4.1　开机

接通电源，打开电源开关，电源指示灯亮。

4.2　水浴箱注水

点击面板向上方向箭头，将机头升至顶端，往水浴箱中加入纯水，并使水位达到红色标线。

4.3　安装溶出杯

按顺序分别安装溶出杯，将溶出杯刻度线与杯孔下端刻度线对齐，并用弹性压杯块压住溶出杯边沿。

4.4　安装桨杆（或篮杆）

桨杆（或篮杆）尾部均标有序号，按顺序安装，使桨杆（或篮杆）上端伸出机头顶面约 5 cm。对于篮法，按转杆尾部标识分别插入篮杆后，再将转篮开口向上，轻轻推入对应篮杆下端的三爪卡簧内。并调试桨杆（转篮）底部使其距溶出杯的内部底部（25±2）mm。

4.5　加入溶出介质

根据该品种项下的规定配制溶出介质，并脱气，按规定量加入溶出杯中（水浴水位应高于杯内介质的液面高度），盖上杯盖，进行预热，使溶出杯介质的温度保持在（37±0.5）℃，使用 0.1 分度的温度计，测量每个溶出杯的温度，确保 8 个溶出杯之间的温度差异在 0.5 ℃之内。

4.6　设定预置温度

达到预置温度后自动维持稳定，设定转杆转速和运行时间。

4.7　测定

待溶出杯介质的温度恒定在（37±0.5）℃后，取供试品 8 片（粒、袋），如为第一法将其分别投入 8 个干燥的转篮内，将转篮降入溶出杯中；如为第二法，将其分别投入 8 个溶出杯内，启动仪器，立即计时；在规定的取样时间，吸取溶出液适量，立即用适当的微孔滤膜过滤，自取样至过滤应在 30 s 内完成。取澄清滤液，照该品种项下的方法测定。

4.8　关机

（1）实验结束后，按"转动"键停止转杆转动，按"加热"键关闭加热及水浴循环。

（2）升高机头，取下搅拌桨或转篮，经清洗、干燥后放入附件箱保存。

（3）取出溶出杯，倒掉残液，清洗干净，收置备用，倒出水浴箱中的水。

（4）按"退出"键返回主菜单，关闭电源开关，填写仪器使用记录。

5　维护与保养

5.1　环境要求

使用时环境温度为 5~37 ℃，相对湿度应小于 80%，避免振动，避免电磁辐射，避免有机溶液腐蚀仪器。

5.2　水箱维护

水箱应定期清洗、换水，若水箱的水长时间未换而被污染，可导致水循环与温控系统发生故障。若不常使用仪器，则应在每次使用完，将水箱内的水放干净，避免水箱内部长菌，污染管路。

6　注意事项

（1）水箱在无水的情况下，严禁开启加热，否则将损坏加热器。如果发现不正常现象，应立即关机断电，待检修好后方可继续使用。

（2）搬动仪器前，先将机头升高脱离最低位置，避免强烈振动损坏检测件。搬动时，应该在机座底板处抬起，勿手抓杯架板搬动仪器。

（3）应保持水浴箱中水位略高于溶出杯内液面高度，否则将影响检测结果。

（4）温控状态启动后，若水浴箱中水未循环，应立即检查管路与接头是否畅通，水泵内是否有空气，若有则应予以排除。

（5）勿使用有机溶剂清洁仪器外壳。

7　故障诊断与排除

7.1　电源指示灯不亮

打开电源开关，若电源指示灯不亮，则可能是电源插板没电或插头处接触不良，也可能是保险管（机座后面板上的保险管座和电源插座下部保险管盒里各有一个，均为 10 A 保险管）接触不良或烧坏，应检查或更换。

7.2　超温报警

若显示温度值呈现红色字样同时伴有急促的报警声，此现象是温度过低或过高报警提示，应立即关机。若显示温度过低（温度低于 3 ℃），可能是水箱里水温过低，可适当加些热水。若显示温度过高（温度高于 47 ℃），可能是水循环不畅导致的，先按"退出"键或关机，然后按以下方法检查处理：水浴箱里蒸馏水太少，应使其水位达到规定高度；水浴箱进出水管连接头或循环管路堵塞，应检查排除，可清洗、换水；水泵内部有空气，可从水箱后面右侧进水管的管口处用吸耳球装水吹出空气。

7.3　转杆不动

开启溶出实验，转杆不动（或有部分转杆不转），可打开机头上盖检查，若传动齿形带脱落，则可能是压带轮松动移位所致。重新装好齿形带，调整压带轮使齿形带松紧适度，然后拧紧压带轮的螺钉。

第 8 节　微粒分析仪

微粒分析仪用于各种分散介质透明的液体（无色、有色、不含乳浊液）中不溶性微粒大小和数量的检测。具有操作简便、进样速度快、精度高等优点。广泛应用于医疗卫生、化工、生物、制药等领域。本节以 GWF-5JA 微粒分析仪在兽药检验中的应用为例进行介绍。

1　型号特点

GWF-5JA 微粒分析仪包括取样器、传感器和数据处理器 3 部分。传感器采用高性能激光光源及光能量补充电路，能保证各种无机、有机样品，以及无色、有色澄清样品的测试精度；具有进样狭缝反冲功能，可自动对狭缝进行冲洗，解决高黏度样品对进样狭缝的影响；同时具有操作简单、快速、灵敏、取样体积准确、重复性高等优点。

2 功能原理

当被检测液体中的微粒通过一窄细检测通道时，与液体流向垂直的入射光由于被微粒阻挡而减弱，因此由传感器输出的信号降低，这种信号变化与微粒的截面积大小相关。每一个粒子通过光束时引起一个电压脉冲信号，脉冲信号的多少反映了粒子的数量，根据检测的溶液体积和供试品标示装量，计算出 1 mL 溶液或每个容器中含 10 μm 及 10 μm 以上和 25 μm 及 25 μm 以上的不溶性微粒数。

3 适用范围

用于大小容量注射液、粉针剂及包材的不溶性微粒的检测。测量粒径范围为 1~500 μm，检测微粒浓度为 0~65 000 个/mL。

4 操作步骤

4.1 测试操作准备

用洁净软布清洁取样窗口和检品包装表面的灰尘，并用微粒检查用水（经 0.45 μm 滤膜过滤）清洗取样杯、搅拌器、进样吸管。左右轻轻移动搅拌器，使之处于合适位置。接通仪器电源，完成自检过程。取一杯纯水或蒸馏水放入取样窗口，按动"单次测试"键，进行 2~3 次的测试操作，清洗进样玻璃狭缝。将检品翻转 20 次，开启瓶口，倒掉少许冲洗瓶口及取样杯，然后倒入取样杯中（不少于取样杯容积的 2/3），放在检品台上，静置 2~3 min，待气泡消失后缓缓开启搅拌器，调整搅拌速度（适中），关闭取样窗口门。

4.2 仪器操作

4.2.1 开机

接通电源或按"复位"键后，高压注射泵自动复位，此时仪器显示开机界面。自检结束后，仪器进入主界面。在主界面上，可以进行设置、测试，以及清洗操作。在主界面上按动"▲""▼"键，选择相应的项目：测试、设置、清洗，点击"确认"键进入相应的界面。

4.2.2 测试

在主界面上按动"▲""▼"键，选择"测试"，点击"确定"键进入测试类型选择界面。可以进行单次测试、连续测试、输液测试、针剂测试。

4.2.3　清洗

在主界面按动"▲""▼"键，选择"清洗"，点击"确认"按键进入清洗界面。可以进行自动清洗、反冲清洗。

4.3　测试结束后整理

取出取样杯，按动"单次测试"按键数次排出管路内的废液，直到排液管中无废液排出为止。用烧杯取一杯纯水或蒸馏水，置于检品台上，按动"单次测试"按键测试数次。取出烧杯，继续按动"单次测试"按键排出进样玻璃狭缝及管路内余液，直到排液管中无废液排出为止。在测试黏稠度较大的检品后，应及时用纯水测试数次以冲洗管路及进样玻璃狭缝，以免堵塞，影响正常测试。关闭仪器电源，填写仪器使用记录。

5　维护保养

（1）激光传感器在任何情况下不得自行拆卸。

（2）取样窗口及机壳应保持清洁、干燥，以防腐蚀仪器元件和机壳。

（3）仪器不用时应关闭仪器电源以延长激光部件的使用寿命。

（4）仪器经常检测黏稠度较大或含有大粒径的检品，容易造成进样玻璃狭缝堵塞，所以应定期对进样玻璃狭缝进行清洗。

6　注意事项

（1）测试过程中，应远离电磁干扰源（如移动电话），防止电磁场干扰仪器计数。

（2）严禁测试自来水等未经滤膜过滤的检品，以防进样玻璃狭缝堵塞。在测试过程中，搅拌速度不应过快，进样针头应尽量接近样品容器底部，与液面距离不小于 1 cm，以免产生气泡影响测试数据。

（3）检品在测试过程中会产生微小的气泡，堆积在进样玻璃狭缝及管壁上，当气泡堆积到一定程度时，将导致计数异常，表现为计数不稳定或数据偏大。此时应采用"排气法"将气泡清除。

（4）测试黏度较大的检品，应先对检品进行稀释。稀释检品应用按要求制备的纯水，并测定纯水的微粒底数，以便在检品检测中扣除。

第 9 节　UV-P 显微图像处理系统

显微鉴别技术是一种用于中药材及成方剂组成药味的组织、细胞或细胞内含物等形态特征进行微观分析，以确定其品种和质量的一种方法，是制定中药材质量标准，确保中药安全、有效、质量可控的重要检验依据，在中药材真伪鉴别和中成药质量标准的控制中起着非常重要的作用。广泛应用于生物医学及材料科学相关领域的显微定量分析。本节以 UV-P 显微图像处理系统在中兽药检验领域应用为例进行介绍。

1　型号特点

本仪器由 UV-P（含标尺、加密锁、光盘）、显微镜 CX41（含偏光及 20×物镜）、计算机、打印机四部分组成。UV 数字图像系统是一套图像处理及测量的应用软件包，可广泛应用于生物医学及材料科学相关领域的显微定量分析。具有易用、可扩展性好、可大幅度提高图像分析的客观性和准确性等特点，是进行图像分析的常用工具。同时具备取样量小、取样速度快、准确、简便、快速、经济、实用及环保等特点。

2　功能原理

中药显微图像系统是利用显微镜，对中药材及成方剂组成药味的组织、细胞或细胞内含物等特征进行鉴别的一种方法，它能够与 CCD 摄像机、数字照相机、扫描仪等各种通用图像输入设备连接，提供简洁、实用的多种图像处理手段，对不同格式图像的参数进行精确测量，并将结果输出到 EXCEL 数据终端，为用户的数据处理提供了最大限度的方便和灵活。

3　适用范围

适用于性状鉴别特征不明显或外形相似而组织构造不同的药材、破碎药材或粉末药材和以粉末药材制成的中药成方制剂。

4 操作规程

4.1 开机

打开电脑,打开 UV-A 图像管理系统。打开显微镜光源,使光线照入显微镜载物台中央。

4.2 调节光源

旋转低倍镜于视物位置,通过目镜观察并转动微调旋钮,调节光源使光线强弱适中。

4.3 调节器的使用

将所要观察的玻片放在载物台上,使玻片中被观察的部分位于通光孔正中心,调节粗调节器,使图像出现,然后调节细调节器至图像最清晰。先用低倍镜后用高倍镜观察。

4.4 采集图像并保存

使用"采集一幅图像"功能,可在屏幕上看到动态图像,此时可调节显微镜选择合适的视物,按"确定"采集这幅图像。使用"保存图像"功能,保存图像。

4.5 插入及调节图像

打开 word 界面,在"插入"菜单中选"图片"再选"来自文件"找到要插入的图片名称,点"插入"即可插入。用鼠标选中已插入的图片,按"Delete"键可清除该图片,可调节图片大小及调整图像效果,标注文字,编辑图片。

4.6 打印

在"文件"菜单中选"打印"即可打印图像。

4.7 关机及记录

观察完毕,取下载玻片,关闭显微镜电源,将物镜转成"八"字形,将镜筒和集光器下降固定,套上防尘罩,关闭电脑,清理现场,填写仪器使用记录。

5 期间核查

5.1 光路核查

将样品置于载物台上,打开光源并对中心,使照明光进入光路,调整孔径和视场光阑到合适程度,调节粗细调节钮直至能观察到清晰且光线均匀的物象。

5.2 载物台中心

把样品置于载物台上,在目镜筒中看到物象,取其一特征点至观察中心,然后转动载物台 (0~180°),而其特征点仍在中心(原位)或略偏离中心位置。

5.3 物镜放大倍数

将台镜测微尺置于载物台上,目镜测微尺插入光路中,然后观察台镜测微尺的分刻度,有多少格重合,通过计算,确认物镜的放大倍数是否正确。

5.4 显微镜功能

逐一将明视场、暗视场、偏振光等附件装上,进行观察,均能达到其应有的效果。

5.5 期间核查结果

按本方法进行期间核查,按照仪器说明书提供的技术指标进行判断。

6 维护保养

(1)显微镜必须存放于干燥环境中,避免阳光暴晒。

(2)取送显微镜时一定要一手握住弯臂,另一手托住底座。显微镜不能倾斜,以免目镜从镜筒上端滑出。

(3)观察时,不能随便移动显微镜的位置。

(4)凡是显微镜的光学部分,只能用特殊的擦镜头纸擦拭,不能乱用他物品擦拭,更不能用手触摸透镜,以免汗液玷污透镜,应保持显微镜的干燥、清洁,避免灰尘、水及化学试剂的玷污。

(5)转换物镜镜头时,不要搬动物镜镜头,只能转动转换器。

(6)切勿随意转动调焦手轮。使用微动调焦旋钮时,用力要轻,转动要慢,转不动时不要硬转。

(7)不得任意拆卸显微镜上的零件。严禁随意拆卸物镜镜头,以免损伤转换器螺口,或使螺口松动后而导致低高倍物镜转换时不齐焦。

(8)使用高倍物镜时,勿用粗动调焦手轮调节焦距,以免移动距离过大,损伤物镜和玻片。

(9)用后检查物镜镜头上是否沾有水或试剂,如有则擦拭干净,并做好防尘措施。

7 注意事项

（1）标尺文件应与正在使用的镜头对应。

（2）不要同时打开两份以上的"UV-P"程序。

（3）需更换标本观察时，先将物镜转到低倍物镜再更换，禁止在高倍物镜下取放标本。

（4）程序出现异常时，先保存数据文件，然后退出，再重新进入，若仍不正常须重新启动计算机。

（5）开机后连接摄像头电源，关机后断开摄像头电源。

第 10 节　电子分析天平

电子分析天平是一种衡量物体质量的仪器，具有称量准确可靠、显示快速清晰、自动检测、自动校准及超载保护等特点，用于兽药鉴别、检查及其水分和含量测定，按分度值分为千分之一天平、万分之一天平、十万分之一天平等。本节以梅特勒 AX205（十万分之一）及赛多利斯 SQP（万分之一）电子分析水平在兽药检测领域的应用为例进行介绍。

1 梅特勒 AX205 电子分析天平

1.1 型号特点

梅特勒电子分析天平 AX205 有专业的全自动校准技术，时间或温度漂移触发的自动校准和线性校准，能确保称量结果的准确性。拥有红外感应系统和触摸屏技术，无须手动，可通过感应直接开关门，在屏幕上可直接进行天平称量和参数设置。梅特勒电子分析天平 AX205 技术指标：称量范围为 0.01 mg~220 g；重复性为 0.015 mg（0~60 g）、0.03 mg（60~220 g）；线性为 ±0.1 mg（全范围）、±0.03 mg（10 g 以内）；有效称量高度为 240 mm；稳定时间为 8~12 s；秤盘尺寸为 80 mm×80 mm。

1.2 功能原理

电子分析天平 AX205 使用高精度、高分辨率后置式单模传感器，当秤盘上加载被称物时，杠杆偏离零位，此时零位指示器有偏差信号产生，经过放大器和调节器等一系列转换后，使线圈的电流增大，电磁力矩也将一起增大，杠杆回到原来平衡位置，最后把电信号处理成为数字信号，由显示器自动显示出被称物的质量。

1.3 适用范围

适用于质量在 0.01 mg~220 g 的非高温、无腐蚀性物体的精密称重。

1.4 操作规程

1.4.1 调平

插上电源，检查天平水准器的水准泡是否位于中心，根据实际情况选择是否要调整水平脚螺旋，进行调平操作。

1.4.2 开机

按"0/T"键，整个显示屏会亮数秒后自动清零，点击屏幕左下方"Adjust.int"进行内部校准，校准完毕后预热 30~60 min。

1.4.3 称量

将手悬于感应屏幕上方，通过感应打开天平门，将被称物轻轻放入天平托盘中央，通过感应关闭天平门，待数值稳定后读数。可点击屏幕右下方"1/10 d"进行十万分之一和万分之一切换。

1.4.4 关闭

称量结束，打开天平门，取出被称物，关闭天平门，长按"0/T"键，待屏幕显示"off"即可。如天平长时间不用，天平的托盘上应保持干净、空载，关闭插座电源。

1.4.5 记录

清理天平及实验台，填写仪器使用记录表。

1.5 期间核查

（1）接通电源，按"0/T"键开机，点击屏幕左下角"Adjust.int"进行仪器内部校准。

（2）打开天平门将 100 g 砝码放在托盘上，关闭天平门，记录读数。

（3）打开天平门取出砝码，关闭天平门。

（4）误差范围：±0.5 mg。

（5）本仪器核查周期为 1 个月。

1.6　维护保养

（1）用软毛刷清除秤盘上及周围的烟末或灰尘。

（2）及时用酒精棉球或干棉球擦拭滴落在天平上的液体状物质。

（3）当天平移动后，开机前必须调整支脚螺栓，使天平处于水平状态，且不得马上开机，须使其在新的环境中达到平衡。

（4）天平应放于无振动气流、热辐射及含腐蚀性气体的环境中。

（5）天平称量室内应放置变色硅胶，硅胶变色后应立即更换。

（6）不允许连续校准天平。

（7）在任何情况下严禁向称量盘吹气，只能用软毛刷清扫称量盘。

1.7　注意事项

（1）称量物不能直接放在称量盘内，根据称量物的不同性质，可放在纸片、表面皿或称量瓶内。不能称超过天平最大载重量的物体。

（2）同一称量过程中不能更换天平，以免产生相对误差。

（3）使用分析天平时除应遵循托盘天平有关操作规则外，称量瓶不得用手拿，要用滤纸条夹取。称量结束，要检查有无药品撒落到天平内，天平门是否关紧，布罩是否罩好。天平使用一段时间后，要送计量部门进行检定。

2　赛多利斯SQP 电子分析天平

2.1　型号特点

赛多利斯电子分析天平 SQP 的特点是能最大限度地降低错误结果风险，实时报警信息，能避免天平因未经调平而产生错误结果，能通过自动检测与主动监测来确保称量结果，拥有全自动内部调整功能，确保最高称量精度。赛多利斯电子分析天平 SQP 技术指标：称重范围为 220 g；读数精度为 0.1 mg；可重复性为 0.1 mg；线性为 0.2 mg；标准响应时间为 3 s；有效称量高度为 209 mm；秤盘尺寸为 90 mm×90 mm。

2.2　功能原理

SQP 型电子分析天平使用单体传感器，当秤盘上加载被称物时，传感器的位置检测器信号发生变化，并通过放大器反馈使传感器线圈中的电流增大，该电流在恒定磁场中产生一个反馈力与所加载荷相平衡，同时该电流在测量电阻 Rm 上的电压值通过滤波器、模/数转换器送入微处理器，进行数据处理，最后由显示器自动显示出被称物质量数值。

2.3　适用范围

适用于质量在 10 mg~220 g 的非高温、无腐蚀性、不潮湿物体的称重。

2.4　操作规程

2.4.1　调平

插上电源，调整水平脚螺旋，使水准泡位于水准器中心。

2.4.2　开机

打开插座电源，点击屏幕出现的对勾，点击屏幕中红色的"isoCAL"进行内部校准，校准完毕后点关闭，预热 30~60 min。

2.4.3　称量

将天平门手动推开，将被称物轻轻放入天平托盘中央，手动关闭天平门，待屏幕中读数稳定后记录数据。

2.4.4　关闭

称量结束，打开天平门，取出被称物，关闭天平门，点击屏幕左下角菜单键，再点击左上角"关机"键关闭天平。如天平长时间不用，天平的托盘上应保持干净、空载，关闭插座电源。

2.4.5　记录

清理天平及实验台，填写仪器使用记录表。

2.5　期间核查

（1）接通电源，点击屏幕左下角开机键，点击屏幕左中"isoCAL"进行仪器内部校准。

（2）打开天平门将 100 g 砝码放在托盘上，关闭天平门，记录读数。

（3）打开天平门取出砝码，关闭天平门。

（4）误差范围：±0.5 mg。

（5）本仪器核查周期为 1 个月。

2.6　维护保养与注意事项

电子分析天平 SQP 的维护保养与使用注意事项与电子分析天平 AX205 相同。

第 11 节　紫外–可见分光光度计

紫外–可见分光光度计是在紫外可见光区可任意选择不同波长的光来测定吸光度、透射比或反射率的仪器。具有简便、快捷、准确、有效、经济和环保等特点。广泛用于化工、医药、生物学、食品、物理学、环境科学、材料学等科学研究领域。本节以岛津 UV-2600 紫外–可见分光光度计在兽药检验中的应用为例进行介绍。

1　型号特点

岛津 UV-2600 紫外–可见分光光度计由光源、单色器、吸收池、检测器及数据处理、记录等部分组成。采用低杂散光、高分辨率的单光束光路结构单色器，使仪器具有良好的稳定性、重现性和精确的测量读数。同时外形也更紧凑，使用更节能。

2　工作原理

紫外–可见分光光度计按其结构和测量操作方式的不同可分为单光束分光光度计和双光束分光光度计。单光束分光光度计固定在某一波长，分别测量比较空白、样品或参比的透光率或吸收度，比较适用于单波长的含量测定，测定吸收光谱图时操作比较烦琐。双光束分光光度计的光路分成样品和参比两束光，并先后到达检测器，检测器信号经调制分离成两光路对应信号，测得的是透过样品溶液和参比溶液的光信号强度之比。由于有两束光，所以对光源波动、杂散光、噪声等影响都能部分抵消，克服了单光束仪器由于光源不稳引起的误差，并且可以方便地对全波段进行扫描。

3 适用范围

紫外–可见分光光度计用于药品的鉴别、杂质检查和含量测定。

4 仪器操作

4.1 开机

打开计算机和紫外–可见分光光度计电源，双击桌面点击"UV Probe"图标，进入工作站。软件将自动搜索仪器端口，点击"联机"软件与仪器联机成功。仪器连接后，按初始画面进行一系列的检查和初始设置，初始化大约需要 5 min，全部通过确认后就可以开始测定。

4.2 模块选择应用

各模块通过在窗口菜单点击相应各项进行切换或者在工具栏选择模块方式，具体有以下几项。

(1) 光谱测定模块：扫描指定范围内的波长，记录各采样间隔的吸收值。

(2) 光度测定（定量）模块：测定一点或多点波长的光度值。

(3) 动力学模块：测定固定波长光度值的时间变化过程。

(4) 报告生成器：用于制作各种格式的报告。

4.2.1 光谱测定模块

4.2.1.1 参数设定

在工具栏上选择光谱测定模块，进入光谱测定界面，点击"编辑—方法"或菜单栏上的编辑方法工具图标，显示光谱方法对话框，在"测定"项下可设置波长测定范围、扫描速度、采样间隔等条件参数；在"试样准备"项下可输入质量、体积、稀释因子、光程长等信息；在"仪器参数"项下可选择测定方式（吸收值、透射率、能量、发射率）以及狭缝宽度等参数。参数设置完毕后，点击"确定"按钮，并储存数据采集方法。

4.2.1.2 光谱测定

(1) 将空白溶液装入样品室，点击"基线校准"按钮，仪器将以设定的波长范围进行基线校正，扣除空白的背景吸收。

(2) 将样品溶液装入样品室，点击"开始"按钮，在弹出的对话框中输入样品文件名等，点击"确定"后，开始光谱扫描。

4.2.1.3　存储数据

扫描完成后，数据要进行存储，若关闭 UV Probe，数据会丢失，可选择"文件—保存"，存储文件或存储到指定文件夹中。

4.2.1.4　峰值检测结果

点击主菜单上的"峰值检测"，可显示吸收峰、谷的波长、吸光度值，分别用向上和向下的箭头标注谷和峰。

4.2.2　光度测定模块

4.2.2.1　参数设定

在工具栏上选择光度测定模式，进入光度测定界面，点击"编辑—方法"或菜单栏上的编辑方法工具图标，光度测定方法启动，按照提示，设置相应的参数，完成方法建立并保存。

4.2.2.2　基线校正

点击仪器左下方状态栏"到波长"按钮，输入相应项目的波长，并进行基线校正。

4.2.2.3　定量测定

（1）建立标准曲线。双击标准表中的任意位置激活标准表，在表头位置将显示激活。在标准表中输入样品编号及浓度，输入完成后，将激活"读取 Std"按钮。再将标准样品依次放入样品室中，分别点击"读取 Std"按钮。点击"视图—标准曲线"，查看标准曲线，将显示以标准表中结果所绘成的曲线，每一个点对应一个样品编号，并同时保存标准表。

（2）样品测定。编辑样品表，点击样品表的任意位置，激活样品表，在样品中输入编号等信息，将待测样品放入样品室中，点击"读取 Unk"按钮，仪器将读取每个波长的数据，并根据标准曲线计算样品浓度显示于样品表中。点击"文件—保存"，标准表与样品表的数据将被保存。

4.2.3　动力学模块

（1）点击"窗口—动力学"，打开动力学模块，点击"编辑—方法"，或快捷工具栏点击方法图表，显示动力学方法对话框，输入时间周期、读取次数、波长类型以及仪器参数等，点击"确定"按钮。

（2）经自动调零后，装入待测样品溶液，点击"开始测量"初始化时间扫描测定，时间扫描图上显示实时数据。

（3）测定完成后，弹出新的数据对话框，输入文件名，点击"确定"保存。

（4）点击"文件—保存"，选择时间扫描文件作为数据类型，点击"确定"保存。

4.3 关机

（1）点击仪器状态栏的"断开"键，将仪器与软件之间的连接断开。

（2）关闭软件，关闭主机电源和计算机。

（3）及时取出样品室内样品，保持样品室清洁，并放入干燥剂。

（4）及时填写仪器使用记录。

5 期间核查

5.1 核查条件

环境温度 15~30 ℃；相对温度≤85%；电压变化应为（220±22）V。

5.2 核查内容

5.2.1 波长的准确度

用仪器固有的氘灯检定。取单光束能量方式对 486.02 nm 及 656.10 nm 两单峰进行单方向重复扫描两次，测量出谱图上的两条谱线波长，准确度≤±0.3，重复性≤0.2。

5.2.2 吸光度的准确度

精密称取在 120 ℃干燥至恒重的基准重铬酸钾约 60 mg，置于 1 000 mL 容量瓶中，用硫酸溶液（0.005 mol/L）溶解并稀释至刻度，以硫酸溶液（0.005 mol/L）为空白，用配对的 1 cm 比色皿，在规定的波长处分别测定吸光度并计算其吸收系数。应符合表 1-3-11-1。

5.2.3 基线平直度、吸光度

开机 30 min 后，设置狭缝宽度 2 nm，全波长慢速扫描，吸光度≤±0.005。

5.3 记录

填写运行检查记录，出现异常情况及时排查。

表 1-3-11-1　吸收系数范围

波长/nm	吸收强度	吸收系数（$E_{1cm}^{1\%}$）	允差范围
235	最小	124.5	123.0~126.0
257	最大	144.0	142.8~146.2
313	最小	48.6	47.0~50.3
350	最大	106.6	105.5~108.5

5.4　结果判定

核查结果全部项目均符合技术要求，判为合格，方可使用。如不符合技术要求，应于检修后再进行核查。

5.5　核查周期

本运行核查周期为 6 个月，核查应介于两次检定或校准周期之间；更新重要部件或对仪器性能有怀疑时，应随时进行核查，经核查正常后才能投入使用。

6　维护保养

（1）强腐蚀、易挥发试样测定时比色皿必须加盖。

（2）样品溅入样品室后应立即用滤纸或软绵纱布擦干净。

（3）定期清洁仪器外表，去除灰尘、污物。

（4）定期更换干燥剂，防止仪器受潮，每次使用时检查运行情况及电路运行情况。

（5）样品室应每天清洁，以清除样品室内残留的液体样品，防止其蒸发，避免对样品室造成腐蚀，否则有可能影响测定结果。

7　注意事项

7.1　安装环境的要求

通常仪器的工作温度为 15~35 ℃，湿度为 45%~80%，如果温度高于 30 ℃，则湿度必须小于 70%，避免日光直射，避免振动，避免强磁场、电场，远离腐蚀性气体，并避免置于任何可能导致紫外区吸收的含有机或无机试剂气体的区域，避免脏污、多尘环境。不要随意搬动仪器，不使用时应在样品室内放置硅胶防潮。硅胶应及时更换，以保证其除湿能力。

7.2 波长准确度检查

波长准确度利用氘灯的特征峰的波长进行检查，2个峰分别位于 486.0 nm 和 656.1 nm，应半年检查一次。操作如下：选择"编辑—方法"，点击"测定"标签，设定波长范围为 650~660 nm，扫描速度为中等，采样间隔为 0.1，扫描方式为单个，点击"仪器参数"标签，设定测定方式为能量，狭缝宽为 2.0，光源为 D2（氘灯），检测器为 PM，PM 增益为 1 或 2，设定完毕，点击"开始"按键，光谱测定完毕，在对话框中输入新的存储文件名。选择"操作—峰值检测"，所显示的特征峰应在 655.8~656.4 nm 的范围内。再次设定波长范围为 480~490 nm，扫描检测，所显示的特征峰应在 485.7~486.3 nm 的范围内。

7.3 测定值出现异常原因排查

测定值出现异常时，首先需要确认测定的样品、设定的波长和狭缝宽度、使用的吸收池是否正确，以及与特殊附件连接是否正常。在排除上述原因外，须检查光源是否熄灭，可选择"仪器—配置"，在配置窗口中点击"维护"选项卡，"W1""D2"未激活时，选择激活，若光源仍熄灭，则断开与 UV Probe 连接，关闭仪器电源，重新启动仪器进行初始化，若灯仍未亮，则须更换新灯；若出现自检异常，强行将灯熄灭，则须与仪器公司维修工程师联系。

7.4 吸收池应配对使用

用于盛装样品、参比或空白溶液的吸收池应装入同一溶剂，吸收池必须配对，否则应加以校正。校正选择透过率测定方式，将其中一个吸收池装上蒸馏水于 220 nm（石英比色皿）处，将透过率调至 100%，然后测定其他各吸收池的透过率，两者透过率之差不超过 0.5% 则可以认为是配对的。取吸收池时，手指拿毛玻璃面的两侧。盛装样品溶液以吸收池体积的 4/5 为宜，使用挥发性溶液时应加盖，透光面要用擦镜纸由上而下擦拭干净，检视应无残留溶剂。吸收池放入样品室时应注意每次放入方向相同。使用后用溶剂及水冲洗干净，晾干防尘保存，吸收池如污染不易洗净时可用硫酸–硝酸（3:1）混合液稍加浸泡后，洗净备用。

7.5 溶剂的选择

同一次测量中，尽量使用同一批溶剂或同一瓶溶剂，以减少溶剂不同对结果的影响。测定前先检查所用溶剂在供试品所用的波长附近的吸光度是否符合要求，即将溶剂置于 1 cm 石英吸收池中，以空气为空白（即参比光路中不放置任何物质）测定其吸光度。溶剂和吸收池的吸光度，在 220~240 nm 范围内不得超过 0.40，在 241~250 nm 范围内不得超过 0.20，在 251~300 nm 范围内不得超过 0.10，在 300 nm 以上时不得超过 0.05。测定时，除另有规定外，供试品溶液吸光度最大波长应在该品种项下规定的波长±2 nm 以内；供试品溶液吸光度读数以 0.3~0.7 为宜，在此范围内误差较小。

7.6　狭缝宽度

选用仪器的狭缝谱带宽度应小于供试品吸收带的半宽高的 10%，否则测得的吸收度值会偏低，对于《中华人民共和国兽药典》紫外测定的大部分品种，可以使用 2 nm 缝宽。

第 12 节　红外分光光度计

红外分光光度计分辨率高、波数精度高、灵敏度高、扫描速度快、光谱范围宽，且具有多种智能处理能力，已成为药品检验检测和药物研究分析中最常用的分析检测仪器。

1　型号特点

傅里叶变换红外光谱仪 IRAffinity-1S 具有高性能的 LabSolutions IR 软件，操作性强，自动化的分析程序（异物分析程序和定性鉴别程序）使其在数据处理及分析时更容易。内置电子自动除湿装置，易于维护。

2　工作原理

光源发出的光被分束器（类似半透半反镜）分为两束，一束经透射到达动镜，另一束经反射到达定镜。两束光分别经定镜和动镜反射再回到分束器，动镜以一恒定速度做直线运动，因而经分束器分束后的两束光形成光程差，产生干涉。干涉光在分束器会合后通过样品池，通过样品后含有样品信息的干涉光到达检测器，然后通过傅里叶变换对信号进行处理，最终得到透过率或吸光度随波数或波长的红外吸收光谱图。

3 适用范围

傅里叶变换红外光谱仪，用于药品的鉴别、检查和含量测定。

4 仪器操作

4.1 开启傅里叶变换红外光谱仪 IRAffinity-1S

开启傅立叶红外光谱仪的电源；开启计算机，进入 Windows 操作系统。

4.2 启动 IRsolution 软件

双击桌面 LabSolutions IR，启动 IRsolution 软件；确认 FTIR 的电源已经打开；在仪器下拉菜单中选择"初始化"，等待日志文件中显示"完成初始化"。

4.3 光谱扫描

4.3.1 设置扫描参数

设置测量模式（Measurement Mode）为通过率（%，Transmittance），设置变迹函数（Apodization）为 Happ-Genzel，设置扫描次数（No.of scans）为 1~400 次，一般设置 20 次，设置分辨率（Resolution）为 4，设置记录范围（Range）为 400~4 000。

4.3.2 输入文件名和样品信息

在设置区域输入文件名、样品信息等内容。

4.3.3 背景扫描

放置背景样品，点击"背景扫描"按钮，获得背景光谱。

4.3.4 样品扫描

点击"测定"，放置样品，点击"样品扫描"按钮，获得供试品的光谱。

4.3.5 保存光谱

点击"文件—保存"，选择保存目录即可保存光谱。

4.4 显示图谱

在测量模式下，点击"查看"按钮即可观察图谱。在"文件—打开"中可以查看以前保存过的图谱，在此界面中可以观察到光谱、峰表、选点表等信息，也可以进行光谱缩放和光谱重叠等操作。

光谱缩放：在图表窗口中通过拖动创建一个矩形，点击要缩放的位置，即可缩放显示目标区域。

光谱重叠：点击"窗口"菜单的"合并"，可重叠所有显示数据。

4.5　数据处理

在"处理"窗口下拉菜单中选择数据处理功能。其中可选的有：四则运算、归一化、基线校正、平滑、导数、截断、峰检测等。

4.5.1　峰检测

在"处理"窗口下拉菜单中选择"峰检测"，光谱右侧"参数"选栏中设置检测峰，点击"计算"显示峰检测结果。

4.5.2　光谱

在"处理"窗口下拉菜单中选择"数据集运算"，从左侧树形视图中选择目标光谱，点击右键菜单的"发送到源"，再从树形视图中选择参比光谱，点击右键菜单的"发送到参比"，重叠显示两个光谱。在光谱右侧视窗中的"计算方法"中选择"数据集运算"，点击"计算"显示计算结果，点击"确定"保存光谱计算结果。

4.6　图谱检索

点击"检索"显示检索窗口。

4.6.1　选择谱库

点击"常规"标签，再点击"添加"，显示"选择谱库"窗口。选择文件，点击"打开"按钮，添加到谱库中。

4.6.2　选择算法

点击"光谱"标签，从"算法"列表中选择"DiffDeriv"或"CorrDeriv"。

4.6.3　开始检索

点击"光谱检索"，显示检索结果。

4.6.4　检索后处理

重叠：点击"重叠"，重叠显示检索对象光谱和命中列表中选择的光谱。

差谱：点击"差商"，可计算检索对象光谱和命中光谱的差谱。

4.6.5 保存返回

点击"确定检索结果",保存检索结果。点击"关闭",返回检索窗口。点击"查看",结束检索。

4.7 创建和编辑谱库

4.7.1 新建谱库

点击"检索"按钮旁的下拉菜单,选择"编辑谱库"。在"谱库"下拉菜单中选择"新建",显示"创建用户谱库"窗口。输入谱库信息,点击"确定",显示新建谱库的编辑窗口。

4.7.2 编辑谱库

添加光谱:选择树形视图的光谱,点击右键菜单的"添加到谱库中",显示提示信息,点击"是"将其添加到光谱列表中。

删除光谱:从光谱列表中选择要删除的光谱,点击右键中的"删除",显示提示信息,点击"是"从列表里删除该光谱。

编辑光谱:双击光谱列表中要编辑的光谱,显示提示信息,点击"是"显示更改光谱信息窗口,编辑后点击"确定"保存于光谱列表。

4.8 定量测定

4.8.1 创建标准曲线

创建对未知样品进行定量测定时所需的标准曲线,需要保存事先在光谱扫描的吸光度模式下的标准样品光谱。

启动 LabSolutions IR,点击"定量测试",确认 FTIR 的电源开关已开,进行初始化(参考 4.1~4.2)。

创建标准样品表:点击"导入"显示"导入光谱"窗口,选择标准样品光谱,点击"导入",点击"关闭"退出"导入光谱"窗口,在各行输入浓度。

设置标准曲线参数:点击"标准曲线"标签,点击"设置",显示"标准曲线参数"窗口,设置标准曲线参数,点击"确定"。

创建标准曲线:点击计算"标准曲线",显示标准曲线。

设置扫描参数:点击"扫描参数"标签,点击"设置",显示"仪器参数"窗口,设置扫描次数和分辨率等扫描参数,点击"确定"。

保存标准曲线：点击"保存标准曲线"，输入文件名，点击"保存"。

4.8.2　未知样品的定量测定

启动：参考 4.8.1。

加载标准曲线：点击"加载标准曲线"显示"打开文件"窗口。输入文件名，点击"打开"显示标准曲线。

准备文件：点击文件名旁边的"…"按钮，显示指定文件的窗口。输入定量数据文件名，点击"确定"。

准备未知样品表：点击"插入行"，输入光谱名（必须）和样品信息，选择多个样品的单元格后点击"批量编辑"，可通过该窗口批量输入样品信息。

背景扫描：放置背景样品，点击"背景扫描"，显示背景光谱。

未知样品的定量测定：放置位置样品，点击"样品扫描"显示光谱，测定完成后，在未知样品表中显示浓度。

后处理：点击"计算公式/判断公式"标签，点击"编辑"显示"公式设置"窗口，点击"编辑"，选择"公式类型"，输入公式，点击"登录"，点击"确定"，完成计算公式设置。

计算标准曲线：点击计算标准线，适用于未知样品表。

4.9　仪器校正

用聚苯乙烯薄膜（厚度约为 0.04 mm）校正仪器，绘制其光谱图，用 3 027 cm^{-1}、2 851 cm^{-1}、1 601 cm^{-1}、1 028 cm^{-1}、907 cm^{-1} 处的吸收峰对仪器的波数进行校正。3 000 cm^{-1} 附近处的波数误差应不大于±5 cm^{-1}，在 1 000 cm^{-1} 附近的波数误差应不

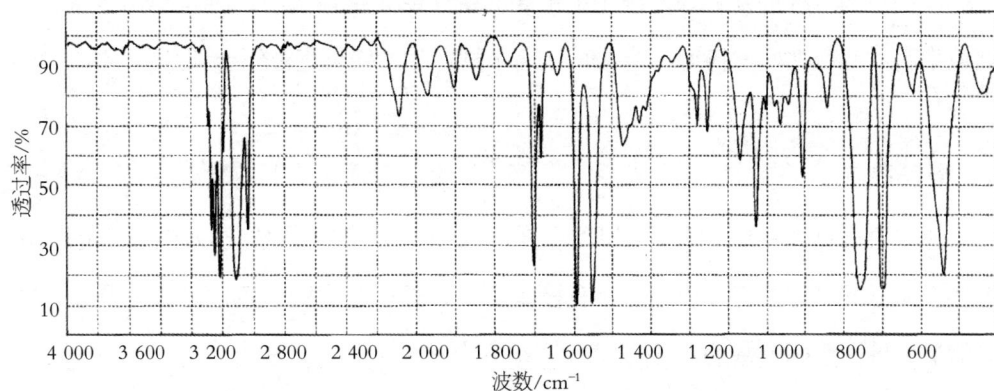

图 1-3-12-1　聚苯乙烯薄膜标准红外光谱图

大于±1 cm⁻¹。

用聚苯乙烯薄膜校正时，仪器分辨率要求在 3 110~2 850 cm⁻¹ 内能够清晰地分辨出 7 个峰，峰 2 851 cm⁻¹ 与谷 2 870 cm⁻¹ 之间的分辨率深度不小于 18%透光率，峰 1 583~1 589 cm⁻¹ 之间的分辨率深度不小于 12%透光率。仪器的标称分辨率除有规定外，应不低于 2 cm⁻¹。

5　维护与保养

（1）仪器放置应稳定、水平，尽量远离振动源。

（2）干燥剂中指示硅胶变色（蓝色变为浅蓝色），需要更换干燥剂。

（3）每星期保证开机预热 2 h 以上。

6　注意事项

（1）保证仪器室相对湿度小于 65%。

（2）仪器尽量远离腐蚀性气体。

（3）测试期间尽量减少房间空气流动。

（4）光路中有激光，开机时严禁眼睛进入光路。

（5）将压片模具、KBr 晶体、液体池及其窗片放在干燥器内备用。

第 13 节　薄层色谱点样展开成像系统

薄层色谱点样展开成像系统用于兽药的定性或定量检验中，具有操作方便、分离效率高、专属性好等特点。能同时分离多种样品，结果直观便于判定。

1　型号特点

薄层色谱点样展开系统由全自动点样仪 AS30、薄层成像系统 DD70、电脑及软件操作、激光打印等部分组成。具有设备简单、分析速度快、色谱参数易调整、图谱清晰、可视性好等特点。

2　功能原理

薄层色谱点样展开系统由特殊设计的光源系统、高性能数码相机及软件控制系统组成，可对薄层色谱图谱进行拍摄，具有真实的色彩逼真度和超低的检测限；软件系统可进行数据采集，自动计算 Rf 值，对图像进行文字标注编辑，斑点对比放大，并进行记录保存、显示、打印等。

3　适用范围

该系统常用于兽药的薄层鉴别检验，尤其在中兽药检验分析中广泛应用。

4　操作规程

4.1　氮气准备

（1）打开氮气瓶气阀，右侧压力表显示压力为 10 MPa。

（2）打开送气通路上 3 个分阀，各阀方向与通气管平行为"开"。

（3）调整左侧通气压力为 0.3 MPa，通气表连接阀向"+"方向拧动为增加通气量，向"-"方向拧动为减小通气量。

4.2　DESAGA 自动点样器

（1）氮气连通后，打开仪器。

（2）确保废液盒放置了脱脂棉或者其他可以吸收废液的薄片。

（3）将薄层板放置在样品平台，可通过卡块调整点样初始 Y 轴位置，即点样位置竖直方向离边界距离。

（4）按"F1"进入"STRT"设置程序，按"F2"进入"METH"选择预设程序序号（屏幕右上角显示程序序号，可通过直接输入数字选择预设程序），或者重新编辑程序。

4.3　编辑程序流程

（1）按"F2"进入"METH"，按"F1"进入"PAR"点样参数设置（见表 1-3-13-1），可通过"▲"和"▼"设置当前方法并浏览参数里面各项菜单。

表 1-3-13-1　参数设置说明

参数项		2 个样点	3 个样点
Syringe	点样体积	10 μL	10 μL
Plate	硅胶板横放长度	50 mm	50 mm
Length	单个样品长度	3 mm	2 mm
Positions	点样个数	2	3
Distance	两个样点间距离	15 mm	10 mm
Start	第一个样点离板边距离	10 mm	8 mm
Volume	全部点样体积	10 μL	10 μL
Time	点样速度	5 s/μL	5 s/μL
Cycle	点样周期	1	1
Pause	两个点样之间停留时间	1 s	1 s

（2）设置完毕后，按"ESC"退出并保存参数。

（3）退出后，按"F2"进入"CORR"设置。

参数说明：Lane 表示从第 1 个点开始点样，设置为 1。Vial 表示取样位置，即自动进样器上的具体位置（本仪器不具有自动上样功能，该参数默认为 1）。Factor 表示点样重复次数，设置为 1。

注意：每次点样应注意确认"CORR"里面的参数设置。

（4）按"ESC"保存并退出。

（5）回到初始界面后，按"F1"进入"STRA"开始运行点样程序，点样结束后会自动进行氮气通气清洗（flush），如需要使用乙醇清洗，则须另外从上样口注入。

（6）仪器使用结束后，先关闭氮气瓶及各阀门，再关闭仪器。

4.4　DD70 ArgusX2 成像系统

（1）打开仪器，确认 D750 相机功能旋钮至"M"档，定焦镜头在"AF"档，确认相机连接线正常连接。

（2）在成像仓中间位置放置薄层板，关闭仓门，打开相应紫外检测波长开关。

（3）打开桌面"ArgusX2"弹出对话框，输入用户名及密码，输入完毕后，点击"Start"登录软件。

（4）点击"相机控制及拍照功能"图标，选择"Live Capture"实时成像。

（5）选择紫外检测波长，调整快门及光圈设置，直到显示框中有条带显示。

（6）对实时图像进行对焦，并选择需要传输的图像面积，选定后点击"Capture"，完成图像采集及传输。

（7）在"General"中编辑图片名称及备注信息，注意：图片名称只能以英文形式录入，中文字符无法识别；在"Image Optimization"中调整；在"Annotation"中可自定义插入文字或文本框。

（8）图像采集编辑完成后保存。

（9）点击"打印"按钮，选择开启"Image parameters"选项（蓝色标记为开启），其余参数关闭（灰色标记为关闭），点击"PDF"选项，将图片另存在相应文件夹中。

5　维护保养

（1）每周 1 次清洁仪器表面灰尘，保持仪器清洁。

（2）每隔 2 个月开机 1 次，工作 30 min，保持仪器、设备各功能正常。

（3）检查气路、线路、各开关功能是否正常。

6　注意事项

（1）保持气瓶中的氮气压力在正常范围内。

（2）建议环境温度保持在 25 ℃以下。

（3）仪器设备与墙壁必须保持 10 cm 以上的距离，保持空气流通。

（4）自动点样样品溶液点样前要通过 0.45 μm 滤膜过滤，避免溶液中杂质堵塞点针。

（5）工作期间仪器照相前门不得打开，否则影响拍照效果。

（6）样品扫描时间不宜过长，以免影响效果。

第 14 节　气相色谱仪

气相色谱仪是用于对气体、易挥发的物质及可转化为易挥发化合物的液体或固体物质的检测；具有分离效率高、分析速度快、样品用量少、检测灵敏度高等优点。目前，广泛应用于石油化工、医药卫生、环境监测、生物化学等领域。本节以 Agilent 7890B 气相色谱仪在兽药检验中的应用为例进行介绍。

1 型号特点

Agilent 7890B 气相色谱仪由气路系统、进样系统、柱分离系统、检测系统和数据采集系统等部分组成。具有精确的温度控制、精确的注射系统和高性能电子气动控制（EPC）模块，可实现良好的保留时间和面积计数重复性。

2 工作原理

载气经过流量调节阀稳流和转子流量计检测流量后到样品气化室，待分析样品在气化室气化后被惰性气体（即载体，如氮气、氦气）带入色谱柱，由于样品中各组分的沸点、极性或吸附性能不同，经分离后依次进入检测器，检测器给出的信号经放大后由记录仪记录样品色谱图。

3 适用范围

Agilent 7890B 气相色谱仪用于药品的鉴别、含量测定、特征图谱及残留溶剂等的检测。

4 仪器操作

4.1 开机

4.1.1 开机前准备

（1）选择合适的气体并调节流量，打开气源，调节气体输出压力为 0.3~0.5 MPa。

（2）根据分析样品性质和分析方法安装相应的色谱柱及衬管，正确安装于进样口中。

（3）打开空气压缩机。

（4）用皂液检查柱子及各连接处是否漏气。

4.1.2 开机

（1）打开计算机，进入中文 Windows 界面。

（2）打开 7890B GC 电源开关。

（3）待仪器自检结束，双击"Cp 控制面板"，进入工作站。

4.2　Open LAB ChemStation C.01.05 软件方法编辑

4.2.1　编辑完整方法

从"方法"菜单中选择"创建新采集方法"项，进行下一项具体方法信息编辑。

4.2.2　仪器配置设定

（1）自动进样器配置，在配置项下，点击"ALS"，输入进样针的规格，如"10 μL"。

（2）选择溶剂清洗模式，如 A，B。

（3）模块配置的设定，点击"模块"，分别选择进样口、检测器的气体类型。

（4）柱参数设定，点击"色谱柱"，进入柱参数设定模式，在表格中的"1"处，点击鼠标。选择"从目录选择"处，进入柱库，从柱库中选择已安装的柱子，点击"安装"。

（5）其他设定，点击"其他"进行其他项设定，选择压力单位（如 psi）；若阀用于进样，在阀类型区域选择阀号，并选择其类型为"开关阀"。

（6）就绪状态设定，点击"就绪状态"进行就绪状态设定，勾选需要监控的模块，如"柱箱""前进样口（SS 进样口）"和"前检测器（FID）"等。

4.2.3　进样器参数设置

（1）点击 ALS 菜单下"前进样器"或"后进样器"按钮，进入进样器参数设定界面，输入进样量（如 1 μL）。

（2）根据溶剂类型选择溶剂 A 和（或）溶剂 B 清洗，并设置进样前和（或）进样后的清洗次数；选择清洗溶剂体积（如最大）；设置样品清洗次数；设置样品抽吸次数。

4.2.4　进样口参数设置

点击"进样口"菜单下"SSL-前"或"SSL-后"按钮进入填充柱进样口参数设定界面。点开"选择衬管"，在弹出列表中查找相应的衬管，点击"安装"，选择"使用该选择"。勾选"加热器""压力""隔垫吹扫流量"，在"设定值"项下输入进样口温度（如 250 ℃）和吹扫流量值（如 3 mL/min）。点击"进样模式"下方下拉箭头，选择进样方式为分流或不分流，如选择"分流"方式，则输入分流比或分流流量（若分流比较大，可打开载气节省模式）。如果选择"不分流"方式，在相应空白框内输入"吹扫时间"和"到分流出口的吹扫流量"（如 0.75 min 后 15 mL/min）。

4.2.5 柱箱温度参数设定

点击"柱箱"菜单，进入柱温参数设定。勾选"柱箱温度开启"，在空白处输入温度，如为程序升温，在右边表格中设置相应的初始温度、升温速率、目标温度和保持时间。在"平衡时间"下方空白处设置柱子的平衡时间（如 1 min），在"最高柱箱温度"下空白处设置所配色谱柱的最高柱温限值，以保护色谱柱。

4.2.6 检测器参数设定

（1）火焰离子化检测器（FID）参数设定，点击"检测器"，点击"FID-前"或"FID-后"进入 FID 检测器设定界面。勾选所有参数前小方框，在后面空白处输入设定值：加热器温度（如 260 ℃）、空气流量（如 400 mL/min）、氢气燃气流量（如 40 mL/min）和尾吹气流量（如 25 mL/min），待加热器温度达到设定值后，勾选"火焰"，仪器自动点火。

（2）火焰光度检测器（FPD）参数设定，点击"检测器"，点击"FPD-前"或"FPD-后"进入 FPD 检测器设定界面。勾选所有参数前小方框，在后面空白处输入设定值：加热器和辅助传输线温度（如 200 ℃）、燃烧室温度（如 150 ℃）、空气流量（如 100 mL/min）、氢气燃气流量（如 75 mL/min）和尾吹气流量（如 60 mL/min）。勾选"火焰"选项。

（3）电子捕获检测器（ECD）参数设定，点击"检测器"，点击"ECD-前"或"ECD-后"进入 ECD 检测器设定界面。勾选所有参数前小方框，在后面空白处输入设定值：加热器温度（如 300 ℃）和尾吹气（氮气）流量（如 30 mL/min）。

（4）信号参数设定，点击"信号"，进入信号参数设定，点击"信号源"下方下拉箭头，选择"前部信号"或"后部信号"，以 FID 为例：点击 "数据采集频率/最小峰宽"下方下拉箭头，选择数据采集频率。可以选择"归零"进行运行时信号归零。

4.2.7 保存方法

从"方法"菜单中选择"方法另存为"，输入方法名，并把新建立的方法传输给仪器。

4.2.8　单针进样

选择"单个样品"菜单进行样品信息设定并点击"运行"。

4.2.9　序列进样

选择"序列"菜单进行样品信息设定，在序列表中选择"进样源"（须与方法设定一致），填写样品瓶位置、名称、采集方法、进样次数、进样体积和数据存储子目录。将序列表另存为"序列模板"，保存序列表至文件夹中。

4.3　数据处理

（1）点击"Date Analysis"，打开数据处理功能。

（2）从"开始"菜单中选择"调用数据"选项，数据被调出。

（3）新建处理方法，选择"处理—新建方法"，如果调用已有的处理方法点击"打开方法"。新建的方法选择合适的处理方法类型，点击"新建方法"。点击"开始—保存方法"；输入方法名称，点击保存。

（4）关联数据与处理方法，鼠标右键点击数据，选择"关联已选进样到已选方法"。

（5）调整色谱图量程，点击"色谱图属性"，根据色谱图设置相应显示优化参数，点击"应用"。

（6）点击"属性"，在右侧"通用"项下选择 Chemstation 积分器。

（7）编辑标准积分参数，优化色谱图，点击"标准"以编辑标准积分参数；调整灵敏度优化积分线；设置最小峰高/峰面积；在列表中点击右键，可选择添加积分事件。

（8）定义目标峰，点击"识别"进入化合物识别；在目标峰处点击右键，选择"峰作为化合物添加到方法"，并将添加进表的化合物根据需要重命名。

（9）点击"进样报告"进入报告设置界面，选择合适的报告模板；选择报告的格式和报告存储的方式。

（10）保存并打印报告，依次选择"保存方法—重新处理已选 —保存已选结果—打印已选进样—查看 PDF"即可浏览生成的报告。

4.4 关机

（1）实验结束后，运行关机方法，关闭空气、氮气、氢气。

（2）待柱温、进样口温度、检测器温度降至 50 ℃以下，退出工作站，关闭电脑。

（3）关闭气相主机，最后关闭载气钢瓶阀门，切断电源。

5 期间核查

5.1 核查内容

进行一般检查，并核查基线噪声和基线漂移、定性重复性、定量重复性、检测限。

5.2 标准物质

甲基对硫磷–无水乙醇溶液，浓度为 10 ng/μL；正十六烷—异辛烷溶液，浓度为 100 ng/μL；丙体六六六—异辛烷溶液，浓度为 0.1 ng/μL。

5.3 核查依据

JJG 700-2016 气相色谱仪检定规程；Agilent 7890B《气相色谱仪操作规程》。

5.4 核查条件

各检测器核查条件见表 1-3-14-1。

表 1-3-14-1　各检测器核查条件设置

检定条件	检测器		
	FPD	FID	ECD
柱温箱温度/℃	210	160	210
汽化室温度/℃	230	230	210
检测器温度/℃	250	230	250
所用标准物质	甲基对硫磷—无水乙醇	正十六烷—异辛烷	丙体六六六—异辛烷

注：用毛细管检定时，应采用不分流进样，适当选择载气流速。

5.5 核查方法

5.5.1 一般检查

在正常操作条件下，用肥皂液检查气源至仪器所有气体管路的接头，应无泄漏；仪器的各调节旋钮、按键、开关、指示灯工作正常。

5.5.2　基线噪声和基线漂移

按表 1-3-14-1 设置色谱核查条件，待基线稳定后，记录基线 30 min，选取基线中噪声最大峰，其峰高对应的信号值为仪器的基线噪声；基线偏离起始点最大的响应信号值为仪器的基线漂移。

5.5.3　定性重复性

按表 1-3-14-1 设置色谱核查条件，待基线稳定后，进样器注入标准溶液，进样 1 μL，连续进样 7 次，以溶质保留时间的相对标准偏差 RSD 表示，计算 RSD。

5.5.4　定量重复性

按表 1-3-14-1 设置色谱核查条件，待基线稳定后，进样器注入标准溶液，进样 1 μL，连续进样 7 次，以溶质峰面积测量的相对标准偏差 RSD 表示，计算 RSD。

5.5.5　检测限

5.5.5.1　FPD 检测器

按表 1-3-14-1 的检定条件，待基线稳定后，进样 1 μL，连续进样 7 次，记录硫或磷的峰面积，按下面公式计算检测限。

$$硫：D_{FPD} = \sqrt{\frac{2N\,(Wn_s)^2}{h\,(W_{1/4})^2}}$$

$$磷：D_{FPD} = \frac{2NWn_p}{A}$$

式中：D_{FPD} 为检测限（g/s）；N 为基线噪声（mV）；A 为磷峰面积的算术平均值（mV·s）；W 为甲基对硫磷的进样量（g）；h 为硫的峰高（mV）；$W_{1/4}$ 为硫的峰高 1/4 处峰宽（s）；n_s 为硫的换算系数 0.121 8；n_p 为磷的换算系数 0.117 7。

5.5.5.2　FID 检测器

按表 1-3-14-1 的检定条件，待基线稳定后，进样 1 μL，连续进样 7 次，记录正十六烷峰面积，按下面公式计算检测限。

$$D_{FID} = \frac{2NW}{A}$$

式中：D 为检测限（g/s）；N 为基线噪声（mV）；W 为正十六烷的进样量（g）；

A 为正十六烷峰面积算术平均值（mV·s）。

5.5.5.3 ECD 检测器

按表 1-3-14-1 的检定条件，待基线稳定后，进样 1 μL，连续进样 7 次，记录丙体六六六峰面积，按下面公式计算检测限。

$$D_{ECD} = \frac{2NW}{AFc}$$

式中：*D* 为检测限（g/mL）；*N* 为基线噪声（mV）；*W* 为丙体六六六的进样量（g）；*A* 为丙体六六六峰面积算术平均值（mV·min）；*Fc* 为检测器温度校正后的载气流量（mL/min）。

5.6 评定

气相色谱仪期间核查的技术指标符合表 1-3-14-2 中的要求，视为期间核查合格，可以正常使用。

表1-3-14-2 气相色谱期间核查主要技术指标

技术指标	检测器		
	FPD	FID	ECD
基线噪声	≤0.5 nA	≤1 pA	≤0.2 mV
基线漂移	≤0.5 nA	≤10 pA	≤0.5 mV
检测限	≤0.5 ng/s（硫） ≤0.1 ng/s（磷）	≤0.5 ng/s	≤5 pg/mL
定量重复性	≤3%	≤3%	≤3%
定性重复性	≤1%	≤1%	≤1%

5.7 核查周期

在仪器设备两次检定或校准之间进行核查。

5.8 相关记录

气相色谱仪期间核查记录。

6 维护保养

6.1 气体部分的保养和维护

载气和检测器用气体更换时间一般为 6~12 个月或者指示型捕集阱改变颜色时，

更换非指示型捕集阱。分流放空内部捕集阱一般 6 个月更换一次，分流放空外部捕集阱一般每个月更换一次，及时更换可以防止样品组分进入实验室环境。一般 1~2 年重新校准一次流量计。

6.2　样品引入部分和进样口的保养维护

进样针和进样针头一般每 3 个月维护一次。如果进样针中可看到污染物、清洗不掉进样针中的脏物、推杆不易滑动或堵塞时，更换进样针。如果隔垫磨损不正常或针头堵塞，更换进样针头。

进样口衬管建议每周检查一次。如果衬管内可见污染物，或色谱柱柱性能降低，就更换衬管。衬管 O 形圈每月更换一次，或更换衬管时同时更换 O 形圈。

6.3　色谱柱的保养维护

6.3.1　色谱柱老化

新色谱柱或长时间未使用的色谱柱应进行老化，以除去残留溶剂及低分子量的聚合物，色谱柱入口端接进样口，另一端不接检测器（已使用过的色谱柱可接检测器），先通 15 min 载气，再设置升温程序，检测器的温度必须高于柱的使用温度 20 ℃（但不能超过柱子的最大使用温度）。

6.3.2　柱前端维护

当出现色谱问题（色谱峰拖尾、灵敏度降低、保留时间改变等）时，从色谱柱前端截去适当长度。必要时，更换进样口衬管、隔垫，并清洗进样口。

6.3.3　更换色谱柱

当修剪色谱柱和溶剂清洗不能恢复色谱柱性能时，须更换色谱柱。

6.3.4　密封垫圈

当更换色谱柱、进样口和检测器部件时更换密封垫圈。

6.3.5　色谱柱储存

色谱柱如不使用，应用硅橡胶块将毛细管柱两端封闭，并存放于盒中。

6.4　检测器的保养维护

6.4.1　FPD 检测器

FPD 检测器一般每 6 个月维护 1 次或按实际情况进行维修，测量氢气、空气和尾吹气的流量。当检测器灵敏度降低时，清洗或更换 FPD 窗口和密封件。

6.4.2 FID 检测器

FID 检测器一般每 6 个月维护一次，测量氢气、空气和尾吹气的流量。

6.4.3 ECD 检测器

当发生基线漂移、噪声升高或相应变化时，可采用"烘烤"对 ECD 检测器进行热清洗。当热清洗不能解决问题时再进行更换。

7 注意事项

（1）仪器应在规定的环境条件下工作，在某些环境条件不符合要求时，必须采取相应的措施，仪器必须按照操作规程进行操作。

（2）使用任意一种检测器，启动仪器前应先通载气。

（3）FID 检测器火焰熄灭或不能点火时，检查气体种类是否正确；检查气体流量设置是否合理，一般氢气流量为 35~40 mL/min，空气流量为 350~400 mL/min；还可以检查检测器喷嘴是否污染或堵塞，并及时用蘸有有机溶剂（丙酮等）的棉布擦拭干净或更换。

（4）气体钢瓶压力低于 $1.47×10^6$ Pa（15 kgf/cm²）时，应停止使用。氢气和氮气是检测器常用的载气，它们的纯度应在 99.99%以上。

（5）仪器的预热，稳定时间约为 4 h，能适应 24 h 连续工作，一般在正常情况下，能连续工作 1 周以上。

第 15 节 高效液相色谱仪

高效液相色谱仪是一种用于分析挥发性低、热稳定性差、相对分子量大的样品以及离子型化合物等的仪器设备，具有分离效能高、分析速度快、灵敏度高等特点，用于兽药鉴别、有关物质、特征图谱及含量测定。本节以安捷伦高效液相色谱仪（1260 Infinity II HPLC）在兽药检测领域应用为例进行介绍。

1 型号特点

安捷伦 1260 Infinity II 高效液相色谱仪主要由在线真空脱气机、四元梯度泵、自动进样器、柱温箱和检测器 5 个模块组成。该型号仪器兼容传统和超高性能的液相色谱仪，操作压力可达 600 bar；独特的双针头设计，可以通过两个进样通道交替运行样品，将循环时间缩短至数秒；高容量柱温箱通过一个快速切换阀直接连接每根色谱柱，可最多容纳 4 根色谱柱，极具灵活性，无须断开和重新连接色谱柱，特殊的接头节省了时间并减少了故障；高灵敏度的可变波长检测器将基线噪声降到最低，保证了最低的检出限；特有的监控和分析软件能够帮助操作者获得高质量的色谱分析结果，可以直观诊断、监测色谱的质量，并在仪器出故障之前通报需要维护的信息。

2　功能原理

高效液相色谱仪以液体为流动相，采用高压输液系统，将具有不同极性的单一溶剂或不同比例的混合溶剂、缓冲液等流动相泵入装有固定相的色谱柱，由于样品溶液中的各组分在两相中具有不同的分配系数，在两相中做相对运动时，经过反复多次地吸附—解吸的分配过程，各组分在移动速度上产生较大的差别，被分离成单个组分依次从柱内流出，通过检测器时，样品浓度被转换成电信号传送到记录仪，数据以图谱形式打印用于定性和定量分析。

3　适用范围

安捷伦 1260 Infinity Ⅱ 高效液相色谱仪主要用于兽药鉴别和有关物质的特征图谱及含量测定。

4　操作规程

4.1　开机

打开电源稳压器，待电压稳定在 220 V 后，打开计算机，进入 Windows 操作系统。打开 Agilent 1260 Ⅱ HPLC 各个模块电源开关，等仪器自检通过并与计算机通信成功，选择配置所需要的液相色谱模块（约 1~2 min）联机后，进入 Online 工作站 OpenLAB CDS。

系统初始化：打开 Purge 阀，设置泵流量为 1 mL/min，开始冲洗管路，逐渐将流量升至 3 mL/min、5 mL/min 分别对 A、B、C、D 4 个管路进行快速冲洗至无气泡为止；将流动相流量及比例设成实验所需条件，点击"确定"；关闭 Purge 阀，完成系统初始化。

4.2 方法编辑

选择"方法—新建方法—方法—编辑完整方法"，弹出窗口中默认选项，点击"确定"。在方法注释窗口中输入方法的描述信息后，点击"确定"，也可不输入直接点击"确定"。选择进样源位置，手动进样或自动进样（ALS），点击"确定"。

设置方法：四元泵设置流量、溶剂通道、溶剂比例及名称、停止时间等参数；进样器设置方法规定的进样量、停止时间（与泵一致）、是否洗针及洗针位置等参数；设置标准规定的柱温箱温度；检测器（VWD/FLD）设置检测器测定波长；选择"文件—另存为—自定义命名—确定"，完成方法编辑；点击右侧"开启/关闭"按钮，完成方法运行/终止。

4.3 序列编辑

（1）选择"序列—序列表"，完善表格信息（样品位置、样品名称、方法名称、进样量、样品信息），点击"确定"。

（2）选择"序列—序列参数"，录入信息（子目录、选中前缀/计数器），点击"确定"。

（3）选择"序列—序列模板另存为"，输入文件名，点击"确定"，完成序列编辑。

4.4 数据分析及报告打印

（1）进入 OpenLAB（1260 II 脱机），选择"数据分析"，从"文件"菜单选择"调用信号"，选中数据文件名，点击"确定"。

（2）谱图优化，从"图形"菜单选择"信号选项"，从"范围"中选择"自动量程"及适合的显示时间，点击"确定"；或选择"自定义量程"调整，反复进行调整，直到图的比例合适为止。

（3）积分，从"积分"中选择"自动积分"，积分结果不理想，可从菜单中"积分事件"，选项选择合适的"斜率灵敏度""峰宽""最小峰面积""最小峰高"，从"积分"菜单选择"积分"选项则数据被重新积分，可重复多次调整"积分事件"选项参数，直至积分结果达到要求，点击左边图标将积分参数存入方法。根据结果需要还可进行手动积分。

（4）校正表设计，点击"校正"菜单中的"校正设置"，给出各个参数，点击"确定"；调出建立校正表所需的谱图并对谱图进行图形优化和积分优化；点击"校正"菜单中的"新建校正表"；在"新建校正表"栏里选定"自动设定"，点击"确定"；在"校正表"中给出正确的"化合物名"和"含量"；如需增加校正点数，给出第二校正点的"含量"，校正表建立完成后点击"确定"，点击"保存"图标将校正表存入方法中。

（5）打印报告，从"报告"菜单中选择"设定报告"选项进入界面；点击"定量结果"框中"定量"右侧黑三角，选中"百分比法"，其他选项不变，点击"确定"；从"报告"菜单中选择"打印"则报告结果将打印到屏幕显示；若想输出到打印机上则点击"报告"底部的"打印"按钮。

4.5　仪器维护

（1）使用完毕后，用 5%甲醇冲洗色谱柱 30 min 以上。

（2）用纯甲醇冲洗，将色谱柱保存在纯甲醇中。

4.6　关机

（1）关闭 OpenLAB CDS 及 OpenLAB，返回 Windows 操作系统，依次关闭 Agilent 1260 Ⅱ HPLC 各个模块电源开关，关闭计算机。

（2）关闭电源稳压器，清理仪器现场并填写仪器使用记录。

5　期间核查

5.1　检查项目及技术要求

（1）仪器电路系统。

（2）开机并自检通过。

（3）泵耐压检查：应无泄漏。

（4）泵流量设定值误差 $S_S \leqslant 3\%$。

（5）流量稳定性误差 $S_R \leqslant 2\%$。

（6）基线噪声不超过 5×10^{-4} AU。

（7）基线漂移不超过 $5×10^{-3}$ AU/h。

（8）整体性能检查：RSD_6 不超过 1.5%。

5.2 检查条件

（1）温度：10~30 ℃。

（2）相对湿度：30%~75%。

（3）高效液相色谱仪应置于干燥通风和无腐蚀气体的房间。

（4）周围应无影响检查的强电场、强磁场和强烈振动。

5.3 检查试剂和仪器条件

5.3.1 试剂条件

采用可溯源的标准物质，色谱纯试剂。

5.3.2 仪器条件

采用检定过的电子天平、容量瓶、温度计等。

5.4 检查方法

5.4.1 仪器电路系统

检查仪器电源线、信号线等插接是否紧密，各开关、旋钮、按键等功能是否正常，指示灯是否灵敏。开机仪器是否通过自检。

5.4.2 泵耐压检查

（1）色谱条件：色谱柱为 C_{18} 柱，流动相为 100%甲醇，流速为 1.0 mL/min，压力平稳后保持 10 min。

（2）耐压检查：用滤纸检查各管路接口处有无湿迹；卸下色谱柱，堵住泵出口端，使压力达到最大允许值的 90%，保持 5 min，检查有无泄漏。

5.4.3 泵流量检查

色谱条件：色谱柱为 C_{18} 柱，流动相为 100%甲醇，流量设定值 F_S=1.0 mL/min，压力平稳后用容量瓶收集流动相，计时 t=5 min。测量 3 次。

按下式计算泵流量设定值误差 S_S 和流量稳定性误差 S_R。

$$S_S=\frac{\overline{F}_m-F_S}{F_S}×100\% \qquad S_R=\frac{F_{max}-F_{min}}{\overline{F}_m}×100\% \qquad F_m=\frac{W_2-W_1}{\rho×t}$$

式中：F_m，流量实测值，mL/min；$\overline{F}_m$，三次流量平均值；F_{max}，流量最大值，

mL/min；F_{min}，流量最小值，mL/min；W_1，容量瓶重，g；W_2，容量瓶+流动相重，g；ρ，实验温度下流动相密度，g/mL。

5.4.4　检测器

基线噪声：色谱柱为 C_{18} 柱，流动相为100%甲醇，流速为1.0 mL/min，$\lambda=254$ nm，仪器稳定后记录基线30 min。读出或换算出以 AU 为单位的基线噪声值。

基线漂移：色谱条件、数据记录均同"基线噪声"。读出或换算出以 AU/h 为单位的基线漂移值。

5.4.5　整体性能检查

选择一标准品连续测量6次，计算 RSD_6 值。

5.5　检查结果判定

检查结果全部项目均符合技术要求者，判为合格，方可使用。如不符合，应于检修后再行检查。

5.6　检查周期

检查周期为12个月，若更换部件或对仪器性能有怀疑时，应随时检查，并记录检查结果。

6　维护保养

（1）所用流动相均需采用超纯水和色谱纯有机溶剂配制，过滤膜后使用，样品测定前也应过滤。

（2）如果溶剂过滤器堵塞，可以放在35%的浓硝酸中浸泡1 h后，用超纯水彻底冲洗过滤头，不能使用超声波清洗机清洗。

（3）流动相使用缓冲盐时，使用结束后，必须将缓冲盐通道转换为超纯水冲洗管路系统，再用有机溶剂冲洗。

（4）打开 Purge 阀，流量为5 mL/min（如排气时）时压力超过10 bar，需更换 Purge 阀过滤白头。

（5）使用棕色瓶盛放水溶性流动相，可避免菌类的生长。

（6）Seal wash 液为10%异丙醇的水溶液，连续使用1周须重新配制。

（7）使用完毕后，用5%甲醇冲洗柱子30 min以上，再用甲醇冲洗，将色谱柱保存在甲醇中。

7 注意事项

（1）流动相所用的水应为超纯水，试剂应为色谱纯，配制好的流动相应过 0.45 μm 滤膜超声脱气后使用，水相流动相需经常更换（一般不超过 2 d），防止长菌变质。

（2）所有样品必须过滤或离心后方可上机，确保不含固体颗粒。

（3）使用前，应检查管路是否漏液，检查色谱柱是否合适，换色谱柱应注意流向。

（4）进样前，应先打开 Purge 阀排除气泡，再用流动相平衡，待基线稳定后方可进样。

（5）溶剂瓶中的砂芯滤头容易破碎，在更换流动相时注意保护。当发现滤头变脏或长菌时，不可超声洗涤，用 5%硝酸溶液浸泡后再用超纯水冲洗干净即可。

（6）经常用酒精棉球擦拭针座防止灰尘污染、堵塞针和针座。

第 16 节　超高效液相色谱-串联飞行时间质谱联用仪

超高效液相色谱-串联飞行时间质谱联用仪（UPLC-TOF-MS）是将超高效液相色谱仪与飞行时间质谱仪联用的仪器，是将液相色谱分离方法与灵敏高且能提供分子量和结构信息的质谱法结合起来的一种现代分析技术，主要用于样品定性分析。液质联用体现了色谱和质谱优势的互补，将色谱对复杂样品的高分离能力与质谱高选择性、高灵敏度及能够提供相对分子质量和结构信息的优点结合起来，用于兽药非法添加检查。本节主要以珀金埃尔默 FX20/AXIONTOF 超高效液相色谱-串联飞行时间质谱联用仪在兽药非法添加检测中应用为例进行介绍。

1　型号特点

珀金埃尔默 FX20/AXIONTOF 超高效液相色谱-串联飞行时间质谱联用仪主要由进样系统、离子源、分析器、检测器组成，还包括真空系统、电气系统和数据处理系统等辅助设备。具有优异的耐用性，可实现对未知单一高纯度化合物定性分析，组分复杂未知样品定性分析。TOF-MS 作为脉冲型质量分析仪，数据采集速度快，分析物的保留时间和色谱峰的宽度缩短，进一步提高样品分析速度；并具有分辨率高、灵敏度高的特点。

2 功能原理

测试样品通过液相色谱系统进样，由色谱柱分离，从色谱仪流出的被分离组分依次通过接口进入飞行时间质谱仪的离子源并被离子化，产生带有一定电荷、质量数不同的离子。不同离子在电磁场中的运动行为不同，质量分析器按不同质荷比（m/z）把离子分开，分离后的离子信号被转变为电信号，传送至计算机处理系统，根据质谱峰的强度和位置对样品的成分和结构进行分析。

3 适用范围

液质联用技术由于其选择性强和灵敏度高，可以快速准确地测定药物分析中的痕量物质，且仪器能够对准分子离子进行多级裂解，从而提供化合物的相对分子量以及同位素信息。主要应用于药物代谢及药物动力学研究、临床药理学研究、残留分析和环境分析等。兽药检验中它常用于非法添加检测。

4 仪器操作

4.1 开机程序

（1）开启 UPS 电源，开启计算机，进入 windows 界面。

（2）打开氮气发生器，打开 UPLC 和 MS 各部分电源，仪器自检，待自检完成后，双击 TOF Driver 图标，进入工作站，右下角出现 connected 仪器连接正常。

4.2 LC-MS 方法建立

（1）待真空度达到要求后，优化调谐液标准品的仪器参数（毛细管电压、锥孔电压、碰撞能量、雾化气流速），使其对目标物检测达到最佳的灵敏度，保存方法。

（2）打开之前优化方法，输入需要扫描的质量数范围，并保存方法。

（3）打开 LC 软件，建立 LC 方法（设置流动相比例、梯度洗脱程序、柱温）并保存。

4.3 样品检测程序

（1）在样品序列界面点击"File"下拉菜单选"New"，下拉液相方法和质谱方法，输入进样瓶位置。

（2）配制新鲜的流动相，灌注所用通道，洗针，调出液相方法，平衡系统。

（3）点击"MS TUNE"，点击"apply"，离子源开始升温。

（4）待仪器状态稳定后，点击"Start Run"，开始运行序列。

4.4 关机程序

（1）确保 UPLC 系统和色谱柱保存在有机溶剂中，停止 UPLC 的二元泵，点击"File"，点击"open Manual"，点击"User Name"，点击"28FACTORY Vent"，点击"open"，点击"Apply"，点击"TOF status"，点击"status"，当"Drying Gas Temperatue"降到80 ℃，关闭，点击"TOF status—Vent—TOF status—Diagnostics"，当"56TP1 RPM"降到接近 0，等待 1 h，关闭主机、电脑和 UPS 电源。

（2）清理现场，填写使用记录。

5 期间核查规程

5.1 技术指标

期间核查主要技术指标见表 1-3-16-1。

表 1-3-16-1 主要技术指标

检查项目	技术指标
分辨率	≥8 000
质量准确性	≤0.05 amu
灵敏度（信噪比）	ESI+≥500:1
整机定量及定性重复性	RSD≤5%

5.2 检查方法

5.2.1 分辨率

仪器调谐后，按照调谐条件，由质谱针泵进样口注入利血平校正液，进入质谱采集界面，点击"On"进行采集，通过计算得出分辨率。

5.2.2　质量准确性

仪器调谐后，按照调谐的条件，由质谱针泵进样口注入调谐校正液，进入质谱采集界面，点击"On"进行质量校正。

5.3　灵敏度（信噪比，S/N）

以自动或手动调谐时确定的最佳值作为检定参数。

5.3.1　ESI 正离子

注入 1 μL 浓度为 1 ng/mL 的利血平溶液，提取利血平特征离子 m/z（609.1）的质量色谱图，计算 S/N。

超高效液相色谱条件如下。

色谱柱：Brownlee C_{18} 2.1 mm×50 mm，1.7 μm。

流动相：乙腈+0.1%甲酸水溶液（70∶30）。

流速：0.3 mL/min。

柱温：40 ℃。

进样量：1 μL。

5.3.2　整机定量及定性重复性

注入 1 μL 质量浓度为 1 ng/mL 的利血平溶液，连续进样 6 次，记录特征离子 m/z（609.1）的质量色谱图峰面积和保留时间，以峰面积的相对标准偏差计算定量重复性，以保留时间的相对标准偏差计算定性重复性。

5.4　检查结果判定

检查结果全部项目均符合技术指标，判为合格，方可使用。如不符合，应及时查找原因进行改进再行检查，合格后方可使用。

5.5　检查周期

检查周期为 12 个月，若更换部件或对仪器性能有怀疑时，应随时检查，并记录检查结果。

6　维护保养

（1）流动相配制须采用超纯水和色谱纯溶剂，过 0.2 μm 滤膜后使用。

（2）所用样品瓶必须为质谱专用样品瓶，以避免样品污染。

（3）流动相使用缓冲盐时，使用结束后，必须将缓冲盐通道更换为超纯水冲洗管路系统 20 min 以上，再用有机溶剂冲洗，检测完成后，必须用 10% 有机相作 seal wash。

（4）清洗锥孔，金属用 50% 甲醇水溶液超声 30~50 min，再用水超声 3 次，每次 5 min，最后用甲醇超声 30 min，待干燥后，按顺序安装。

（5）本仪器维护保养周期为 1 年。

7　注意事项

（1）仪器室温度应控制在 19~22 ℃，不能超过 25 ℃，相对湿度控制在 50%~70%。仪器室保持整洁、干净、无尘，布局合理。

（2）禁止使用非挥发性的盐、无机酸作流动相，可以使用可挥发的有机缓冲盐，如乙酸铵、甲酸铵、甲酸等。但缓冲盐的浓度应不大于 20 mmol/L。

（3）去污剂、表面活性剂会有离子抑制现象，因此不能使用洗涤剂清洗玻璃器皿。

（4）工作站计算机不可安装与仪器操作无关的软件，且应定期备份实验数据。

第 17 节　自动抑菌圈测定仪

自动抑菌圈测定仪适用于抗生素微生物检定法（效价法）中抑菌圈测量及数据分析，可完成抗生素微生物检定法一、二、三剂量和组间、合并计算，以及全部菌种的抗生素效价测量，具有测量速度快、精度高、效价的组合优化分析等优点。本节以万深 HiCC-S 自动抑菌圈测定仪在兽用抗微生物药物效价检验中的应用为例进行介绍。

1　型号特点

万深 HiCC-S 型自动抑菌圈测定仪采用高清晰扫描仪成像，"一键"式全自动测定直径 90 mm、6 平皿中的 36 个抑菌圈，可全自动测定局部粘连的抑菌圈，在有局部文字干扰的情况下，自动获得抑菌圈面积及直径、药片面积及直径、抑菌圈直径及药片直径的比值、抑菌圈面积与药片面积的比值等结果，具有抑菌圈样本自动挑选、可视化比对、编辑功能。仪器的重现性≤0.02 mm；效价测量精度≤0.5%；效价重复测量精度≤0.5%；台间测量差异≤0.5%。6 个平皿的全自动测定分析耗时 1~4 s。检验结果可保存到数据库，并导出形成 PDF 报告，或 EXCEL 表，满足检验检测管理和搜索的需要。

2　工作原理

抑菌圈测定仪采用电视摄像机的原理，以冷阴极低压荧光管作为光源，采用 CCD 扫描技术，通过光电转换、AD 变换，把图像的光信号变成数字信号并将抑菌圈图像显示于屏幕上，同时自动测量并显示抑菌圈或菌斑直径，再由计算机软件以测量图像面积为指标，用曲线积分方法求得抑菌圈面积，由分析系统自动对数据进行统计学分析计算并显示结果，根据所测结果折算抗生素效价含量。

3　适用范围

用于全皿计数、双圈筛选分析、特征菌筛选、多区域统计、抑菌圈测量、霉菌研究。在兽药检验中主要用于抑菌圈测量，进行抗生素效价测定分析。

4　仪器操作

4.1　运行步骤

（1）检查扫描仪的上下安全锁均处于开锁状态，扫描仪的校正区保护尺所放位置正确。

（2）打开扫描仪的电源开关，软件锁插入电脑 USB 口，并启动电脑。6 平皿隔离框处于成像扫描仪中，培养皿放置见图 1-3-17-1。

（3）启动分析系统软件。双击"自动抑菌圈测定系统"快捷图标，进入应用状态。

（4）点击"标定"图标，核查处于"扫描自动标定"选项上。点击"设置"图标，核查目标区为"6 平皿"，成像方式为"扫描仪"，标记方式为"椭圆形"等。

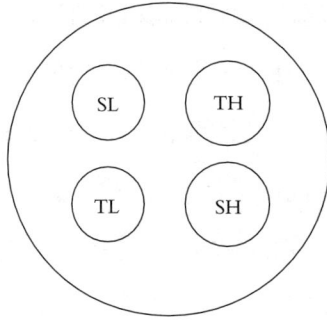

图 1-3-17-1　培养皿放置图

注：SH 为标准品高剂量，SL 为标准品低剂量，TH 为样品高剂量，TL 为样品低剂量。

（5）点击"扫描"图标，选中扫描驱动，在弹出对话框的介质选项中选"正片"。

（6）选适合的 6 平皿分析向导进行实测。

（7）自动录制向导，并用其实现一键操作。

① 为实现全自动抑菌圈测量，须进行抑菌圈目标的提取。抑菌圈目标提取，通常方法是做自动阈值分割。点右侧的倒三角来选取对应的分割方法，或者比较有效的颜色通道。如果自动分割方法均效果不佳，可点选"自定义"按钮，在弹出的对话框中调节阈值大小。

② 上步之后，被分析的抑菌圈目标应该为白色。若目标为黑色，点"反色"按钮，将目标色变为白色。

③ 如果抑菌圈目标内部存在黑色孔洞，就需要点击"填充"，以避免单个抑菌圈在接下来的分割操作中被自动分割成多个。可根据需要选择要自动填充的孔洞大小。

④ 若抑菌圈之间存在粘连，则应点击"圆形分割"按钮进行自动目标分割。

⑤ 在完成对抑菌圈目标自动分割后，点击"自动测量"按钮来完成自动测量分析。

如果被分析的抑菌圈比较典型，可在开始步骤①~⑤之前，点击"向导录制开始"开始录制"一键"操作"向导"。点击"自动测量"按钮后，在出现结果列表的同时，将弹出"向导"名称对话框，在输入该特征抑菌圈的名称后，便自动将"向导"加入"向导列表"。在分析处理同类抑菌圈时，仅点击"一键"操作，便可全自动实现上述 5 个阶段的处理工作。若中途要停止录制，可点击"向导录制停止"按钮。

对于存在文字干扰，或者边缘非常模糊的抑菌圈，通常已无法自动分析，可选用有智能测量特性的"手动测量"来完成分析。测量模式的选择根据目标情况而定，边缘模糊或粘连严重的，应选"较细"项。在测量时，先点抑菌圈中心部位，再按住鼠标往外拖动，直到抑菌圈边缘落于测量圆环之中后，放开鼠标，系统会自动找到抑菌圈位置，并测量其大小。

（8）选用"向导"实现一键式全自动测量操作。录制全自动操作"向导"后，便可实现一键式测量分析。使用的具体方法：先点击顶部的图标右侧的倒三角，在下拉菜单中选择已录制好的"向导"，再点击该图标左侧的"执行"按钮，便能实现"一键"式全自动抑菌圈测量分析。系统内已录制的向导，可优先选用"自动效价分析 A"，或选"自动效价分析 B"或"自动效价分析 H"等。若抑菌圈的边缘很模糊，可选"模糊边自动效价分析"，或选"模糊边自动效价分析 B"。选哪个最精准，可点击"比对原图"按钮图标来核对查看（按下为原图，放开为结果标记）。

（9）编辑已有的"向导"。被录制的"向导"在存入向导列表后，还可对其进行编辑、导出、导入、删除等操作。如果编辑某个向导文件的内容，可点击"编辑"按钮，此时将自动弹出如下的向导编辑对话框：可先点击"添加"，或者点击要编辑的内容，点击要移动的内容后再点击"上移"或"下移"按钮来调整其位置。点选此对话框左上角的选项卡，可往向导文件中"添加"不同的操作。编辑完毕后，点击"确定"按钮保存退出。先点击"编辑"按钮图标，再点击要编辑的抑菌圈标记圈，可手动调整极个别误判的抑菌圈大小、位置、方向，使之与其真实边缘重合。

4.2 抗生素效价分析——二剂量检测法

4.2.1 设置

将分析类型选为效价分析—二剂量检测法。

4.2.2 测量抑菌圈

将平皿摆放好，用扫描仪扫描图像；然后参考 4.1 中的操作，自动测量各平皿中抑菌圈直径，系统将会识别每平皿中抑菌圈的类型，应进行试样平行性检测，抗生素药剂操作滴定上的误差，会导致抑菌圈大小变化，从而影响分析结果的准确性、科学性。可通过仪器中的"抑菌圈样本自动挑选"功能来优化分析，操作方法如下：在"设置"栏中的"平行性差异小于"右侧的输入框中输入需要控制的精度，一般最好控制平行性在 0.2 mm 以内；选对应的向导，再点击"执行"，出现扫描分析结果后，再点击"样本自动挑选"按钮，被自动判定为平行性超过预先规定界限标准的培养皿会在图像上显示"X"。

4.2.3 结果分析

待抑菌圈直径测量出来之后，点击结果栏上的效价分析按钮，即可弹出效价分析界面。抑菌圈测量结果将会自动填充到分析表格中。此时，输入 D 值（浓度比）、AT（预估效价）、剂间比值数据之后，点击"统计"便可得出分析结果。

5 维护保养

（1）为保证本仪器的测量精度，严禁擅自拆卸或调整其光学部分，包括装载固体摄像头与光学镜头支架上的任何螺丝。

（2）保证有良好的测量环境。保持托盘表面的洁净，经常清除灰尘与杂屑；保证平皿底部的洁净，擦除水汽与污垢。

（3）应定期对仪器测量抑菌圈直径结果的一致性和重复性进行核查。

6 注意事项

（1）培养皿放置时注意标准品低浓度（SL）的抑菌圈在右上角位置，数据测量后，对照 SH、SL、TH 和 TL 抑菌圈测量值标记和实际位置是否对应，如不对应，则该皿不计入结果分析。

（2）抗生素微生物检定法检测结果判定。

二剂量检测法：高浓度圈直径需在 18~22 mm，碟数不得少于 6 皿，直线回归和剂间 $P<0.01$，偏离平行 $P>0.05$，可信限率除另有规定外，管碟法的可信限率不得超过 5%。

三剂量检测法：中浓度圈直径需在 15~18 mm，碟数不得少于 8 皿，直线回归

和剂间 $P<0.01$，偏离平行 $P>0.05$，二次曲线 $P>0.05$，反二次曲线 $P>0.05$，可信限率除另有规定外，管碟法的可信限率不得超过 5%。

第 18 节　全自动细菌鉴定及药敏分析系统

全自动细菌鉴定及药敏分析系统应用光电技术，电脑技术和细菌八进位制数码鉴定技术相结合的鉴定方法，同时做细菌鉴定和药敏试验。每张鉴定卡最多可集成 64 种生化反应底物，每 3 项为 1 组，组内各项反应阳性时分别赋值为 1、2、4，以阳性反应计得分，然后计算每组总得分，根据生化反应结果即可获得生物数码；读数器每隔 15 min 对每一试卡读数一次，对各反应孔底物进行光扫描，动态观察反应变化，一旦试卡内终点指示孔达到临界值，表示此卡检测完成，系统将最后一次判读结果所得的生物数码与菌种资料库标准菌生物模型相比较，经矩阵分析得到鉴定值和鉴定结果。本节以 VITEK® 2 COMPACT 全自动细菌鉴定及药敏分析系统在动物源细菌耐药性监测中的应用为例进行介绍。

1　型号特点

全自动细菌鉴定及药敏分析系统 VITEK® 2 COMPACT 是微生物鉴定药敏智能系统。该系统操作界面简单形象，易于理解；可减少手工操作时间，无须添加其他试剂，有较高的自动化水平，无须手工接种及封口，无须附加试剂。VITEK® 2 COMPACT 采用动力学方法，每 15 min 判读卡片一次，获取结果所需时间平均为 6~8 h，按用户要求，在实验完成后自动打印报告；密闭处理，系统最大程度优化生物安全性。封闭、一次性使用试卡，最大程度保障用户安全；自动丢弃废卡，避免交叉污染；测试卡上的条形码，提供最大可追溯性；鉴定范围更广，质量更高。VITEK® 2 COMPACT 鉴定范围涵盖超过 98% 的临床常见菌株，有很强的种间鉴别能力，微生物鉴定到种；64 个反应孔，可提供更准确的结果；低概率的附加试验；AES 高级专家系统对结果进行匹配分析，临床报告更精准可靠；鉴定结果认可度高。

2　功能原理

细菌理化性质不同，分解底物导致 pH 改变而产生不同颜色。经光电比色法测定来判断反应结果，不同种类的鉴定卡上有不同数量和类别的生化反应，采用连续检测法，每隔一段时间仪器会自动判读结果，最后结合仪器内部微生物数据库得出鉴定及药敏结果。

2.1　细菌鉴定原理

VITEK® 2 COMPACT 系统鉴定细菌的方法学是基于该细菌的特征性实验数据和理论知识以及所分析的反应结果建立的，用已知菌株获取大量实验数据建立该菌种的典型反应，形成一组鉴定生化反应谱。如果某一菌株没有特征性鉴定谱，则列出可能的细菌，或提示该菌株不在数据库鉴定范围。

打印的实验室报告中也包含一些建议，提示为完成鉴定所需的补充试验。如果这些试验仍不能完成鉴定，则应咨询参比实验室或查阅相关文献。

2.2　药敏分析原理

药物敏感试验是指抗菌药物在体外对病原体有无抑制或杀灭作用的试验。各种细菌对不同抗菌药物的敏感性不同，同一种细菌中不同菌株的药敏也常有差异。药敏试验结果对临床合理选用抗菌药物有重要的参考价值。为测定微生物对某一抗感染药的敏感性，通常应用最低抑菌浓度（minimal inhibitory concentration，MIC）表示，MIC 值越高说明该微生物对该抗生素的敏感度越低。

每块药敏板上，对每种抗生素都设有一系列对倍稀释浓度的抗生素试剂，通过加入待检细菌与肉汤培养液稀释的菌悬液，经 18~20 h 孵育后，用微生物鉴定药敏分析系统或肉眼判读的方法对药敏板条进行读数，经数据分析得到 MIC 值，并根据美国临床实验室标准化委员会（CLSI）的相应标准获得相应敏感（S）、中度敏感（I）和耐药（R）的结果。

3　适用范围

VITEK® 2 COMPACT 适用于出入境检验检疫、疾病控制和防疫、食品安全、制药、质量监督部门、企业、兽医、渔业水产养殖等微生物实验室。

4　仪器操作

4.1　开机

确认 VITEK® 2 COMPACT 仪器所接电源符合要求；依次打开不间断电源（UPS），交流电源。按程序进行初始化（包括仪器自检）。仪器孵育转盘温度上升（约需要 5~15 min）， 以达到测试卡培养所需要的温度。启动完成后，屏幕下方的状态区显示"OK"。当状态显示"OK"，代表仪器可以开始处理测试卡了。依次打开显示器、打印机、电脑电源，点击桌面软件图标，进入软件应用界面。

4.2　菌悬液制备

细菌划线接种传代培养至胰酪大豆胨琼脂培养基或 Mueller-Hinton 琼脂培养皿上，确保获得纯净的分离株，备用；在载卡架上放一次性塑料试管，取浓度为0.45%、pH 4.5~7.2 的无菌 NaCl 溶液 3 mL 加入一次性使用塑料管中，作为稀释液；用无菌棉签或接种环蘸取纯化培养 18~24 h 的单菌落，将棉签或接种环在稀释液管中摩擦、混匀制备菌悬液，使菌悬液浓度符合鉴定及药敏检测要求。

菌种鉴定用菌悬液：革兰氏阴性菌鉴定卡（GN 鉴定卡）为 0.5~0.63 Mac；革兰氏阳性菌鉴定卡（GP 鉴定卡）为 0.5~0.63 Mac；酵母菌鉴定卡（YST 鉴定卡）为1.8~2.2 Mac；奈瑟球菌—嗜血杆菌鉴定卡（NH 鉴定卡）为 2.7~3.3 Mac；厌氧菌和棒状杆菌鉴定卡（ANC 鉴定卡）为 2.7~3.3 Mac。

药敏分析用菌悬液：对于 AST-GN 药敏卡片，取浓度为 0.45%、pH 4.5~7.2 的无菌 NaCl 溶液 3.0 mL 盐水，加入 0.5~0.63 Mac 菌悬液 145 μL，混匀制成；对于AST-GP 药敏卡片，取浓度为 0.45%、pH 4.5~7.2 的无菌 NaCl 溶液 3.0 mL，加入0.5~0.63 Mac 菌悬液 280 μL，混匀制成。

4.3　卡片选择

VITEK® 2 COMPACT 全自动微生物鉴定系统配套的 VITEK® 2 鉴定卡全系列共有 7 种，其中常用的 VITEK® 2 GN 鉴定卡共有 47 种生化试验，VITEK® 2 GP 鉴定卡共有 43 种生化试验。使用培养 18~24 h 分纯细菌（新鲜菌），根据细菌生长特性，选择对应鉴定卡类型（见图 1-3-18-1）。

CBC 鉴定卡为棒状杆菌鉴定卡；BCL 鉴定卡为芽孢杆菌鉴定卡。NC 鉴定卡为革兰氏阴性苛氧菌鉴定卡。

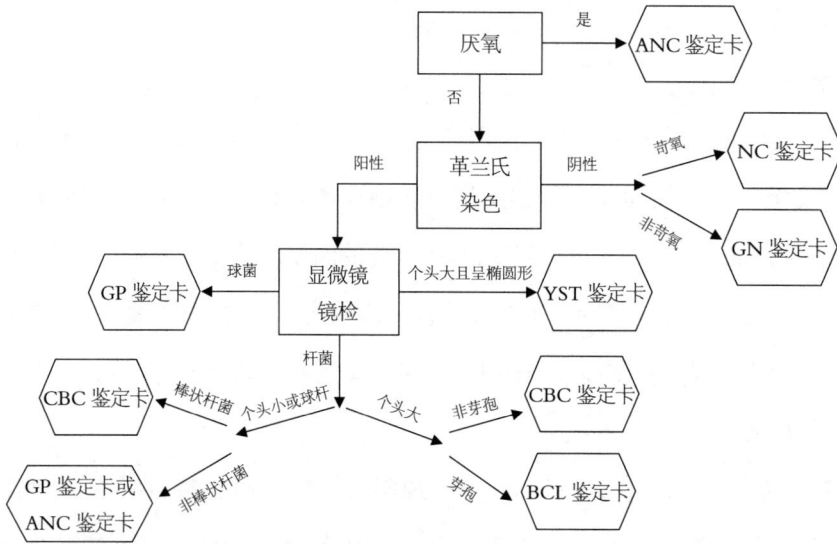

图 1-3-18-1　鉴定卡选择流程图

药敏卡：AST-GN/N 为革兰氏阴性杆菌药敏卡；AST-GP/P 为革兰氏阳性球菌药敏卡； AST-YST 为酵母样真菌药敏卡。

4.4　上机鉴定或药敏分析

根据细菌类型选择相应卡片，将卡片上的吸管头插入至准备好的菌悬液内，将载卡架放入填充仓，点击"填充"，仪器自动将菌液填充进入鉴定卡片，填充完毕仪器的蓝色指示灯闪亮；将载卡架从填充仓取出转入装载仓，系统会自动进行卡架号和卡片条形码的识读，审核所有输入的卡片信息是否正确，确认无误后自动进行封口和上卡，并传输至联机系统。操作完成后仪器口的蓝色箭头闪亮提示。

4.5　样本信息录入

进入 VITEK® 2 COMPACT 应用软件主界面，找到放入的卡架，点击进入详细信息，按照刚才的加样顺序录入卡架中每个反应管对应的样本编号，保存。

4.6　结果处理

测试卡片按正常程序放入 VITEK® 2 COMPACT 孵育箱后，仪器经过一定时间的孵育和判读，由工作电脑给出相应实验结果。

4.6.1　鉴定结果

一般仅给出单一结果，无须进行补充实验，电脑主机 VITEK® 2 COMPACT 程序浏览结果时，可给出结果的可信度评估。单一良好结果可直接传输到数据库（设置选择为 Enabling Long-Term Data Storage）和中文软件中并长期储存。

如果给出两个及两个以上结果，仪器会做出提示或要求进行补充实验，按注释进行补充实验，选择正确的鉴定结果，并将结果传输。

对于不能鉴定或无法确定的结果，应查找原始分离平板，确认所分离细菌是否为纯培养，必要时重新分离并重新进行鉴定实验。

4.6.2　药敏结果

如果同时进行鉴定和药敏实验，细菌鉴定结果会自动加到药敏卡上；否则须手动添加细菌名称到药敏卡信息中；如果有专家系统评语出现，则应按操作规程对药敏结果做适当的修改并确认最终结果；如果有浏览信息出现，应按程序处理浏览信息并确定。

4.7　关机

先关闭 VITEK® 2 COMPACT 仪器：在 VITEK® 2 COMPACT 仪器用户界面上，按"回车"键，屏幕出现主菜单，进入"维护"项，按"▼"出现"关闭"，进入后选择"是"，关闭系统。系统关闭后，关闭电源。

5　维护保养

5.1　清洁废卡槽

打开废卡收集器舱口，取出废卡收集器将所有卡片倒入医疗废物桶，用氯己定消毒废卡槽，再放回舱内。

5.2　清洁孵育架

（1）孵育架分为 4 个部分，清洗前，应确认孵育架内已没有待处理的试卡。

（2）进入孵育架移除程序，"主菜单—维护—移除孵育架"，点击"是"，仪器显示"准备移除孵育架"，按仪器提示，依次卸载 4 个孵育架，消毒清洁并干燥孵育架（每月用棉签蘸取 75% 乙醇溶液，擦拭仪器内的传感器）。

（3）进入孵育架装载程序，"主菜单—维护—放回孵育架"，按照仪器提示装载 4 个孵育架，盖好孵育架盖，关闭检修仓门。

5.3　清洁光学读数头

（1）进入读数头清洁程序"主菜单—维护—清洁光学读数头"。

（2）打开孵育器盖子，拔出读数头，用擦镜纸清洁。用棉签蘸取 75%乙醇溶液擦拭传送皮带，将读数头装好，关上孵育器的门，仪器自动检测读数头的吸光度值，自检通过后，仪器进入准备状态。

5.4 清洁充填仓

打开舱门，拿棉签蘸取蒸馏水清洁舱门。

5.5 清洁载卡架

用 75%乙醇溶液洗擦拭架表面，再用干净软棉布擦拭，待其干燥再使用。

6 注意事项

（1）待检细菌在用该系统测试前必须作涂片和革兰氏染色，根据染色反应选择所需试卡。在配制菌液时，应注意挑选单个纯化的菌落，避免污染；菌悬液配制过程中，一定要将细菌菌落研磨细致，否则卡片在洗液过程中可能会堵孔；菌液配制后，应在 20 min 内完成加样操作；被测试细菌要求培养时间在 18~24 h，新培养物最长不应超过 48 h，厌氧菌培养物不应超过 72 h。

（2）如果菌悬液浓度不在鉴定卡要求范围内，可能会影响卡片鉴定结果；不得使用超过失效期的卡片；应以未开封的内层包装保存卡片，如果保护性内层包装有破损或包装内没有干燥剂，不得使用卡片；卡片要轻拿轻放，防止气泡产生。

（3）所使用的非推荐的其他培养基须经所在的实验室认可其性能；不得使用带有粉末的手套，粉末可能会影响光学读数头；不使用玻璃管，只能使用干净的塑料管聚苯乙烯。

（4）卡处理完成后，检查试管内的盐水水平，以保证卡片被适当填充；VITEK® 2 COMPACT 装载填充不当的卡片。应特别考虑标本来源，病人使用药物及抗生素结果的解释应由具有细菌鉴定知识，具有判断力和经验的人员完成，有时需要进行补充试验。

（5）在进行板条操作的整个过程中，应注意无菌操作；加样器和盐水瓶应保持清洁、无菌；先将板条预温到室温再进行菌液加样，有些菌种对低温很敏感。

（6）严格按手册规定进行开机和关机，防止因程序错误造成信息丢失；将孵育器内测试卡清除完毕，才能关机；清洁光学读数头应处于关机状态；正常运行或者空闲状态下不能打开装载仓门。

7　常见故障及排除

（1）卡片填充完成，卡架未及时转移，系统报错或故障，删除原有操作过程，进行一次空填充程序，之后将卡架放入转移仓即可。

（2）鉴定仪上样品已经填充，卡架已转移，条形码已读取，但是电脑上系统尚未运行或者滞后时，系统中看不到卡架信息，可以将软件关闭后重新启动，再次确保软件电脑和鉴定仪器连接正确，鉴定仪会将之前的数据传输至软件。

（3）出现不能自行解决的故障，应及时联系经销商或工程师维修处理，并告知微生物实验室负责人。

（4）出现影响检验质量而又不能及时维修的故障，应立即停止仪器鉴定及药敏试验。

第 19 节　高速基因扩增仪

高速基因扩增仪采用先进智能的 RAC（Ramping-Accuracy-Control）电子温控技术，在提高 PCR 速度的同时还提高了 PCR 的稳定性，是一款高效、质量稳定的产品。本节以 Biometra TAdvance 96SG 高速基因扩增仪为例进行介绍。

1　型号特点

Biometra TAdvance 96SG 高速基因扩增仪为德国耶拿公司生产的快速 PCR 仪产品，其 PCR 反应速度快、品质高，其主要特点为镀金纯银样品槽，耐腐蚀抗氧化，最大升温速率 8 ℃/s，平均升温速率 7 ℃/s，最大降温速率 5.5 ℃/s，平均降温速率 4.5 ℃/s；采用先进智能的 RAC 电子温控技术，在提高 PCR 速度的同时还提高了 PCR 的稳定性；采用瑞士 PT100 传感器，配合先进的电子元件能为 PCR 仪带来±0.1 ℃的温度准确性，可为用户提供稳定可靠的 PCR 扩增结果；在温度梯度功能方面，其最大温度跨度 40 ℃，可设 12 列不同温度，能实现线性温度梯度和随机温度梯度两种方式；快速的模块更换 QBE 技术，用户可在几秒内完成样品模块的更换，不需要任何额外的工具；具有先进的用户管理系统，根据使用权限不同，可将用户分成 3 个账户等级，每个用户账户可设置密码，方便用户信息的管理，并保护用户信息的安全；具有用户特异性的快速启动功能，可直接显示该用户最近使用过的 5 个程序；可提供表格式和图形式两种不同的程序界面，以满足不同用户的使用习惯，编辑或修改非常方便；为用户提供方便全面的仪器自检功能；可以设定温度和时间随循环数的递增或递减变化，实现降落 PCR 等应用；热盖施压均匀，温度最高可达 110 ℃，可有效防止样品蒸发。

2 功能原理

基因扩增仪利用 DNA 聚合酶对特定基因做体外或试管内 InVitro 的大量合成，它是利用 DNA 聚合酶进行专一性的连锁复制。目前常用的技术，可以将一段基因复制为原来的一百亿至一千亿倍。

PCR 一般设置 20~40 次循环，每一循环包括高温变性、低温退火、中温延伸 3 步反应。每一循环的产物作为下一个循环的模板。PCR 的扩增效率很高，如果循环次数是 30 次，那么新生 DNA 片段理论上达到 230 拷贝（约为 109 个分子）。PCR 每个循环的 3 个基本反应步骤如下。

（1）模板 DNA 的变性：模板 DNA 经加热至 94 ℃左右一定时间后，使模板 DNA 双链或经 PCR 扩增形成的双链 DNA 产物解离，使之成为单链，以便它与引物结合，为下轮反应做准备。

（2）模板 DNA 与引物的退火（复性）：模板 DNA 经加热变性成单链后，温度降至 55 ℃左右，引物与模板 DNA 单链的互补序列配对结合。

（3）引物的延伸：温度升到 72 ℃左右，DNA 模板-引物结合物在 TaqDNA 聚合酶的作用下，以 dNTP 为反应原料，靶序列为模板，按碱基配对与半保留复制原理，合成一条新的与模板 DNA 链互补的半保留复制链。

重复循环变性—退火—延伸 3 个过程，就可获得更多的"半保留复制链"，而且这种新链又可成为下次循环的模板。每完成一个循环需 2~4 min，2~3 h 就能将待扩目的基因扩增放大几百万倍。到达平台期所需循环次数取决于样品中模板的拷贝。PCR 技术的特异性取决于引物与模板结合的特异性。PCR 仪也叫基因扩增仪，它是利用 PCR 技术对特定基因在体外大量合成，用于以检测 DNA/RNA 为目的的各种基因分析。

3　适用范围

该仪器适用于生物学、医学科学研究、转基因产品、临床检测、疾病与动物疫病预防可控制、公安侦查等相关领域和研究应用。

4　仪器操作

4.1　开机

打开基因扩增仪的电源。

4.2　放置反应管

配制好的反应管在放入前应离心，确保反应液全部在管底、不挂管壁，反应液内无气泡等方可放入基因扩增仪内进行反应；打开机盖，将提前准备好的反应管平稳、端正地置入，尽量将反应管均匀放置在加热仓的中间位置（有利于各管升降温度保持一致），盖好机盖（顺时针旋转机盖到有阻力时停止，不可过紧或过松）。

4.3　反应程序设定

按照机器屏幕显示的提示登录，根据实验需求设定反应程序：预变性、变性、退火、延伸、终延伸、保存的温度和时间以及反应循环数，点击"保存"并命名程序。

4.4　运行程序

点击启动，反应程序运行。

4.5　关机

结束后，点击完成，待风机停止工作，关闭电源。

5　维护保养

5.1　样品池清洁

打开盖子，然后用 95%乙醇溶液或 10%清洗液浸泡样品池 5 min，然后清洗被污染的孔。用微量移液器吸取液体，用棉签吸干剩余液体，设定保持温度为 50 ℃的

PCR 程序并使之运行，让残余液体挥发去除，一般 5~10 min 即可。

5.2　热盖清洁

对于荧光定量基因扩增仪，当有荧光污染出现，而且这一污染并非来自样品池时，或当有污染或残留物影响到热盖的松紧时，需要用压缩空气或纯水清洗热盖底面，确保样品池的孔干净，无污物阻挡光路。

5.3　仪器外表面的清洗

清洗仪器的外表面可以除去灰尘和油脂，但达不到消毒的效果，选择没有腐蚀性的清洗剂对基因扩增仪的外表面进行清洗。

6　注意事项

（1）使用基因扩增仪时要严格注意本机的使用环境条件和对电源的要求。

（2）打开基因扩增仪机盖要轻，防止损坏机锁。

（3）基因扩增仪工作时严禁打开机盖。

（4）要定期使用肥皂水清洗仪器的样品槽，不能使用强碱，高浓度乙醇溶液和其他有机溶剂擦洗。

（5）产品出现故障时要请专业的维修人员或厂家维修人员维修。

（6）当检测发现各孔平均温度差偏离设置温度大于 1 ℃时，可以运用温度修正法纠正 PCR 试剂反应温度差。

（7）温度修正时不要轻易打开或调整仪器的电子控制部件，必要时请专业人员修理。

第 2 篇

饲料检测技术指南

第 4 章　饲料检测概述

　　饲料是指经工业化加工、制作的供动物食用的产品，包括单一饲料、添加剂预混合饲料、浓缩饲料、配合饲料和精料补充料。按照饲喂动物分，饲料可分为猪饲料、禽饲料、反刍动物饲料、水产动物饲料、特种动物饲料等。

　　近年来，随着我国畜牧业的不断发展，养殖业规模化、集约化程度提高，饲料需求逐渐增加，促进了我国工业饲料行业的发展。国家统计局资料显示，2021 年年末我国生猪存栏 4.49 亿头，同比增长 10.9%；牛存栏 0.98 亿头，同比增长 2.7%；羊存栏 3.2 亿只，同比增长 4.3%；家禽存栏 67.9 亿只，同比增长 0.1%；我国饲料产量为 29 344.3 万 t，同比增长 15.8%。自从饲料工业化以来，全球饲料生产进入了新的阶段，饲料产量整体上呈现逐年增长态势。据统计，2021 年全球饲料产量达到 12.36 亿 t，同比增长 2.3%，位居世界饲料产量第二的美国，有 300 多家饲料加工企业；饲料产量相当于我国饲料产量 45% 的法国，饲料企业数量却不到我国的 3%。我国饲料产量占全球产量的 21.16%，居世界首位，但是，2021 年全国 10 万 t 以上规模饲料生产厂 957 家，比上年增加 208 家。其中，正大集团、希望集团等 20 家企业集团的饲料产量约占全国饲料生产总量的 30%，而其余占数量 99% 以上的企业，饲料产量之和还不到全国饲料总产量的 70%。针对我国饲料企业面临的国际竞争力弱，国内竞争激烈的等问题，2015 年国家颁布实施《饲料质量安全管理规范》，提升饲料企业生产规模化水平，加强饲料企业的规范化管理，促进饲料产业高质量发展。

　　饲料作为动物养殖过程中最重要的投入品之一，其成本占养殖成本的 70%。其质量安全对养殖的经济效益有着直接影响，对人的身体健康也会造成间接伤害。因此，饲料的质量安全问题也越来越受到重视。饲料质量安全存在的问题主要有以下几点。一是常规营养成分不足或者超标，以粗蛋白不足尤为显著。一些饲料生产企业为降低生产成本，偷工减料，减少蛋白原料添加量。另外，有在饲料中添加羽毛粉、尿素等含氮量较高的非蛋白氮物质，使粗蛋白虚高，但实际含量不足。其他成分不足或超标也时有发生，如总磷、钙等。结果影响养殖经济效益，甚至导致动物发生营养代谢疾病。二是微量元素不符合饲料卫生标准。铜具有促进动物机体生长、提高饲料报酬、提高采食量等功效；高锌日粮可减少断奶仔猪下痢；砷可促进肠道细胞的代谢，舒张毛细血管、改善皮肤营养、使皮肤粉红、毛发光亮，改善商品猪的品相，对改善鸡蛋颜色也有帮助。因此一些企业为了提高饲喂效果，生产明显超过饲料卫生标准规定的高铜、高锌、高砷等饲料，结果造成铜、锌资源浪费，这些元素也会随畜禽粪便排出，污染土壤水源，甚至重金属蓄积在畜产品体内经食物链危害人体健康。三是违禁添加物使用层出不穷。从"疯牛病"到"二噁英"，从"苏丹红"到"孔雀石绿"，从"三聚氰胺"到"瘦肉精"，以及违禁使用抗菌药物等，使得畜产品中激素、抗生素药物等含量超标。有些药物化学性质稳定，难分解，容易引起动物中毒，这些物质都会残留在动物体内，尤其是抗生素导致动物免疫能力大大下降，是影响食品安全的重要因素。同时，对环境也会带来危害。四是环境污染物带来饲料原料的污染。受产地工业生产或人类活动造成的"三废"污染以及农药大量使用的影响，饲料原料含有对生物有害的过量无机污染物，如汞、镉、铅等重金属元素及砷、氟等非金属元素，这些污染物都可在饲料中富集。长期食用含有重金属元素的饲料会显著降低饲料的利用率和动物的生产性能，严重时还会导致动物中毒甚至死亡。人们食用含有重金属的动物源性食物后会对身体造成严重的危害。有些饲料原料含有有机氯、有机磷等农药残留，这些都对饲料产品质量安全存在潜在威胁。五是饲料贮存不当导致霉变或被致病微生物污染。饲料及其原料在运输、储存、加工及销售过程中，由于保管不善或储存时间过长等因素引起的，包括致病性细菌（如沙门氏菌、大肠杆菌）、各种霉菌毒素等超标。当饲料中的微生物达到一定数量时，就可能会发生腐败变质，降低营养价值，这些被污染的饲料进入动物体内后可通过其产品转移、传播、危害人类健康。近年来，国家不断加大整顿力度，国务院、农业农村部等颁布了《饲料和饲料添加剂管理条例》

《饲料和饲料添加剂生产许可管理办法》等一系列法律、法规及规范性文件，不断规范饲料行业发展，对饲料、饲料添加剂及预混料行业的企业登记、生产、经营等进行了严格的规范及控制。为饲料行业健康发展提供了法律保障。

为适应畜牧业高质量发展，饲料行业和饲料产品进入规范化、标准化发展阶段，饲料检测技术也进入新的阶段。一是饲料质量评价参数向多方位延伸。饲料营养指标的检测及分析，是调整饲料配方和控制饲料产品营养均衡的重要依据。提升饲料检测覆盖面，打破饲料营养成分检测只针对标签中粗蛋白、粗脂肪、粗纤维、粗灰分等成分，向更加全面的范围扩展，包括饲料中限制性氨基酸赖氨酸、蛋氨酸、酸性洗涤纤维、中性洗涤纤维，以及铜、锌、维生素等的检测。二是饲料卫生安全风险因子不断拓宽。随着人们不断认识到饲料中有毒有害物质经食物链传播威胁人类健康，国家饲料卫生标准新增了饲料原料、饲料产品中有毒有害污染物项目及其限量值，有无机污染物、天然植物毒素、真菌毒素、有机氯污染物和微生物等共 5 类 24 个项目，具体包括：铅、铬、镉、总砷、汞、黄曲霉毒素 B_1、玉米赤霉烯酮、脱氧雪腐镰刀菌烯醇、赭曲霉毒素、伏马毒素、沙门氏菌等在不同饲料产品中的最低限量，涵盖技术指标 164 个。三是饲料违禁添加检测物质不断增加。根据饲料中违禁药物的实际问题，农业部颁布了 176 号公告《禁止在饲料和动物饮用水中使用的药物品种目录》，包括 5 类 40 种违禁药物添加剂；农业部颁布了 1519 号公告《禁止在饲料和动物饮水中使用的物质》，增加 11 种违禁药物；随着新型非法添加药物的出现，农业部 250 号公告规定不得使用《食品动物禁用的兽药及其他化合物清单》中所列的 21 类兽药及其他化合物；农业农村部颁布 194 号关于停止生产、进口、经营、使用部分药物饲料添加剂的公告，我国饲料中全面禁止添加抗生素。违禁添加物检测是饲料安全的重要保障，国家对违禁添加的打击力度不断加强。四是饲料检测效率不断提升。提高饲料检测效率是促进畜牧业高质量发展的必然要求。饲料安全检测技术以有效分离技术和色谱、二极管阵列、飞行时间质谱等功能强大的检测仪器联合应用为发展趋势。加强新技术、新仪器联合使用，开发高通量、多组分快速联检方法能检测出饲料 90%以上的有毒、有害物质和重度污染物，是排查饲料违禁药物添加、提高检测效率的重要途径。饲料常规成分检测方法成本高、效率低、污染大，建立近红外"传统检测+快速分析"模式也是提高检测效率的关键技术。五是饲料检测标准不断健全。我国目前基本形成了以国家标准和行业标准为主导、以地方标准为补充、以企业标准为基础的饲料产品及检测标准体系，但是产品标准不统一，检测标准不健全，须制定出台国家统一的强制性标准，以及扩大制标范围，制定饲料添加剂中药物含量检测方法等标准。促进饲料产品标准规范化，扩大饲料检测标准覆盖面，做到国内饲料检测行业标准、安全指标的制定与国际接轨。

第 5 章　饲料检测技术

　　开发多种快捷、简便、高效、经济和实用的检测技术，是促进饲料质量安全的一项重要技术举措。饲料质量安全检测主要从常规理化指标、微量元素、重金属、违禁添加物、污染物及微生物等方面进行，围绕以上方面，目前，用于饲料检测的主要技术包括理化检测技术、仪器分析技术、微生物检测技术、快速检测技术等。

第 1 节　理化检测技术

　　理化检验，就是借助物理、化学的方法，使用某种测量工具或仪器设备进行的检验，是质量检验的方式之一。理化指标主要检测物理性状和化学指标。

　　物理性状是物质不需要发生化学变化就表现出来的一些具体明显的特征。饲料的物理性状包括：颜色、状态、气味、硬度、容重、比重等，是进一步进行其他检测项目的基础。饲料物理性状检测技术通常包括感官评价、容重测量法、比重测定法、显微镜检测法等。饲料常规营养指标一般包括水分、粗蛋白、粗灰分、粗脂肪、粗纤维、钙、总磷、水溶性氯化物等，常规营养指标是评价饲料质量的重要依据。水分是动物进行正常代谢、生长、发育和维持健康的必要条件，其含量高低也会影响饲料的贮存与运输，水分过高可能会导致饲料霉变。粗蛋白是各种含氮物质的总称。包括真蛋白和含氮物，粗蛋白缺乏会影响动物生长发育、降低经济效益，过高会造成蛋白资源浪费及环境污染。粗灰分是评价饲料矿物营养的重要指标，也是判断饲料原料是否被大量掺入矿物质的一种检测手段。粗脂肪是饲料中可以溶于乙醚、石油醚、氯仿等脂溶性溶剂的物质总称，饲料中脂肪含量与能值呈正相关，同时，脂肪是脂溶性维生素的溶剂，可保证动物对脂溶性维生素的消化、吸收和利用。饲料中粗脂肪过多，还容易发生脂肪氧化酸败的问题，产生一些有毒的化合物，影响消化，造成腹泻，甚至会影响胚胎发育。过低影响生产性能从而影响经济效益。粗纤维对草食性动物尤其是复胃动物是必不可少的。粗纤维含量不足，可造成消化机能紊乱，产生消化道疾病等。饲料中性洗涤纤维和酸性洗涤纤维越来越广泛地应用到饲料营养价值评定中，中性洗涤纤维比粗纤维更能全面、准确、敏感反映饲料的纤维属性和有效能属性，并且它还能反映饲草、粗饲料及其加工产品的营养特性。酸性洗涤纤维比粗纤维更能准确反映饲料中的纤维素和木质素含量，木质素是饲料中最不易消化的成分。因此，酸性洗涤纤维是衡量饲料品质的重要营养指标。饲料中常测的常量元素有钙和磷，这两种元素是动物体内含量最多的矿物元素，占动物机体矿物质总量的70%以上。在动物的饲料中既要保证适量的钙、磷含量又要保持两者适宜的比例，钙、磷比例失调是骨营养不良的主要病因。氯化钠是动物饲料中不可缺少的成分，适量的氯化钠能维持动物体内的正常水盐代谢，并增进食欲和胃肠蠕动，增强消化机能且促进代谢，但氯化钠过量会导致动物中毒。饲料成分中钠的检测相对复杂、困难，氯的检测较容易，故可检测氯的含量，然后折算成氯化钠的含量。因此，这里所检测的氯化钠，包含了所有可溶性氯离子的化合物，通常称作水溶性氯化物。饲料中常规成分的分析主要采用重量分析法、滴定分析法等。

1　感官评价

感官评价是检测技术人员通过视觉、味觉、嗅觉和触觉等人体感官系统来对饲料的外观、颜色、异味、感触等来进行综合评价。感官评价的特点就是简便易行，也是饲料质量检测、评判的第一关。该方法的关键就是检测技术人员的经验和熟练程度。感官检测是最原始但也是最重要、最简单且最廉价的检测方法。感官检测是检测人员凭经验得出的判断，可能带有主观性，也受某些内在、外界条件限制，有可能不十分精密。所以常与其他方法配合进行评价。感官评价就是对饲料不加任何特殊处理，在保证安全的前提下，由检测人员根据感觉进行鉴定，主要分视觉、味觉、嗅觉、触觉、齿觉等。①视觉：观察饲料的形状、色泽、有无霉变、虫蛀、结块、异物、夹杂物等。② 味觉：通过舌头和牙咬来检查味道，辨别有无异味。③ 嗅觉：嗅辨饲料气味是否正常，鉴别有无霉臭、腐臭、焦臭等。④ 触觉：取适量样品在手上，用指头捻，通过感觉来觉察其粒度的大小、硬度、黏稠性、有无杂物及水分的多少。

2　容重测量法

根据一定体积的饲料原料都有一定的重量，通过检测样品与标准样品容重的比较，我们可以初步判断饲料原料的掺杂和含水量情况，这就是容重测量法。该方法主要利用排气式容重器或量筒来进行检测。该方法优点是快速、简单易操作、不需要仪器，缺点是误差较大，不能取得准确结果，需要采用仪器进一步确证分析结果。常用于玉米、大麦、高粱、燕麦等饲料原料容重分析。具体检测步骤：① 取被测样本铺于瓷盘中，用四分法取样，轻而仔细地倒入 1 000 mL 量筒中，用刮铲调整至 1 000 mL 刻度处（勿压和震摇）；② 将样品从量筒中倒出称重，以 g/L 为单位计算样品容重。每一样品要求重复测量 3 次，取其平均值作为容重，并与标准样品容重比较。

3　比重测定法

比重测定法是根据饲料样品在一定比重的溶剂中的沉浮情况来鉴别是否混入异物，确认异物种类和混入比例。该方法主要利用饲料原料不同，其比重不同的原理来进行检测。将待测原料的比重与数据库资料比重进行比较，判断饲料原料的质量。也可以选相应比重的浮选液对其进行分离，分离物再进一步用镜检法或浮选法进行确认。该方法比较简便有效，在实际中应用易于操作。具体检测步骤主要为：先将不同的比重液装入不同的试管中，将同一被检原料分别装入这些试管中，当被检样品在比重液中不浮不沉时，该比重液的比重即可认为等同于被检样品的比重。常被用于配合饲料中有机物与无机物分离，测定混合均匀度，如鱼粉原料中肉与骨的分离，掺假羽毛粉的分离，肉骨粉中肉与骨的分离，棉籽壳与仁的分离等。

4 显微镜检测法

显微镜检测法主要是检测饲料原料显微状态下的形态、细胞及霉菌毒素等特征，通过对饲料的物化特点与实际使用饲料原料应有的特征进行对比分析的一种鉴别方法。不同的饲料种类，物理性状检测要求不同，需要检测技术人员根据相关检测标准及方法进行确定。常用的显微镜检测方法包括体视显微镜技术和生物显微镜技术。显微镜检测方法的目的主要是检测应有的成分是否存在、是否含有有害因子、加工处理的方式是否恰当、是否存在污染物、是否存在有毒的植物或种子等问题。显微镜检测技术的优点是：对饲料原料质量鉴别有其独到之处，投资少，消耗少，污染少，直观，判定准确，数据精密，技术易掌握。缺点是：检验人员要有一定经验，存在一定主观性，鉴别时需要与标准图谱进行对照，一些新型饲料原料缺乏标准图谱及方法。以玉米物理性状检测为例，显微镜检测可发现被虫蛀的玉米有虫眼、虫尸及其排泄物，其形态有颗粒霉变、虫蛀、颗粒不完整、有杂质、质地疏松。

样品检测步骤如下。

（1）被检样品的体视镜观察。将筛分好的各组样品分别平铺于纸下或培养皿中，置于体视显微镜下，从低倍至高倍进行检查。从上到下，从左到右逐粒观察，先粗后细，边检查边用探针将识别的样品分类，同时探测各种颗粒的硬度、结构、表面特征，如色泽、形状等并做记录。将检出的结果与标签上的成分相对照，即可对掺假、掺杂、污染等质量情况做出初步测定。

（2）被检样品的生物镜观察。当某种异物掺入较少且磨得很细时，在体视显微镜下很难辨认，需通过生物镜进行观察，这种情况下，须对样品进行前处理。

① 样品处理：生物镜观察的样品，一般采用酸与碱进行处理。对于不同的原料，所需酸碱浓度和处理时间也不同，动物类原料多用酸处理，植物类和甲壳类需酸碱处理。处理步骤如下：过筛—酸加热处理—过滤—蒸馏水冲洗 2~3 次—必要时还需碱加热处理—过滤—蒸馏水冲洗 2~3 次—制作。

② 制片与观察：取少量消化好的样品于载玻片上，加适量载液并将样品铺平，力求薄而匀，载液可用 1:1:1 的蒸馏水、水合氯醛、甘油，也可以用矿物油，单纯用蒸馏水也较普遍。观察时，应注意样片的每个部位，而且至少要检查 3 个样片后再

综合判断。

5　重量分析法

根据物质的化学性质，选择合适的化学反应，将被测组分转化为一种组成固定的沉淀或气体形式，通过钝化、干燥、灼烧或吸收剂的吸收等一系列的处理后，精确称量，求出被测组分的含量，这种方法称为重量分析法。按分离方法不同，重量分析分为沉淀重量法、挥发重量法和提取重量法。重量分析法是用分析天平称量而获得分析结果，测定中不需要与标准试样或基准物质进行比较，故其准确度高。对于常量组分测定，一般相对误差为 0.1%~0.2%。该法的缺点是操作烦琐、费时、周期长，不适用于微量组分分析。常被用于饲料中水分、粗灰分、粗脂肪、粗纤维等的测定。下面就以饲料中粗灰分、粗脂肪为例介绍重量分析法。

粗灰分样品处理及分析：做样前，坩埚要先进行灼烧干燥，灼烧时间为马弗炉温度达到 550 ℃后计时 30 min 以上，置干燥器中冷却至室温后称重，两次重量之差小于 0.000 5 g 为恒重。在已恒重的坩埚中称取 2 g 试样，精确至 0.000 2 g，在电炉上小心炭化，在炭化过程中，应将试料在较低温状态加热灼烧至无烟。炭化后放入高温炉于 (550±20) ℃灼烧 3 h，取出在空气中冷却约 1 min，放入干燥器中冷却 30 min，称取质量，再同样灼烧 1 h，冷却称重直至两次质量之差小于 0.001 g 为恒重。检测过程中应注意以下事项。

（1）应注意马弗炉的温度不能过高或者过低，一般控制在 (550±20) ℃，超过 600 ℃会引起磷及硫等盐的挥发，从而对检测结果造成影响，并且在实验过程中，仪器的使用温度应是设备的校准温度。同时，对设备的温度进行校准时，要对常用的温度值进行校准。

（2）炭化要完全，炭化时要注意通风橱对炭化过程中样品的吸力，半盖坩埚盖，小火缓慢加热至无黑烟产生；使用电炉炭化时坩埚要放在石棉网上，且电炉功率不能太大，防止燃烧过于剧烈造成损失，整个过程避免产生明火。

（3）灰化要完全，样品灼烧 3 h 后观察是否有未灰化的黑色炭粒，若无，继续灼烧 1 h，若有，待坩埚冷却后，加水润湿残渣，烘干后继续灼烧，直至灰化完全。

（4）灰化终点判断，以时间和样品的灰化状态结合判断，不可单纯以时间来判定灰化终点，灰化终点应为样品残灰呈现灰白色或浅灰色。要注意特殊样品，如铁含量高的样品残灰呈现褐色，锰、铜含量高的样品残灰呈现蓝绿色。

粗脂肪样品处理及分析：索氏提取器应干燥无水，抽提铝杯在（103±2）℃烘箱中烘干至恒重，两次重量之差小于 0.000 8 g 为恒重。称取试样 1~5 g（精确至 0.000 2 g），于滤纸筒中，或用滤纸包好并标号，将称好样品的滤纸包放入索氏提取器的提脂腔中进行浸提，浸提完成后，取出滤纸包，放回相应铝杯中，放在室温通风处使石油醚挥发，然后开盖置于（103±2）℃烘箱中烘 3 h，取出，盖好铝盒盖，在干燥器中冷却 30 min，称重。再同样烘干 1 h，冷却，称重，直至两次称重之差小于 0.001 g 为恒重。检测过程中应注意以下事项。

（1）要使用沸点范围在 60~90 ℃的石油醚，用脱脂棉覆盖样品易有颗粒流出，建议用滤纸包样品。滤纸包的高度要低于提取器虹吸管的高度。

（2）注意回流的速度和时间，调节加热装置，使每小时至少回流 10 次，一般样品要求回流 60 次以上，若回流次数达不到要求，可适当延长回流时间或提高加热温度。

（3）抽提好的样品放入烘箱干燥前，应先在通风橱内放置适当时间，利用挥发除去残留的石油醚；如使用自动抽提仪或索氏抽提仪，应参考仪器的使用方法，用质控样验证仪器提取效果，并调节最佳蒸馏速度；可用无水乙醚代替石油醚进行样品抽提；抽提过程严禁明火加热，保持室内良好的通风，最好在通风橱中进行。

6 滴定分析法

滴定分析法，是将一种已知准确浓度的试剂溶液，滴加到被测物质的溶液中，直到所加的试剂与被测物质按化学计量定量反应为止，根据试剂溶液的浓度和消耗的体积，计算被测物质的含量。这种已知准确浓度的试剂溶液称为滴定液。将滴定液从滴定管中加到被测物质溶液中的过程叫作滴定。当加入滴定液中物质的量与被测物质的量按化学计量定量反应完成时，反应达到了计量点。在滴定过程中，指示剂发生颜色变化的转变点称为滴定终点。滴定终点与计量点不一定符合，由此所造成分析误差叫作终点误差。根据标准溶液和待测组分间的反应类型的不同，分为四类：酸碱滴定法、配位滴定法、氧化还原滴定法、沉淀滴定法。滴定分析法的优点是快速、用途广泛、准确度高,适用于多种无机物和有机物常量分析。缺点是需要配制和标定标准溶液。常被用于饲料中钙、粗蛋白、水溶性氯化物等的测定。下面就以饲料中钙、水溶性氯化物为例介绍滴定分析法。

高锰酸钾法样品处理及分析:高锰酸钾法为饲料中钙测定的仲裁法。试样可用测定灰分的试样进行,在坩埚中加入 1:1 盐酸溶液 10 mL 和浓硝酸数滴,小心煮沸,将此溶液转入 100 mL 容量瓶中,冷却至室温,用水稀释至刻度,摇匀,为试样分解液。准确移取试样分解液 10 mL 于 200 mL 烧杯中,加水 100 mL,甲基红指示剂 2 滴,滴加氨水溶液至溶液呈橙色,若滴加过量,可加盐酸溶液调至橙色,再多加 2 滴使其呈粉红色,小心煮沸,慢慢滴加热草酸铵溶液 10 mL,且不断搅拌,如溶液变橙色,则应补加盐酸溶液使其呈红色,煮沸 2~3 min,放置过夜使沉淀陈化。用定量滤纸过滤,用氨水溶液洗沉淀 6~8 次,至无草酸根离子,将沉淀和滤纸转入原烧杯中,加硫酸溶液 10 mL,水 50 mL,加热至 75~80 ℃,用高锰酸滴定,摇匀后溶液呈粉红色,30 s 不褪色,即到终点。检测过程应注意以下事项。

(1)甲基红指示剂应定期配制,于棕色瓶中可储存 2 个月左右。

(2)生成草酸钙沉淀时应注意:将试样分解液于电炉上小心煮沸,向烧杯中慢慢滴加热的草酸铵溶液,并不断搅拌,如果溶液变为橙色,应补加盐酸溶液使其变为红色,再煮沸数分钟,防止沉淀形成细小颗粒,草酸铵溶液应提前加热。

(3)室温下放置过夜(12 h)或沸水浴加热(2 h),使沉淀陈化。

(4)洗涤草酸钙沉淀时,应使用无灰的中速定量滤纸,必须沿滤纸边缘向下洗,使沉淀集中于滤纸中心,以免损失。每次洗涤不得超过漏斗体积的 2/3。

(5)高锰酸钾标准溶液滴定时,最初 1~2 滴滴入变红,红色褪去速度较慢,不断搅拌使溶液均匀,随后可匀速滴定,边滴边搅拌,当滴入后红色面积越来越大时,即快到滴定终点,最后半滴滴入,摇匀后溶液呈粉红色,30 s 不褪色,即到终点。

(6)配制的高锰酸钾标准溶液,需要标定后使用。

饲料中水溶性氯化物通常采用沉淀滴定法测定。样品处理及测定:称取 5~10 g 的样品,精确至 0.001 g,置于烧杯中,用量筒加入蒸馏水 200 mL,搅拌 15 min,静置 15 min。准确移取上清液 20 mL 于锥形瓶中,加入蒸馏水 50 mL,10%铬酸钾指示剂 1 mL,摇匀,用硝酸银标准溶液滴定,呈现砖红色,且 1 min 不褪色为终点。同时做空白。检测过程中应注意：根据试样是否含有机物，选择对应的试样溶液制备方法；加入过量的硝酸银溶液要剧烈振摇，使形成的氯化银沉淀被充分包裹，减少氯化银和硫氰酸银的转化，促使沉淀凝聚；控制滴定速度，终点颜色要仔细观察，空白试验应和样品同时进行；滴定时如不出现沉淀，且颜色褪去较快，建议棕红色不褪色 5 s 即记录滴定体积。

第 2 节　仪器分析技术

1　色谱检测技术

色谱技术根据样品类别和被分析物的结构、极性等理化性质选择合适的提取溶剂，常用的提取溶剂有甲醇、乙腈等有机溶剂，经过提取后，再采用离心、过滤、液-液萃取、固相萃取（SPE）、固相微萃取（SPME）等技术净化后上仪器测定，常用的仪器有气相色谱仪和液相色谱仪两大类。

1.1　气相色谱技术

气相色谱是从 20 世纪 50 年代开始出现的分离、分析技术，是仪器分析领域的一项重大科学技术成就。气相色谱法是指用气体作为流动相的色谱法。由于样品在气相中传递速度快，因此样品组分在流动相和固定相之间可以瞬间达到平衡。气相色谱技术的优点为：分离效率高，分析速度快；样品用量少和检测灵敏度高；选择性好，可分离、分析沸点相近的物质，同位素，同分异构体等，应用范围广。缺点为：在对组分直接进行定性分析时，必须用已知物或已知数据与相应的色谱峰进行对比，或与其他方法联用，才能获得直接肯定的结果。在定量分析时，常需要用已知物纯样品对检测后输出的信号进行校正。气相色谱技术在饲料检测中主要用于饲料中有机磷、除虫菊酯类、氨基甲酸酯类等农药残留，饲料中非法添加氯霉素等兽药的检测。

下面以气相色谱法对饲料中氯霉素的测定为例介绍样品前处理步骤。

（1）提取。称取一定量的试样（配合饲料 5.00 g，预混合饲料 1.00 g），置于 50 mL 塑料离心管内，加 40.0 mL 乙酸乙酯，盖好密封盖并涡旋混合 2 min，超声波提取器提取 20 min，其间用手摇动两次，以转速 4 000 r/min 离心分离 4 min，取于上清液 20.0 mL，于 50 ℃加热器上用氮气吹至近干，待净化。

（2）净化。

① 液-液分配净化：用氯化钠甲醇溶液 2 mL、1 mL、1 mL 3 次溶解残渣，均转移到同一个 10 mL 具塞试管内，加 4 mL 正己烷，混合 2 min，以转速 4 000 r/min 离心 4 min，吸出上层正己烷，弃去，重复上述操作一次。水相加乙酸乙酯 3 mL，涡旋混合 2 min，以转速 4 000 r/min 离心 4 min，吸取上层乙酸乙酯，置另一个 5 mL 具塞试管内，加乙酸乙酯 2 mL。重复上述操作一次，吸取上层乙酸乙酯，置于同一个 5 mL 具塞试管内，在 50 ℃加热器上用氮气吹干，用 3 mL 乙腈-水溶解，待柱净化。

② 固相萃取柱净化：每一试样各准备一支 C_{18} 小柱，顺序用 5 mL 甲醇，5 mL 三氯甲烷，5 mL 甲醇和 10 mL 水预清洗 C_{18} 柱，将样液转移到柱上，用 5 mL 乙腈-水淋洗，弃去，用 3 mL 乙腈-水洗脱，收集在 10 mL 具塞试管内，洗脱物加 5 mL 乙酸乙酯涡旋混合 1 min，以转速 2 000 r/min 离心 5 min，重复提取一次，合并乙酸乙酯提取液于 5 mL 具塞试管内，在 50 ℃下用氮气吹干，待衍生化。

（3）衍生化。向具塞试管加 200 μL 衍生剂，塞紧塞子，涡旋混合 10 s，于 70 ℃烘箱内反应 30 min，取出，在 50 ℃加热器上用氮气吹干，加 200 μL 正己烷-环己烷溶液，涡旋混合 10 s，氯霉素标准溶液同时进行衍生处理，处理完毕后，样品及标准品上气相色谱仪测定。

1.2　液相色谱技术

1.2.1　高效液相色谱仪

液相色谱法就是用液体作为流动相的色谱法。液相色谱法的分离机理是基于混合物中各组分对两相亲和力的差别。根据固定相的不同，液相色谱分为液固色谱、液液色谱和键合相色谱。近年来，在液相柱色谱系统中加上高压液流系统，使流动相在高压下快速流动，以提高分离效果，因此出现了高效液相色谱法。高效液相色谱技术在分离测定化合物时具有显著的优点：分离效率高，使多种性质不同的组分同时得到较好的分离，分析速度快，一般在几分钟到几十分钟就可以完成一次复杂样品的分析和测定；样品用量少，溶剂的消耗也很少；灵敏度高，如紫外检测器的最小检测量可达 10^{-9} g 或更低，荧光检测器的最小检测量可达 10^{-11} g；应用范围广，几乎可用于所有化合物；自动化程度高，只要程序设定，不需要操作人员监控。高效液相色谱技术广泛应用于饲料中氨基酸、脂肪、维生素等营养物质和多种微量非营养性添加剂的分析检测。在饲料原料的鉴别、添加剂用量、违禁添加物筛查、有毒有害物质的控制方面，色谱技术应用十分广泛，例如维生素、硝基呋喃类、磺胺类、喹诺酮类、喹乙醇、金霉素、土霉素、兴奋剂类、黄曲霉毒素 B_1、脱氧雪腐镰刀菌烯醇、赭曲霉毒素 A 等的检测。

由于一般饲料样品大多属于复合基质体系，多含有蛋白质、油脂、碳水化合物、矿物质、色素等成分，复杂的基质会给被分析目标化合物的提取、分离、净化和测定带来很大困难，因此样品前处理不仅复杂，而且对分析结果的准确性和灵敏度有决定作用。

下面以饲料中维生素 A 的测定（液相色谱法皂化法提取）为例介绍样品前处理步骤。

（1）皂化：称取试样配合饲料或浓缩饲料 10 g，精确至 0.001 g，维生素预混合饲料或复合预混合饲料 1~5 g，精确至 0.000 1 g，置入 250 mL 圆底烧瓶中，加 50 mL L-抗坏血酸乙醇溶液，使试样完全分散、浸湿，加 10 mL 氢氧化钾溶液，混匀。置于沸水浴上回流 30 min，不时振荡防止试样黏附在瓶壁上，皂化结束，分别用 5 mL 无水乙醇、5 mL 水自冷凝管顶端冲洗其内部，取出烧瓶冷却至约 40 ℃。

（2）提取：定量转移全部皂化液于盛有 100 mL 无水乙醚的 500 mL 分液漏斗中，用 30~50 mL 水分 2~3 次冲洗圆底烧瓶并入分液漏斗，加盖、放气、随后混合，激烈振荡 2 min，静置、分层。转移水相于第 2 个分液漏斗中，用 100 mL、60 mL 乙醚重复提取两次，弃去水相，合并 3 次乙醚相。每次用水 100 mL 洗涤乙醚提取液至中性，初次水洗时轻轻旋摇，防止乳化。乙醚提取液通过无水硫酸钠脱水，转移到 250 mL 棕色容量瓶中，加 100 mg 2，6 二叔丁基-对甲酚（BHT）使之溶解，用乙醚定容至刻度。以上操作均在避光通风橱进行。

（3）浓缩：从乙醚提取液中分取一定体积（依据样品标示量、称样量和提取液量确定分取量）溶液置于旋转蒸发器烧瓶中，在水浴温度约 50 ℃、部分真空条件下蒸发至干或用氮气吹干。残渣用正己烷溶解（反相色谱用甲醇溶解），并稀释至 10 mL 使其维生素 A 最后浓度为每毫升 5~10 IU，离心或通过 0.45 μm 过滤膜过滤，用于高效液相色谱仪分析。以上操作均在避光通风橱内进行。

1.2.2　氨基酸分析仪

氨基酸分析仪，是用于测定蛋白质、肽及其他药物制剂的氨基酸组成或含量的仪器。进行氨基酸分析前，必须将蛋白质及肽水解成单个氨基酸。它是基于阳离子交换柱分离、柱后茚三酮衍生、光度法测定的离子交换色谱仪。氨基酸分析仪的基本原理为流动相（缓冲溶液）推动氨基酸混合物流经装有阳离子交换树脂的色谱柱，各氨基酸与树脂中的交换基团进行离子交换，当用不同的 pH 缓冲溶液进行洗脱时因交换能力的不同而将氨基酸混合物分离，分离出的单个氨基酸组分与茚三酮试剂反应，生成紫色化合物或黄色化合物，用可见光检测器检测其在 570 nm、440 nm 的吸光度。这些有色产物对应的吸收强度与洗脱出来的各氨基酸浓度之间的关系符合朗伯–比尔定律。据此，对氨基酸各组分进行定性、定量分析。仪器基本结构与普通高效液相色谱仪相似，但氨基酸分析仪进行了氮气保护、惰性管路、在线脱气、洗脱梯度及柱温梯度控制等细节优化。氨基酸分析仪的优点有分离度高、重现性好、操作简便。缺点有仪器及耗材昂贵，运行成本高。氨基酸添加剂可改善氨基酸平衡提高饲料利用率、改善肉的品质、促进钙的吸收、提高抗应激能力、提高动物抗病率。因此，饲料中氨基酸的检测十分必要。

下面介绍饲料中氨基酸检测前处理步骤。

称取试样 50~100 mg（精确至 0.1 mg）于 20 mL 安瓿或水解管中，准确加入 6 mol/L 盐酸水解溶液 10 mL，置液氮中冷冻后，充氮气 1 min 后旋紧管盖。将安瓿或水解管放在（110±2）℃恒温干燥箱中，水解 22~24 h。冷却，混匀，开管，过滤，用移液管精确吸取适量的滤液，置于旋转蒸发器或浓缩器中，60 ℃下抽真空蒸发至干，必要时，加少许水，重复蒸干 1~2 次。加入 3~5 mL 柠檬酸钠缓冲溶液复溶，使试样溶液中氨基酸浓度达到 50~250 nmol/mL，摇匀，过滤或离心，上清液待上机测定。注意：一般情况下，在水解结束后，将水解液转移定容至 50 mL 容量瓶中，用去离子水定容至刻度，移取 0.1 mL 滤液，置于氮吹仪上吹干（60 ℃），加入 1 mL 0.02 mol/mL 的盐酸复溶，摇匀，过滤，上清液待上机测定。

2　光谱检测技术

光谱分析以其检测速度快、灵敏度高、检测元素多、前处理简单或无损检测等特有的优势，在饲料检测中发挥着重要作用。主要包括原子吸收光谱法、原子荧光光谱法、紫外分光光度计等。

2.1 原子吸收光谱技术

原子吸收光谱法是气态的基态原子外层电子对紫外光以及可见光范畴的相对应原子共振辐射线的吸取强度对被检测元素含量进行定量的一种分析方法，也是测定痕量和超痕量元素的有效方法，原子吸收分光光度计一般有火焰和石墨炉两种检测器。火焰原子化法的优点是火焰原子化法的操作简便，重现性好，有效光程大，对大多数元素有较高灵敏度，因此应用广泛；缺点是原子化效率低，灵敏度不够高，而且一般不能直接分析固体样品。石墨炉原子化器的优点是原子化效率高，在可调的高温下试样利用率达 100%，灵敏度高，试样用量少，适用于难熔元素的测定；缺点是试样组成不均匀性的影响较大，测定精密度较低，共存化合物的干扰比火焰原子化法大，干扰背景比较严重，一般都需要校正背景。该方法的灵敏度高、抗干扰能力强、分析速度快、操作方便，主要用于测定各种无机和有机样品中金属和非金属元素的含量。适用于微量分析和痕量分析，在各类饲料产品中铅、镉、钠、铜、锌、铬、钼、铁、锰等重金属及微量元素的检测方面得到了广泛的应用。

采用原子吸收光谱法常用的样品前处理方法有以下 3 种。湿法消解：利用氧化性的强酸在一定温度条件下除去样品中的有机物，使金属元素溶解。湿法消解所使用的酸有硝酸、硫酸、高氯酸和过氧化氢等，但实际应用时很少采用单一酸往往采用两种或三种酸的混合酸，以保证试样分解完全。该法的优点在于快速挥发、损失较小，适用于大批量样品的处理。但试剂用量大空白值较高。干法灰化：利用马弗炉在高温条件下，除去样品中的有机物，剩余的灰分用酸溶解。干法灰化的优点是能处理大批量样品且方法简单，试剂污染小，但对于含氯的样品，在高温条件下，由于可能形成挥发性氯化铅，样品中的铅极易损失，故其准确性难以保证。微波消解：在高温高压条件下，用酸将试样中的有机物质分解，具有能耗低、试剂用量小、污染少、空白值低等优点。但由于微波消解仪的消解能力有所差别，高压条件可能会导致有些元素损失。下面以饲料中钙、铜、铁、镁、锰、钾、钠和锌含量的测定（干灰化法）为例介绍样品前处理步骤。

（1）称样：根据测定元素估计含量称取 1~5 g 试料，精确到 1 mg，放入坩埚中。

含有机物的试料，从炭化开始。不含有机物的试料，直接从溶解开始。

（2）干灰化：将坩埚放在电热板上加热，直到试料完全炭化（要避免试料燃烧）。将坩埚转到 550 ℃预热 15 min 以上的高温电阻炉中灰化 3 h。冷却后用 2 mL 水湿润坩埚内试料。如果有炭粒，则将坩埚放在电热板上缓慢小心蒸干，然后放到高温电阻炉中再次灰化 2 h，冷却后加 2 mL 水湿润坩埚内试料。注意：含硅化合物可能影响复合预混合饲料灰化效果，使测定结果偏低。此时称取试料后宜从溶解开始操作。

（3）溶解：取 10 mL 1∶1 盐酸溶液，开始慢慢一滴一滴加入，边加边旋动坩埚，直到不冒泡为止（可能产生二氧化碳），然后再快速加入，旋动坩埚并加热直到内容物接近干燥，在加热期间避免内容物溅出。用 5 mL 盐酸溶液加热溶解残渣后，分次用 5 mL 左右的水将试料溶液转移到 50 mL 容量瓶。冷却后用水稀释定容并用滤纸过滤，滤液待上机测定。

2.2　原子荧光光谱技术

原子荧光光谱法是通过测量待测元素的原子蒸气在特定频率辐射能激发下所产生的荧光发射强度，以此来测定待测元素含量的方法。原子荧光光度计，由于其价格相对便宜、检测速度快、检出限低、稳定性较好，在我国的分析实验中基本得到了普及，已经成为饲料中砷和汞测定的标准方法。此外，原子荧光光谱法还用于测定饲料、饲料添加剂以及原料中的砷、汞、镉、硒等微量元素。

采用原子荧光光谱法常用的样品前处理方法有以下几种。

干灰化法是常用的无机化处理方法。用干灰化法处理饲料不但较为简便，适用于批量样品的分析，而且无须加入大量可能导致干扰测定的试剂，有利于降低空白值。通常是将经粉碎或匀浆的样品置于瓷坩埚中，先在一定温度下干燥并炭化，再置于高温电炉中灼烧至样品灰分呈白色或浅灰色，经溶解、定容供分析测定用。

常压湿消化法是化学分析实验室中最为普通的样品分解方法，其优点是便于大批量样品分析操作。湿法消化是用浓无机酸或再加氧化剂消化，在消化过程中保持在氧化状态的条件下消化处理试样。通常在试样加入消化剂后，于 100~200 ℃下加热使其消化，待消化液清亮后，蒸发至近干时，再用硝酸或盐酸溶解，定容待用。利用适当的酸、碱、氧化剂、催化剂与样品混合后加热，将其中的有机物分解。常压湿消化法常用的氧化性酸为硫酸、硝酸、高氯酸；常用的氧化剂有过氧化氢、高锰酸钾；常用的催化剂有硫酸铜、硫酸汞、五氧化二钒、氧化硒等。大多数样品与氧化性强酸混合并被加热后，其中的有机物被分解为二氧化碳和水而被除去，以各种方式存在的金属组分被氧化为高价态的离子。

微波消解法利用磁控管，将电能转化成微波能，以极高的振荡频率穿透炉腔内密闭消解罐中的被消解样品，当微波被消解样品吸收时，样品内的极性分子（如水、脂肪、蛋白质、矿物和生物组织等）以极高的速度快速振荡，使得分子间互相碰撞摩擦而产生大量热和气体，造成密闭消解罐内的温度和气压迅速升高。在高温、高压和强酸的作用下，被消解物快速溶解在酸溶液中，形成下一步化学分析所需要的样品溶液。

微波消解法快速高效；试剂无挥发损失，既降低了试剂用量，又减少了废酸废气的排放，可以改善工作环境；密封消化避免了一些能形成易挥发组分如砷、硒、汞的损失同时降低了环境对试样的氧化作用，有利于对还原型物质的分析测试；用电量少，大大节省了能源的消耗。

下面以饲料中总砷的测定为例介绍样品前处理步骤。

（1）盐酸溶样法：矿物元素饲料添加剂用盐酸溶样。称取试样 1~3 g（精确到 0.000 1 g）于 100 mL 高型烧杯中，加水少许湿润试样，慢慢滴加 10 mL 3 mol/L 盐酸溶液，待激烈反应过后，煮沸并转移到 50 mL 容量瓶中，向容量瓶中加入 2.5 mL 硫脲溶液，用水洗涤烧杯 3~4 次，洗液并入容量瓶中，用水定容，摇匀，待测。同时做试剂空白。

（2）干灰化法：添加剂预混合饲料、浓缩饲料、配合饲料、单一饲料及饲料添加剂可选择干灰化法。称取试样 2~5 g（精确到 0.000 1 g）于 30 mL 瓷坩埚中，加入 5 mL 硝酸镁溶液，混匀，于低温或沸水浴中蒸干，低温碳化至无烟后，然后转入高温炉于 550 ℃恒温灰化 3.5~4 h。取出冷却，缓慢加入 10 mL 3 mol/L 盐酸溶液，待激烈反应过后，煮沸并转移到 50 mL 容量瓶中，向容量瓶中加入 2.5 mL 硫脲溶液，用水洗涤坩埚 3~5 次，洗液并入容量瓶中，用水定容，摇匀，待测。同时做试剂空白。

2.3　紫外分光光度技术

紫外分光光度计通过物质浓度的不同，吸收光谱上的某些特征波长处的吸光度也不相同，从而通过对物质吸光度或透过率的测量判定该物质的含量，这就是分光光度定性和定量分析的基础，也是分析仪器紫外-可见分光光度计的工作原理。即著名的朗伯-比尔定律。从第一台紫外-可见分光光度计被制成后，紫外-可见分光光度计经不断改进，又出现自动记录、自动打印、数字显示、微机控制等各种类型的仪器被广泛用于各领域。紫外分光光度技术的优点是灵敏度高、选择性好、准确度高、使用浓度范围广、分析成本低、操作简便、分析速度快；缺点是容易受外界环境干扰。在饲料分析中可用于检测烟酸、棉酚、总磷和脂肪酸等。下面以饲料中总磷的测定为例介绍样品前处理步骤。

标准曲线的绘制及样品处理：准确移取磷标准液根据方法要求配置至少 5 个浓度点标准曲线，于 50 mL 容量瓶中，各加入钒钼酸铵显色剂 10 mL，用水稀释至刻度，摇匀，常温下放置 10 min，以空白溶液为参比，用 10 mL 比色皿，在 420 nm 波长下，用分光光度计测定各溶液的浓度，以磷含量为横坐标，吸光度为纵坐标绘制标准曲线。试样可用测定钙的试样进行，准确移取试样分解液 1 mL 于 50 mL 容量瓶中，加入钒钼酸铵显色剂 10 mL，上机测定。检测过程中应注意以下事项。

（1）适用范围，饲料添加剂要按照其产品标准规定的方法进行相关指标的检测。

（2）试剂：按规定制备好的磷标准贮备液需置于聚乙烯瓶中，4 ℃可储存 1 个月。显色剂避光保存，放置时间不宜过久，使用前应检查是否有絮状物和沉淀生成，若有则不能继续使用。

（3）分光光度计在使用时，吸光度一般在 0.2~0.8 时误差较小，低含量样品应加大称样量或增大移取体积，高含量样品应适当进行稀释，使样品的吸光度在标准曲线的范围内。

（4）不同类型样品应选择相应的前处理方式，每次测定时都应重新绘制标准曲线。

3　质谱检测技术

质谱分析是一种测量离子质荷比的分析方法，其基本原理是使试样中各组分在离子源中发生电离，生成不同荷质比的带电荷的离子，经加速电场的作用，形成离子束，进入质量分析器。电感耦合等离子体质谱仪、液相色谱-质谱联用仪、气相色谱-质谱联用仪常被用于饲料检测。

3.1 电感耦合等离子体质谱技术

电感耦合等离子体质谱法（ICP-MS）是一种新的无机元素分析测定技术，是20世纪80年代发展起来的新检测技术，它广泛应用于物质试样中元素的识别和浓度测定。该技术的特点有：灵敏度高；速度快，可在几分钟内完成几十个元素的定量测定；谱线简单，干扰相对于光谱技术要少；线性范围可达7~9个数量级；样品的制备和引入相对于其他质谱技术简单；既可用于元素分析，还可进行同位素组成的快速测定；测定精密度可达0.1%。被广泛运用于生物、环境、药物、食品等领域。缺点是仪器价格昂贵，在分析检测实验室中未被普及。同时在我国现行的饲料标准中并未制定该方法。下面以饲料中铅、铬、镉、砷的测定微波消解法为例介绍样品前处理步骤。

取0.2 g饲料样品，包括配合饲料、浓缩饲料、单一饲料、添加剂预混合饲料（精确到0.000 1 g），置于消解罐中，依次加入4.00 mL浓硝酸，2.00 mL双氧水，按照设定程序进行消解。消解结束后，放入加热板进行赶酸至无色，用2%稀硝酸转移至100 mL容量瓶中并定容至刻度线。上机待测。

3.2 液相色谱-质谱联用技术

液相色谱-质谱联用技术又称液质联用，它以液相色谱作为分离系统，以质谱作为检测系统。色谱仪是一种很好的分离用仪器，但定性能力很差。质谱仪是一种很好的定性鉴定用仪器，但对混合物的分离无能为力，二者结合起来，则能发挥各自专长，使分离和鉴定同时进行。因此，早在20世纪60年代就开始了气相色谱-质谱联用技术的研究，并出现了早期的气相色谱-质谱联用仪。在20世纪70年代末，这种联用仪器已经达到很高的水平。在20世纪80年代后期，大气压电离技术的出现，使液相色谱-质谱联用仪水平提高到一个新的阶段。液相色谱-质谱联用仪的优点是分析范围广、分离能力强、定性分析结果可靠、检测限低、分析时间快、自动化程度高；缺点是价格昂贵。在饲料检测中主要被用于氯霉素、沙丁胺醇、莱克多巴胺、盐酸克伦特罗、盐酸异丙嗪、盐酸氯丙嗪、地西泮、盐酸硫利达嗪、奋乃静、硝基呋喃、孔雀石绿、四环素类、脂溶性色素、大环内酯类、阿维菌素类、多肽抗生素类、黄曲霉毒素等各类违禁添加物，以及农药残留和霉菌毒素的检测。

下面以饲料中孔雀石绿的检测为例介绍样品前处理步骤。

（1）提取：称取试样约 5 g（精确到 0.001 g），置于 100 mL 离心管中，依次加入 1.5 mL 盐酸羟胺溶液、2 mL 对甲苯磺酸溶液、5 mL 乙酸钠缓冲溶液和 20 mL 乙腈，加入约 2 g 中性氧化铝，振荡 2 min，超声 30 min，以转速 4 000 r/min 离心 5 min。将上清液转移至 250 mL 分液漏斗中，向离心管中再次加入 20 mL 乙腈，振摇 2 min，以转速 4 000 r/min 离心 5 min，合并上清液至分液漏斗中。

（2）液液萃取：加入 50 mL 氯化钠溶液、50 mL 二氯甲烷，旋摇，静置分层。用蒸发瓶收集下层液体后，在分液漏斗再次加入 20 mL 二氯甲烷，旋摇，静置分层，收集下层液体于同一蒸发瓶。将收集液在 35 ℃ 下减压旋转蒸发至近干，加入 5 mL 乙腈溶解残渣，备用。

（3）固相萃取净化：将中性氧化铝柱串接在 PRS 柱上方，使用前用 5 mL 乙腈预洗两柱。将上述的样液缓慢转移到中性氧化铝柱内，在抽真空情况下过柱。再用 5 mL 乙腈洗涤蒸发瓶 2 次，洗涤液均转移至柱内，最后用 5 mL 乙腈洗涤小柱。弃去中性氧化铝柱，用乙腈—乙酸钠缓冲溶液 2 mL、盐酸羟胺甲醇溶液 1 mL 洗脱，收集洗脱液，过 0.45 μm 微孔滤膜，上机测定。

3.3 气相色谱–质谱联用技术

气相色谱法–质谱法联用又称气质联用，是一种结合气相色谱和质谱的特性，在试样中鉴别不同物质的方法。气质联用仪是由两个主要部分组成，即气相色谱仪部分和质谱部分。气相色谱使用毛细管柱。当试样流经柱子时，根据各组分分子的化学性质的差异而得到分离。分子被柱子所保留，然后，在不同时间流出柱子。流出柱子的分子被下游的质谱分析器俘获，通过离子化、加速、偏向、最终分别测定离子化的分子。质谱仪是通过把每个分子断裂成离子化碎片并通过其质荷比来进行测定的。气质联用仪的优点是：气相色谱具有极强的分离能力；质谱对未知化合物具有独特的鉴定能力，且灵敏度极高，因此气质联用是分离和检测复杂化合物的最有力工具之一；系统的生态运行模式可以减少仪器待机时电能和载气不必要的消耗；实时采集功能提供了全扫描与选择离子扫描的数据采集，可获得准确的定性、定量结果数据。缺点是：价格相对昂贵，前处理过程中多用到很多易致毒的试剂，对操作人员不利。在饲料检测中被用于氯丙那林、马布特罗、特布他林、齐帕特罗等 8 种 β-受体激动剂，灭草灵、甲胺磷、克草敌、杀虫丹、乐果 α-六六六等 36 种农药残留及其他非法添加物的检测。

下面以饲料中 8 种 β-受体激动剂的检测为例介绍样品前处理步骤。

（1）试样提取：准确称取试样 5 g，精确至 0.01 g，置于 250 mL 三角瓶中，准确加入乙酸钠缓冲液 50 mL，振摇使之全部浸湿，盖紧塞子，放在旋转振荡器上，振荡 25 min，溶液通过定性滤纸过滤，收集 30 mL 备用。

（2）净化：将固相萃取柱固定于 SPE 净化装置上，依次用 3 mL 甲醇和 3 mL 水活化、平衡。然后，精确吸取 2 mL 试样溶液全部加到小柱上，控制过柱速度不超过 1 mL/min，分别用 2 mL 乙酸溶液和 3 mL 甲醇淋洗一次，最后用 3 mL 洗脱液洗脱于 5 mL 衍生瓶中，洗脱速度不超过 1 mL/min，将洗脱液置于 40 ℃水浴条件下，用氮气吹干。同时取标准溶液 2 mL 于 5 mL 衍生瓶中，加 1 mL 洗脱液，40 ℃水浴条件下氮气吹干。

（3）衍生：在衍生瓶中加入甲苯 100 μL，衍生剂 100 μL，充分涡旋混合后，置 70 ℃烘箱中，反应 1 h，冷却至室温后上机测定。

第 3 节　微生物检测技术

饲料微生物学检验是把握饲料品质的一个重要方面，正常条件下，饲料中微生物数量有限，但当饲料因加工不当、贮藏不善或因意外事故受到微生物污染时，微生物数量会有大幅度提高，甚至有致病性微生物显现，会影响饲料的适口性，使饲料养分价值降低；且微生物繁衍过程中会产生大量毒素或霉菌毒素，可通过食物链影响人体健康。饲料中常检测的有害微生物项目有沙门氏菌、霉菌、大肠菌群、细菌总数。这些微生物检测是饲料卫生安全的重要指标。通过对饲料有害微生物快速检测，可以帮助我们快速锁定饲料中的有害物质，及时改进生产工艺，从而生产质量合格的产品。另外，微生物制剂是农业农村部批准的饲料添加剂，可通过改善动物肠道菌群生态平衡而发挥有益作用，以提高动物健康水平、提高抗病能力、提高消化能力，是抗生素的最佳替代品，是解决疾病泛滥、病菌耐药、免疫能力下降、成活率降低、养殖效益下降的有效手段。常见的微生物饲料添加剂产品有枯草芽孢杆菌、酵母菌、乳酸菌等。饲料中微生物检测技术有微生物平板培养检测技术、聚合酶链式反应（PCR）技术、酶联免疫吸附（ELISA）测定技术、三磷酸腺苷（ATP）检测技术、基因探针检测技术等。

1　微生物平板培养检测技术

琼脂平板培养是指将琼脂或明胶等凝胶状固体培养基制成平面状，然后在此平面上接种微生物或多细胞生物的细胞、组织或器官，并进行培养的方式。平板培养一般是用培养皿盛载培养基。平板培养具有广泛的用途，饲料微生物检测常用到该技术。该技术操作起来复杂、费力且费时，一般在 2~3 d 方可完成检测。微生物平板培养方法，包括以下步骤：制备平板培养基、制备活性样本混合液、培养基涂布、菌落培养、菌落分离。

下面以饲料用微生物制剂中枯草芽孢杆菌的测定为例介绍样品前处理步骤。

（1）检样制备、稀释：以无菌操作称取试样 25 g（mL），加入 225 mL 0.85%灭菌生理盐水，均质 1~2 min，制成 1:10 的初始悬浮液。吸取 1:10 的初始悬浮液 1 mL，加入 9 mL 0.85%灭菌生理盐水，经充分混匀后制成 1:100 的稀释液。根据样品含菌量，做进一步的 10 倍系列递增稀释。

（2）接种和培养：选择 2~3 个适宜的稀释度，水浴（80±1）℃维持 10 min，用无菌移液管分别吸取 0.1 mL，接种到两个营养琼脂平板上。使用涂布棒尽可能小心快速地涂布接种液于琼脂表面，涂布棒不得接触平皿边缘。每个平皿用一支无菌涂布棒。涂布好的平皿盖好，置室温中放置 15 min 使接种物完全被琼脂吸收。翻转上述平皿置（37±1）℃培养箱中培养（48±2）h。

（3）菌落计数及筛选培养后，选取菌落数在 30~300 个之间的平板计数。若平板中有较大片状菌落生长时，则不宜采用；若片状菌落不到平板的一半，而其余一半中菌落分布又很均匀，即可计算半个平板后乘以 2 以代表全皿菌落数。

2 ATP 检测技术

ATP 是自然界各种生命活动中共用的能量载体。ATP 可作为细胞活性的一个标志物。具有代谢活性的细胞含有一定量的 ATP，检测 ATP 含量可作为培养细胞增殖和细胞毒性的定量指标，细菌细胞越多，ATP 含量也就越高；而在细胞发生凋亡或坏死时，其 ATP 含量会迅速下降。通过监测 ATP 含量的改变，可以评价多种药物、生物制剂或生物活性物质引起的细胞杀伤、细胞抑制和细胞增殖作用。20 世纪 70 年代出现 ATP 生物发光技术，20 世纪末 ATP 检测技术被引入我国。ATP 也常作为微生物污染的一个指标，微生物繁殖引起食品、药品、饲料等 ATP 含量的增高，可以被敏感地检测到。ATP 检测技术的优点是：无须培养，仅需 15 s，即可得到结果；待测样品无须预处理，操作简便；操作人员无须培训，容易上手；灵敏度高。

第 4 节　快速检测技术

快速检测技术是多种现代化检测方法的总称，其共同特点是检测时间短，检测过程方便快捷。饲料产品本身具有产量大、流通快的特点，快速、简便、准确的检测手段对饲料安全进行检测就显得尤为重要。饲料检测主要的快速检测技术包括胶体金快速检测技术、ELISA 检测技术、PCR 检测技术、近红外光谱检测技术等。

1 胶体金快速检测技术

胶体金是由氯金酸（$HAuCl_4$）在还原剂如白磷、抗坏血酸、枸橼酸钠、鞣酸等作用下，聚合成一定大小的金颗粒，并由于静电作用成为一种稳定的胶体状态，形成带负电的疏水胶溶液，由于静电作用而成为稳定的胶体状态，故称胶体金。胶体金快速检测采用的是免疫层析法原理，将特异性的抗原或抗体以条带状固定在膜上，胶体金标记试剂（抗体或单克隆抗体）吸附在结合垫上，当待检样本加到试纸条一端的样本垫上后，通过毛细作用向前移动，溶解结合垫上的胶体金标记试剂后相互反应，再移动至固定的抗原或抗体的区域时，待检物与胶体金标记试剂的结合物又与之发生特异性结合而被截留，聚集在检测带上，可通过肉眼观察到显色结果。该方法的优点是灵敏度高，操作简单、样品前处理简单或无须做前处理，不需要专用仪器，检测结果读取方便，检测成本低。缺点是被检测样品必须可溶，检测结果容易出现假阳性、假阴性，需进一步确证。该方法被广泛用于饲料中三聚氰胺、兴奋剂、霉菌毒素等检测。

2　ELISA 检测技术

ELISA 是以免疫学反应为基础的检测技术，其原理是酶分子与抗原或抗体分子共价结合，此种结合不会改变抗体的免疫学特性，也不影响酶的生物学活性。此种酶标记抗体可与吸附在固相载体上的抗原或抗体发生特异性结合。滴加底物溶液后，底物可在酶作用下使其所含的供氢体由无色的还原型变成有色的氧化型，出现颜色反应。通过底物的颜色反应来判定有无相应的免疫反应，颜色反应的深浅与样品中相应抗体或抗原的量成正比。此种显色反应可通过 ELISA 检测仪进行定量测定，这样就将酶化学反应的敏感性和抗原抗体反应的特异性结合起来。该方法优点是灵敏度高、特异性好、便于操作、所需仪器简单，缺点是特异性和灵敏度有待提高，只是确证的辅助手段，操作过程比胶体金检测技术烦琐。该方法被广泛应用到饲料安全检测中，通常用于违禁药物添加检测，例如沙丁胺醇、莱克多巴胺、克伦特罗等 β-受体激动剂，以及霉菌毒素和微生物的检测。样品前处理过程因试剂盒厂家不同而异。

3　PCR 检测技术

PCR 是一种体外迅速扩增 DNA 片段的技术，它能以极少量的 DNA 为模板，在几小时内复制出上百万份的 DNA 拷贝。DNA 的半保留复制是生物进化和传代的重要途径。双链 DNA 在多种酶的作用下可以变性解链成单链，在 DNA 聚合酶与启动子的参与下，根据碱基互补配对原则复制成同样的两分子拷贝。DNA 在高温时由于两条链之间的氢键被破坏也可以发生变性解链，当温度降低后又可以复性成为双链。因此，通过温度变化控制 DNA 的变性和复性，并设计引物做启动子，加入 DNA 聚合酶、脱氧核糖核苷三磷酸就可以完成特定基因的体外复制。该方法优点是简便快速、灵敏度高、节省费用及其对检测样品的要求低。缺点是易出现假阳

性、假阴性，相对其他快速检测法成本较高。在饲料微生物及动物源性成分的鉴定
中应用越来越广泛，常用于饲料中微生物、牛源性成分、羊源性成分检测。牛、羊
源性成分检测是预防"疯牛病"感染、流行、传播的主要手段之一，下面以饲料中
牛、羊源性成分的测定为例介绍样品前处理步骤。

牛、羊源性成分的检测分提取和反应两步。

DNA 提取：首先所取饲料要粉碎，颗粒大小在 0.125 mm 以下；然后进行
DNA 提取，DNA 提取有专门的提取试剂盒，在 DNA 提取中，振荡至彻底悬浮，
且温浴期间离心管底出现沉淀时也要将其振荡至彻底悬浮；在样品的水浴过程中，
要混匀样品 2~3 次；上清液与无水乙醇的体积比为 1:2；空离心后放置数分钟，目的
是将吸附柱中残余的漂洗液去除，漂洗液中乙醇的残留会影响后续的酶反应实验；
洗脱液 TE 的体积不少于 50 μL，体积过小会影响回收效率。

PCR：可利用专门的反应试剂盒按照说明向 PCR 反应管中依次加入缓冲液、
四种脱氧核糖核苷酸混合液、引物溶液（含正向和反向引物）、模板 DNA、Taq
DNA 聚合酶及灭菌水，使反应体系达要求体积，离心后，放入 PCR 仪进行扩增
反应。

4　近红外光谱检测技术

近红外光谱的分析技术与其他常规分析技术不同。现代近红外光谱是一种间接
分析技术，是通过校正模型的建立实现对未知样本的定性或定量分析。利用近红外
光谱分析法对饲料进行检测，其核心技术是定标，即建立光谱与样品检测结果的回
归关系。近红外光谱技术的优点是：分析速度快，分析效率高，分析成本低，测试
重现性好，样品测量一般无须预处理，光谱测量方便，便于实现在线分析，还可以
通过光纤测量恶劣环境中的样品，是典型的无损分析技术。光谱测量过程中不消耗
样品，从外观到内在都不会对样品产生影响。缺点是测试灵敏度相对较低，是一种
间接分析技术，方法所依赖的模型必须事先用标准方法或参考方法对一定范围内的
样品测定出组成或性质数据，因此模型的建立需要一定的化学计量学知识、费用和
时间，另外分析结果的准确性与模型建立的质量和模型的合理使用有很大的关系。
近红外光谱分析法在饲料检测中，最初是用于饲草原料和谷物类原料中水分和蛋白

质含量的检测，随后用于油料作物籽实的水分、蛋白质等的检测，还用于作物及饲料中的油脂、氨基酸、糖分、粗灰分、粗蛋白等常规含量的测定以及谷物中污染物的测定。近红外分析仪对样品前处理要求简单，只需要样品粉碎到一定程度，有些无损模型甚至不需要粉碎样品可直接进行检测。

第 6 章　饲料检测仪器

随着饲料产业的不断发展和科技进步，检测仪器和技术不断更新，检测效率和结果的准确性、可靠性不断提高。本章以目前饲料检测常用及最新仪器为主，从仪器型号特点、工作原理、结构组成、维护与保养、操作规程及注意事项等内容进行介绍。饲料检测常用仪器设备见附表 2。

第 1 节　粗脂肪全自动浸提仪

索氏提取法（Soxhlet extractor method），又名连续提取法，是从固体物质中萃取化合物的一种方法，可用于粗脂肪含量的测定。是国内外公认且普遍采用的经典方法，也是我国粮油分析首选的标准方法。因此，在实验室多采用索氏脂肪提取器来提取。它可广泛地应用于农业、食品、环境及工业等不同领域样品中的粗脂肪的测定。本节以福斯 Soxtec 8000 粗脂肪全自动浸提仪在饲料检测领域应用为例进行介绍。

1　型号特点

福斯 Soxtec 8000 粗脂肪全自动浸提仪由浸提单元、控制单元及附件组成。符合国际及国家标准的索氏浸提方法，检测范围为 0%~100%，重复性为 RSD≤1%，批处理能力为 6 个/批，全自动操作系统，自动关机功能支持过夜操作，可实现所有冷热浸提方法。对不同溶剂可在室温至 285 ℃之间设置不同的浸提温度。每个步骤可单独设置时间，从 0 分钟至数十小时不等，系统中包括独立的浸提单元、控制单元和驱动单元，三级过温保护（145 ℃、210 ℃和 330 ℃），对不同的溶剂采用不同的温度保护。本系统非常灵活，可以使用所有常见溶剂，整个分析过程无须人工值守，装入样品，启动程序即可自动完成。

2　基本原理

采用重量法，用脂肪溶剂将脂肪提出后进行称量。Soxtec 8000 系统基本组件包括一套浸提器、一套控制装置和一套驱动装置。待分析样品在浸提纸筒内称重后装入浸提器，在封闭系统中加入溶剂，通过电子加热板对浸提杯加热。萃取程序包括 4 个步骤：热浸提、淋洗、溶剂回收和预干燥。通常溶剂回收率可以达到 80%以上，每个样品只消耗 16 mL 溶剂。

3　适用范围

本系统适用于各类饲料样品中粗脂肪的提取，同样适用于气相色谱、高效液相色谱分析前的样品制备。

4　操作步骤

4.1　开启仪器

（1）按下控制单元上的电源按钮启动仪器。

（2）按浸提按键 "🔘" 之前使用的程序会显示。

（3）选择程序：根据需要在程序 1~9 间选择一个程序。需要编辑程序的按照程序编辑步骤进行。

① 使用导航键 "🔼 / 🔽" 切换参数列表。

② 按打开键打开已选参数。

③ 使用导航键 "🔼 / 🔽" 增加或减少一个数值。

④ 编辑程序完成后按 "OK" 保存已改参数。

（4）检查超温设置，如果需要调节进行调节（按检查超低温设置进行）。

（5）检查冷却水供应已打开，流速≥2 L/min，温度<25 ℃。

4.2 样品制备与浸提

（1）把适配器装到纸筒，使用纸筒支架在天平上称量样品到纸筒中。如果要进行预干燥，将纸筒转移到纸筒架。当样品准备好可用于浸提，把纸筒放入对接工具。注意：加热板表面可能很烫，防止烫伤。

（2）按下样品向下按键"▨"后装入纸筒。把对接工具放入浸提单元，并把纸筒挂到对应的位置上。放入对接工具。按样品向上按键"▨"提升样品。移走对接工具。

（3）把 6 个经过预干燥和称重的浸提杯放入浸提杯把持器，把浸提杯把持器放入浸提单元。按冷凝器向下按键"▨"使冷凝器和浸提杯紧密贴合在一起被压到加热板上。拉下玻璃门。

（4）把溶剂添加组件连接到溶剂添加接头上，往浸提杯中导入溶剂，溶剂添加转盘上的位置"1"同浸提单元从左开始的第一个位置相对应。当溶剂添加完成后，转动转盘"⊙"到位置"⊗"阀门关闭，断开溶剂添加组件。

注意：添加溶剂后，不要取出溶剂回收瓶，因为一些不易挥发的试剂会掉落到检测溶剂泄漏的传感器上并导致报警。

（5）按控制单元上的开始按键"⟳"来启动程序。当加热板稳定在设定温度时，浸提的第一步开始。系统将按照程序设置来执行全部的动作包括沸腾、淋洗和溶剂回收。浸提过程会在显示屏上显示。

（6）当浸提程序完成后，会发出提示声，冷凝水和加热板会被关闭。

（7）浸提结束后，浸提杯会从加热板上微微抬起，但整个系统仍会处于压紧的状态，以避免剩余试剂蒸发、泄漏到空气中。5 min 后浸提杯将自动松开，当浸提结束后用户可以通过手动操作松开浸提杯。

4.3 取出试剂、浸提杯和纸筒

（1）每次分析后取出并排空试剂瓶，盖紧瓶子的盖子后再放回抽屉内。检查位于抽屉内凹处的传感器（小玻璃球）状态是否正常，小心关闭抽屉。

（2）按冷凝器向上按键"▨"松开浸提杯并连同把持器一起取出。取出浸提杯把持器，可以选择用浸提杯移取工具把浸提杯转移到杯架上。在烘箱中干燥浸提杯。

（3）按样品杆向下按键"▨"降下纸筒。用对接工具取出纸筒。

4.4　关机

关闭仪器开关，关闭冷凝水，检查并清理实验现场，填写仪器使用记录。

4.5　检查超温设置

设定温度和超温保护需要根据使用的试剂来设置，每种溶剂使用前应检查过温保护设置。注意：为了安全起见，建议使用溶剂前检查一下每种溶剂特定的燃点。推荐可用的过温保护设置是依据溶剂的燃点进行的。由于乙醚易燃易爆，在使用乙醚时需要小心处理。不同试剂还要根据室内温度、水温、加热板到浸提杯的热传递效率等因素来调节温度。当使用大或小浸提杯时，设定温度可能要调节±10 ℃。表2-6-1-1列出不同提取试剂温度建议。

表 2-6-1-1　不同提取试剂温度推荐

单位：℃

试剂	浸提温度（铝杯）	超高温（铝杯）	浸提温度（玻璃杯）	超高温（玻璃杯）	燃点
丙酮	110	145	165	210	465
乙腈	145	210	190	330	524
氯仿（三氯甲烷）	110	145	170	210	445
氯仿：甲醇（2：1）	110	—	190	330	—
环己烷	120	145	注（1）	注（1）	245
环己烷：丙酮（1：1）	注（2）	注（2）	185	210	—
二氯甲烷	90	145	150	210	556
乙醚	80	145	注（1）	—	160
乙酸乙酯	130	210	210	330	426
庚烷	注（1）	注（1）	注（1）	注（1）	204
正己烷	100	145	180	210	225
正己烷：甲基叔丁基醚（80：20）	注（2）	注（2）	160	210	—
甲醇	115	145	210	330	463
丁酮	120	330	200	330	515
石油醚（40~60）℃	90	145	160	210	260
石油醚：乙醇（85：15）	95	145	170	210	—

试剂	浸提温度（铝杯）	超高温（铝杯）	浸提温度（玻璃杯）	超高温（玻璃杯）	燃点
甲苯	200	330	270	330	350
三氯乙烯	150	210	235	330	410
二甲苯	200	330	285	330	465

注：（1）不能使用这种类型的浸提杯，因为超温保护会超过试剂燃点。

（2）由于试剂用于环境应用，只针对玻璃浸提杯进行了测试。这种类型浸提杯只能在 6 位系统（120 V）或者 12 位系统（220 V）下使用。

溶剂滴速大约为 3~5 滴/s 时设定的温度是合适的。根据实际的加热板温度来设定超温保护时必须尽可能选择低档位。表 2-6-1-2 展示了对于每挡超温保护设置所对应的设定温度范围。

表 2-6-1-2　不同超温保护的温度设定

单位：℃

超温保护	设定温度	机械切断温度
145	0~120	130
210	121~185	195
330	186~285	300

4.6　程序编辑器

（1）选择列表显示了全部程序。使用导航键"▲/▼"在列表中切换。按"打开"键根据样品需要编辑一个程序。

（2）按打开键打开已选参数。使用导航键"▲/▼"增加或减少一个数值。每个程序的以下参数都可以设置，沸腾时间为 0~99 min；温度为 0~285 ℃；淋洗时间为 0~99 min；回收时间为 0~1 min。

（3）按使用程序键返回浸提菜单启动程序。

（4）按"关闭"键返回程序列表的相应位置。

（5）按"OK"保存已改参数。

4.7　关闭单个加热板

（1）样品不足 6 h，可以选择关闭不用的加热板。使用导航键"▲/▼"来切换加热板位置。

（2）按"更改"键更改已选位置的状态"开/关"。这个设置只会在下一批次运行时生效。下一批次后的程序将返回到默认设置，所有的加热板都会开启。

（3）按"OK"键返回浸提菜单。

5　维护保养

5.1　清洁加热板

取走样品和浸提杯后用一块温水洗过的抹布或海绵擦拭加热，再用一块干布擦干。

5.2　清洁溢出物

用一块湿抹布或海绵来清洁浸提单元和控制单元的溢出物，再用一块干布擦干。

5.3　清洁附件

铝杯可以用中性洗涤剂进行清洗。玻璃滤筒按照以下方法清洗玻璃滤筒。

（1）铬酸洗液浸泡过夜，在蒸馏水中清洗，然后在 105 ℃烘箱中干燥 1 h，再在 （525±15） ℃过夜灰化。取出前在马弗炉中缓慢降温到 250 ℃，放入干燥器冷却到室温。铬酸洗液的配方为 120 g 的重铬酸钠（$Na_2Cr_2O_7 \cdot 2H_2O$），1 600 mL 的浓硫酸（H_2SO_4），1 000 mL 蒸馏水。

（2）用盐酸（15%~20%）冲洗玻璃滤筒直到没有剩余物质残留。在蒸馏水中清洗，然后在 105 ℃烘箱中干燥 1 h，再在 （525±15） ℃过夜灰化。取出前在马弗炉中缓慢降温到 250 ℃，放入干燥器冷却到室温。

5.4　检查管路及连接

检查所有外部管路及连接是否有泄漏或破损，如有泄漏或者破损及时更换。

6　常见故障及处理

（1）控制单元无响应。可能是电源线没有连接。重新连接电源线。

（2）不能开始分析。可能是初始化失败。应重启仪器后分析，如果问题依然存在则联系维修人员。

（3）仪器出现以下警告或错误代码，按照表 2-6-1-3 进行处理。

表 2-6-1-3　常见错误代码及措施

错误代码	可能原因	措施
0：0	浸提单元无连接	应检查连接
0：1	浸提过程中移动了超温设置钥匙	应将其调回正确的设置
0：2	用户终止分析	—
0：3	分析过程中仪器关机或电源故障	应重启仪器，若问题依然存在联系维修人员
0：6	加热板启用，不能开始分析	启用加热板
0：7	两个浸提单元的超温设置不一致	检查确保两个浸提单元的设置一致
0：8	程序温度高于超温设置温度	降低设定温度
0：9	超温设置温度高于选定的程序	降低超温设置温度
0：10	加热板温度高于选定的程序	等待加热板冷却后重试
0：11	温度没有在预定时间内达到	应重启仪器后分析，如果问题依然存在联系维修人员
0：12	回收瓶没有排空	排空瓶子
0：13	试剂添加转盘没有在 0 位	转到 0 位后重试
0：14	分析过程中转动了溶剂添加转盘	—
0：15	不能开始分析，初始化失败	重启仪器后重试
0：16	回收瓶不在位	重新放好瓶子后重试
0：17	浸提杯没有放入	添加溶剂前放入浸提杯
0：18	溶剂添加阀门已达到维护更换周期	更换溶剂添加阀门
2：0 或 3：0	温度超过范围	关闭仪器让其冷却
2：2 或 3：2	水压低	检查冷凝水供应
2：3 或 3：3	超温开关故障	联系维修人员
2：4 或 3：4	加热板的传感器的温度不同	重新分析，若问题依然存在联系维修人员
2：6 或 3：6	检测到超温	关闭仪器自然冷却
2：7 或 3：7	温度不升高	重新分析，若问题依然存在联系维修人员
2：8 或 3：8	超温控制失败	重新分析，若问题依然存在联系维修人员
2：9 或 3：9	检测到溶剂泄漏	关闭仪器，擦干后重新打开仪器。如果问题依然存在，等 10 min 让传感器晾干
2：10 或 3：10	检测到间断的硬件故障	重启仪器，若问题依然存在联系维修人员
2：11 或 3：11	硬件监控失败	重启仪器，若问题依然存在联系维修人员
2：12 或 3：12	冷凝器电机不动	重启仪器，若问题依然存在联系维修人员
2：13 或 3：13	样品杆不动	重启仪器，若问题依然存在联系维修人员
2：14 或 3：14	温度没有升高	检查程序温度，重启仪器，若问题依然存在联系维修人员

第 2 节　全自动纤维分析系统

全自动纤维测分析系统能自动进行纤维的提取，可分析检测酸性洗涤纤维、中性洗涤纤维、粗纤维、木质素等。具有方便、灵活、完全自动化的特点，主要用于农业、纺织业、食品、饲料等领域。本节以 Foss Fibertec 8000 自动纤维分析系统在饲料检测中的应用为例进行介绍。

1　型号特点

Foss Fibertec 8000 自动纤维分析系统，纤维测定的新旧方法均适用，包括分析检测食物和饲料样本中的粗纤维和洗涤纤维。它尤其顾及了系统在日常实验室及在研发工作中的灵活性。该系统配置为浸提系统，含热浸提单元、冷浸提单元；操作附件有 P2 坩埚（6 个/套）、预热管（6 个/套）、坩埚把持器、坩埚架、挡热板、水抽气泵、消泡剂、水桶、洗瓶；检测范围为 0.1%~100%；重复性为 RSD≤1%（纤维含量 5%~30%）；批处理能力为 6 个/批；日处理能力为 36 次/d。该系统可进行样品处理的全过程，如脱脂、酸碱水解、冲洗、过滤等。实验所需试剂和水可在内置的试剂桶中预热。该系统带有正反压力泵，保证样品快速过滤及杜绝样品结块的现象，还有冷却水节水控制功能，可自动开启冷却水。它自动采用化学方式和热水洗涤方式进行，消除了大部分因人为操作引起的误差，确保高准确度。操作步骤简单而程序化，可脱手处理，降低人工成本。

2　基本原理

它采用重量法按照温德法（Weende）测定粗纤维和范氏法（Van Soest）测定洗涤纤维。利用纤维分析系统采用浓度准确的酸和碱，在特定条件下消煮样品，再用乙醇除去可溶物质，后经高温灼烧扣除矿物质的量，所得含量即为粗纤维。同理，酸性洗涤纤维、中性洗涤纤维用不同的化学试剂和热水进行洗涤。当程序时间结束，操作人员只需要取出砂芯坩埚，干燥、称重即可完成整个分析过程。

3 适用范围

该系统适用于各类饲料样品中的粗纤维、中性洗涤纤维、酸性洗涤纤维、纤维素、半纤维素、木质素等的测定。

4 操作步骤

4.1 自动模式下启动热提取装置并分析

（1）检查仪器各部位连接后打开电源。将主电源按钮按压为"on"。仪器开始初始化。

（2）当 R1 温度达到 80 ℃ 时，"START"LED 灯亮起，这将需要 10 min。

（3）在自动模式下设置参数也可以根据需要切换到人工模式。仪器会根据操作人员接入的试剂罐的接头感应器，自动识别进入相应的程序。

（4）将坩埚放到坩埚垫上，悬挂在冷提取装置（CEU）上。使用坩埚座，并在坩埚上扣紧。小心地将 6 个坩埚连同坩埚座送入烤箱中。拉下坩埚柄，取下坩埚座。检查是否会导致坩埚扭曲。将反射器固定在坩埚前面。确认选择或设定参数无误后，开始分析。注意：建议在开始分析之后装好反射器，加热器的亮度可能导致眼睛不适。

（5）分析结束后，一手通过坩埚座撑住所有坩埚。然后另一只手抓住坩埚柄，向自己方向稍微拉动并抬起柄。如此便可移除坩埚。注意：必要时使用无滤器的加热坩埚清洁筒柱。

（6）分析结束后，关闭主机电源，切断电源，清理现场。

4.2 编辑参数

根据国际标准提供了3个默认程序 （CF、ADF 和 NDF）。将根据插入罐显示默认程序。另外提供了 6 个可定制的程序 （CF1~CF6）。

（1）初始程序为 CF。初始屏幕为 R1 参数。

（2）按下"✍"编辑键进入编辑状态。点击左或右移动光标。按上或下键更改相关参数。

（3）再按下右键可跳至 R2 参数，若需回到上个屏幕按左键。

（4）如禁用 6 个位置中的某 1 个，再按下右键可跳至位置禁用"position disable"，若需回到上个屏幕按左键 。通过按下左键或右键，将光标移动到想要禁用的位置。然后按下上键或下键，禁用显示为"_"或启用该位置。

（5）再次按下""编辑退出编辑状态。若需定制程序，按下""编辑进入编辑状态。同上操作。再次按下""编辑退出编辑状态。

（6）按下"开始"两次以开始进行确认分析。

4.3　人工模式

接通电源并切换到人工模式。若 R1 中的试剂低于液面传感器，将跳过 R1 加热，10 min 内直接将水加热到 95 ℃，否则需要 20 min。

（1）按""进入人工模式。按左右移动键将喷嘴移动到目标位置上。按下其他功能键。仪器便执行相应的命令。

（2）按下""编辑键进入编辑状态。在第一个页面中，默认加热器功率为100%。可按下上下移动键或根据需求进行调整。

（3）按右键，下一页即为加热器补偿"Heater Offset"的设置。该功能用于沸点纠正。例如若补偿设为 3，这意味着温度局部沸点减去 3 ℃为临界温度，在该温度时系统将减少加热器供电。

4.4　停止热提取装置

在提取过程中（在倒数计时时）想要中断该过程，按下两次即可停止确认性分析，冷却水和烤箱加热将停止。

4.5　关闭提取装置

当设置时间已过（显示器显示为 00：00）时，加热器关闭，冷却水阀门关闭。排水和冲洗之后，信号周期结束"Cycle over"发出哗哗声，开始"START"LED灯闪烁。若无后续分析待实施，则关闭主电源。用坩埚座移除坩埚。接着处理其他样品之前，检查试剂罐中的试剂量和外部水箱中的水量。

5　维护保养

5.1　清洁表面

（1）使用柔软的湿布擦去烤箱、承滴盘、柱盘等上面的所有溢出物。建议也擦掉试剂罐支架上的所有溢出物。

（2）用 7 mm 扳手旋下顶盖下方的 M4 螺丝。打开顶盖，清洁柱盘。注意：若喷嘴不在"home"位置，应在人工模式下将喷嘴移到正确的位置。

（3）若煮沸筒变脏，在 热提取装置（HEU）中插入 6 个加热坩埚，并使用喷嘴向各筒内注入一些热水。打开顶盖，用瓶刷清洗煮沸筒。

① 将预热坩埚放到坩埚垫上，悬挂在 HEU 上。使用坩埚座，并在坩埚上扣紧。

② 小心地将 6 个预热坩埚连同坩埚座送入烤箱中放好，拉下柄，取下坩埚座。检查是否会导致坩埚扭曲。将反射器固定到坩埚前面。

③ 切换到人工模式。对水预加热 10~20 min 后，按压导航键上的向左或向右按键，将喷嘴移动到筒的任何位置。然后按下"⊕"，用热水喷洒并注入筒中进行清洗。

④ 按下"◉"排出液体。用坩埚座移除预热坩埚。清洁完毕后，可以用于样本的热提取了。

5.2 清洁试剂系统

当系统用了数天之后，建议彻底清洁试剂管。

（1）打开试剂罐抽屉，断开试剂罐的连接并移除试剂罐。将罐中的所有残留去除，用蒸馏水清洗数次。连接罐体并装满蒸馏水。将加热坩埚插入烤箱中。

（2）切换到人工模式，将喷嘴移到筒位的其中一个。按下"【R1】"或"【R2】"，关闭抽屉，启动一个试剂泵。让水冲刷数分钟。同时按下"◉"，对筒进行清洁。注意：更换其他溶液时，使用少量新溶液冲洗系统。让它冲洗一会儿。通过坩埚将液体排走。

5.3 清洁坩埚

（1）对坩埚进行化学和物理清洁。用刷子清洁，然后让自来水流进坩埚中，尽可能除去灰烬。

（2）将坩埚放在铬酸清洗液（120 g 重铬酸钠，1 600 mL 浓硫酸，1 000 mL 蒸馏水）中整夜浸泡。用蒸馏水彻底清洗，在 105 ℃的烤箱中干燥约 1 h。或用盐酸溶液（15%~20%）装入坩埚套管，直到无残留物为止。

（3）用蒸馏水彻底清洗，在 105 ℃的烤箱中干燥约 1 h。

（4）灰烬在隔焰炉中以（525±15）℃ 放置整夜，逐步加热。先让坩埚套管在炉中冷却到约 250 ℃，才能放到干燥器中达到常温。

6 常见故障及处理

警告或错误代码将显示在显示器的右上角，用 W## 或 E## 方式表示。警告采取纠正措施后，分析仍可继续进行。若错误在一些情况下影响到整体程序或安全，包括 E4、E8、E9、E10 和 E19，分析可能停止。常见错误有如下几项。

（1）出现 "W2" 即所有 6 个位置均被禁用。处理方法：至少留一个激活位置供分析用。

（2）出现 "E3" 可能原因：喷嘴不会进入 "home" 位置；home 感应器失效；电机失效；接头失效；污垢感应器失效。处理方法：检查喷嘴位置。

（3）出现 "E4" 可能原因：在自动模式下，当 6 个筒中任意一个未在 6 min 后达到 70 ℃ 时，该错误便会出现；坩埚加热器失效；环境温度过低；感应器失效。

（4）连接失败，处理方法：切换到人工模式并检查加热器，或者检查环境温度，化学实验室的温度以 25 ℃ 为佳。

（5）出现错误代码 "E5" "E6" "E7" 可能原因：加热过程中已添加试剂；温度感应器失效；加热器失效；电源连接失败。处理方法：等待温度上升，或者切换到人工模式并检查加热器。

（6）出现 "E8" "E9" "E10" 可能原因：连接泵失败；泵已损坏；PCB 连接失败。处理方法：联系 Foss 工程师维修。

（7）出现 "W11" 可能原因：若坩埚堵塞，仪器将用反压和排水进行 5 次尝试，若排水仍然不成功，水将添加到该筒中，以指示分析过程中的排水不成功，将跳过所有后续操作，直到完成；排水过程中出现泄漏；真空泵失效；集液器感应器失效。处理方法：检查样本是否制备正确；尝试人工排水；若仍然无效，应将管子直接从筒顶插入筒中，将剩余的溶液从管子泵出；检查泄漏。

（8）出现 "W12" 可能原因：水龙头未出水；压力传感器失效；电磁阀失效。处理方法：开启水龙头。

（9）出现 "W13" "W14" 可能原因：试剂不足；液面感应器失效。处理方法：添加试剂。

（10）出现 "W15" 可能原因：内部水箱中水量不足；液面感应器失效。处理方法：检查外部水箱，添加蒸馏水；等待内部水箱加水；联系 Foss 工程师维修。

（11）出现 "W16" 可能原因：R1 温度未达到；温度感应器失效；仪器连接失败。W16 一般发生在添加试剂后以及出现 W13 后。处理方法：等待直到达到温度。

（12）出现 "W17" 可能原因：试剂抽屉已开；机械开关失效。处理方法：关闭抽屉。

（13）出现 "W18" 可能原因：来自外部水箱的连接管弯曲过度；外部水箱中水量不足；泵失效。处理方法：检查是否过度弯曲；往外部水箱添水。

（14）出现 "E19" 可能原因：出现泄漏。处理方法：关闭电源，找出泄漏处。

（15）出现 "W23" 可能原因：未插入罐，在抽屉右侧插入 ADS/NDS 罐用于 CF 程序。处理方法：改为正确的罐。

（16）出现 "E24" 可能原因：感应器已损坏；连接错误。处理方法：联系 Foss 工程师维修。

（17）出现 "W25" 可能原因：冲洗过程中的水量低于最低液面。处理方法：检查外部水箱；等待加水。

（18）出现 "W26" 可能原因：冲洗前水温未达到（95±3）℃；感应器失效；连接失败；电源失效。处理方法：等待温度上升。

（19）出现 "W27" 可能原因：R2 温度未达到；温度感应器失效；仪器连接失败。W27 一般发生在添加试剂后以及出现 W14 后。处理方法：等待直到达到温度；联系 Foss 工程师维修。

第 3 节　凯氏定氮仪

凯氏定氮仪是根据蛋白质中氮的含量恒定的原理，通过测定样品中氮的含量从而计算蛋白质含量的仪器。因其蛋白质含量测量计算的方法叫作凯氏定氮法，故被称为凯氏定氮仪。可应用于食品、农作物、种子、土壤、肥料等领域样品的含氮量或蛋白质含量的检测。本节以 KjeLtec™ 8400 全自动凯氏定氮仪在饲料检测领域应用为例进行介绍。

1　型号特点

KjeLtec™8400 全自动凯氏定氮仪，消化系统包括消化炉、消化管架、带负压的排废罩，定氮仪系统包括主机、消化管、带有液位传感器的碱桶、水桶、接收液桶、废液桶及消化管夹。

参数配置有以下几项。蒸馏时间为 30 mg N 3.5 min（200 mg N 6.5 min）；蒸馏能力为大约 40 mL/min（100%蒸汽输出时）；测量范围为 0.1~200 mg N；试剂泵体积为 0~150 mL；重复性为 RSD<1%；回收率为 99.5%（1~200 mg N）；滴定器最小滴定体积为 2.4 μL/步；滴定器容量为 35 mL；滴定器速度>0.5 mL/s；试管排废方面，200 mL 可在 10 s 内排空；蒸汽量为 30%~100%。

2　基本原理

该仪器应用的是凯氏定氮原理。蛋白质是含氮的有机化合物，有机物中的铵根在强热及硫酸铜、浓硫酸作用下分解，分解的氨与硫酸结合生成硫酸铵。其在凯氏定氮器中与碱作用，通过蒸馏释放出氨气，收集于硼酸溶液中，用已知浓度的盐酸标准溶液滴定，根据盐酸溶液消耗的量计算出氮的含量，然后乘以相应的换算因子，即可得蛋白质的含量。

3　适用范围

适用于浓缩饲料、配合饲料以及各种单一饲料中粗蛋白的检测。

4　操作步骤

4.1　开机

打开主机电源，点击登录"Login"。

4.2　检查及准备

准备消化管架中的样品；检查冷却水供给；检查碱、接收液、水和滴定剂桶；检查废液桶。

4.3　检查泵和滴定器的加液功能

自检通过，仪器状态正常的情况下可跳过以下步骤。仪器自检不通过时按报错信息提示的错误，对仪器各功能进行故障排除操作。

在工具"Tools"菜单中，点击手动"Manual"按钮；点击打开安全门，放入一个消化管，关闭安全门；点击启动蒸汽发生器，直到在试管中看到蒸汽。点击加水"Add Water"（例如：加水体积约为 30 mL，按"⊙"大概 10~15 次），直到试管中有连续不断的水流加入为止（注意：试管中加液体时不要超过 2/3，防止液体在加热过程中喷出）；点击加碱"Add Alkali"直到试管中有连续不断的碱加入为止；点击加接收液"Add Receiver"直到滴定缸中有连续不断的碱加入为止。

4.4 创建新的批次

创建新批次时可以复制以前做过的批次，复制的批次直接在样品编辑里输入样品质量。也可以新建批次，并选择样品类型，选择消化管架再在样品编辑里输入样品质量。当创建一个新批次时，显示的批次名称是批次号"Batch #"分析类型是凯氏定氮法"Kjeldahl"，程序是最后一次使用的程序。因此，只需要选择样品类型、选择消化管架即可，其余设置均为默认。新的批次一般前 3 个样品设为空白，剩下依次为实验样品。创建新批次及样品的添加方法如下。

（1）按"▦"新建批次，使用"◣◥"导航键查看所有的项目，按"✎"触摸屏可以突出显示选择的项目。按编辑"Edit"样品类型选择样品管架。切换到样品信息按"✚"可在批次中添加一个新样品，按"✎"输入样品质量并保存。

（2）按"🗑"可将批次中的样品删除。当按此键时会出现一个确认窗口，用户需要确认或取消操作。

（3）按"↩"会回到前一页。

（4）按"🏠"查看选择项目的细节。

注意：两次测定空白值之差小于 0.02 %时进行样品测定。

4.5 预定义样品类型

一般情况下仪器安装调试正常后都会设定好常测样品类型，所以我们只需要根据我们这时所测的样品类型选择之前就编辑好的样品类型便可以直接进行下一步了。对于从未做过的样品类型需要预定义样品类型，例如该仪器以前只检测饲料，现在需要检测牛奶，我们就要增加牛奶样品类型，这个步骤称为预定义样品类型。如果要定义新的样品类型按以下操作进行。

（1）在分析数据图标里选择"▮"点击进入，点击"◖◗◙"导航键查看所有的样品类型，按触摸屏可突出显示选择的项目。点击"▣"新建添加一个新样品类型。点击"✎"打开和编辑一个选择的样品类型。例如：样品名称输入牛奶，并输入牛奶相对应的换算系数 6.37。编辑完成点击保存图标即可。

（2）此过程需要返回时按"↩"返回到前一个视图。

（3）点击"▥"删除一个选择的样品类型。

4.6 选择或创建新的消化管架

一般情况下消化管家类型我们只需要进入选择"20 rack，400 mL"就可以了，20 表示该批次最多可以测定样品数 20 个，400 mL 表示样品管最多可以加的液体总量。这个根据加入碱液，水的量设置好后不会发生变化，如果没有定义则按照以下操作进行：在分析数据图标里选择"▮"点击进入，按"◖◗◙"导航键查看程序中的所有项目，按触摸屏可突出显示选择的项目。按"✎"可对项目进行编辑。样品数量最多可设为 20，液体容积根据碱液和水的加入量不能小于二者之和。编辑完成点击保存图标即可。按"↩"可回到前一个视图。

4.7 注册批次

检查新建批次无误时，按注册"Assign"将新建的批次在仪器中注册。一般默认在第一个，注册的批次在注册栏内会标记"A"。

4.8 开始分析

按"◉"开始分析新建批次。没有自动进样器时每个样品分析完，仪器停止后需要手动更换样品管。

注意：一定要使用样品管夹子或者戴上隔热手套，防止样品管将手烫伤。

4.9 结束分析清洗仪器

分析结束后，选择清洗程序"cleaning"对仪器进行清洗 2~3 遍，取下样品管，手动关闭安全门。

4.10 关机

点击退出登录"Log out"，关闭主机电源。

5 期间核查

5.1 开机

打开主机电源，点击登录"Login"。

5.2 检查及准备

打开冷却水供给开关，检查碱、接收液、水和滴定剂桶，检查废液桶，检查泵和滴定器的加液功能。

5.3 清洗程序

使用前对仪器清洗 2~3 次，将管路中残存的氮冲走，然后按下列顺序进行：点击"▣"分析—快速分析—选中程序—点击"▰"—选"Cleaning"—点击"▤";选中预定义样品类型—点击"▰"—选"Blank"—点击"▤";选中样品量—点击"▰"输入 0.0000—点击"▤"—点击"◉"。

5.4 空白试验

点击"▣"分析—快速分析—选中程序—点击"▰"—选"Siliao"—点击"▤";选中预定义样品类型—点击"▰"—选 Blank—点击"▤";选中样品量—点击"▰"输入 0.0000—点击"▤"—点击"◉"。

注意：两次测定空白值小于 0.2 mL 时进行样品测定。

5.5 回收率测定

（1）称取 0.2 g（精确至 0.000 1 g）硫酸铵于反应管中，待上机测定样品。

（2）点击"▣"分析—快速分析—选中程序—点击"▰"—选饲料—点击"▤";选中预定义样品类型—点击"▰"—选"Recovery"—点击"▤";选中样品量—点击"▰"输入硫酸铵准确质量—点击"▤"—点击"◉"。

注意：测定结果在 99.5%~100.5 % 之间，符合规定，可以继续使用。

5.6 清洗程序

选择清洗程序将仪器清洗 2~3 次后，取下消化管并关闭安全门。

5.7 关机

关闭仪器及电源，清理现场，填写仪器期间核查记录。

6　维护保养

6.1　蒸汽清洁

打开安全门，在仪器中放入一个消化管。在手动菜单中使用加水功能，添加150 mL 水到试管中。使用启动蒸汽功能，持续 5 min 以清理系统，停止蒸汽。将消化管移出，倒掉内容物。注意：可用消化管排空功能进行排空。下压蒸馏头把手，取出安全门。用温水清洁，然后用软布擦干。重新装回各个部件。

6.2　清洁消化管接头

打开安全门，用湿布或海绵擦洗掉接头上的残留物。

6.3　清洁溢出物

用潮湿的软布或海绵擦拭仪器上的溢出物。

6.4　检查滴定缸

检查滴定缸内是否有残留物。如果有，可抬起搅拌器，将其移出滴定缸，放置在固定支架上。用试管刷和温水小心地清洁滴定缸。

6.5　检查安全功能

检查安全功能可在仪器上进行下列测试。

（1）在分析运行过程中，打开安全门（用手旋转）。检查运行中的分析是否停止，屏幕上出现一个警告信息。注意：仪器的安全门是自动的，需要用力旋转才能打开。

（2）不放消化管在仪器中，然后启动一次分析。检查分析是否不能开始，并出现警告信息。

（3）开始分析后，停止供给冷却水。检查蒸汽是否停止加入，并出现警告信息。

6.6　检查试剂桶

检查试剂桶是否有裂缝或裂口。如有损坏，应更换新桶。检查是否有试剂结晶堵住桶盖上的空气孔。如果有堵塞，可用温水清洗桶盖直到没有结晶残留。

6.7　检查消化管

检查消化管边缘是否不平、有裂纹和缺口。消化管的此类损伤会在消化管与橡皮接头处产生泄漏，从而导致分析回收率的损失；检查消化管底部是否有碎纹和星状裂痕，它会导致意想不到的炸裂，伤及操作者并损坏消化与蒸馏系统；为安全起见，应更换新管。

6.8 清洁碱泵

用温水清洁碱桶。在碱桶中注入约 2 L 40℃ 的蒸馏水，然后连接到仪器上。将蒸馏管就位，运行几次加碱程序，泵出残余的碱。按照通常的废液处理程序排空试管内的溶液。放入 1 根新的蒸馏管。运行几次加碱程序，用温水冲洗碱液传送系统。

6.9 清洁蒸馏头

将大约 25 mL 的蒸馏水和同体积的冰醋酸倒入 1 个消化管中。将此管放入仪器中，运行蒸汽开程序 5~10 min，停止蒸汽。放入另 1 个盛有 100~125 mL 蒸馏水的消化管，继续蒸馏 5 min。如此操作至少 3 次，以除去系统中残余的酸，以防其影响后面的分析。

6.10 清洁接收液传送系统

可按照和清洁碱泵同样的程序清洁接收液传送系统。

6.11 检查消化管接头

打开安全门，从仪器上取下消化管接头。检查消化管接头的内部和外部是否有刮伤和裂纹。同时检查橡皮是否硬化。如果有需要更换消化管接头。

7 常见故障及处理

（1）不能计算结果。当量浓度没有正确设置。应输入正确数据，且当量浓度不能为0。

（2）从文件读取批次失败。存储卡传送数据失败。系统忙，重试操作或是文件被破坏，应从仪器中删除批次。

（3）时间列表已满，尾部的事件将被舍弃。事件的存储有限，应确认信息并继续操作。

（4）没有储存的空白值，按"OK"开始。如果空白是 0 会出现提示，如果可以接受点击"确认"即可。

（5）桶中液位过低或过高。当前样品完成后会停止分析。桶低或高液位传感器被激活，应充满或排空桶。如桶中液位传感器故障，更换部件。

（6）馏出液温度高，高于 45 ℃。按"OK"中断分析，检查冷却水是否开启。

（7）不能探测到安全门传感器。安全门传感器故障，检查安全门上的磁铁是否正常。

（8）向文件写入数据失败。存储卡传送数据失败。系统忙，重试操作或是文件写满，应从仪器中删除批次。

（9）显示正在使用滴定旁路。应将蒸馏终点方式改为时间。

第 4 节　原子吸收分光光度计（ZEEnit700P）

原子吸收分光光度计是分析化学领域中一种极其重要的光谱分析仪器，目前原子吸收已成为金属元素分析的强有力工具之一，原子吸收光谱分析，由于其灵敏度高、精密度高、干扰少、分析方法简单快速的特点，在许多领域都作为标准分析方法。广泛用于石油产品、瓷器、农业样品、药物和涂料样品中金属元素的检测。本节以德国耶拿 ZEEnit700P 原子吸收光谱仪在饲料样品检测中的应用为例介绍。

1　型号特点

德国耶拿 ZEEnit700P 原子吸收光谱仪，由光谱仪主机、石墨炉自动进样器、分析系统、计算机控制和数据处理系统、超静空气压缩机、循环水冷却系统、电脑、打印机组成。仪器含火焰原子化系统和石墨炉原子化系统，两系统能自动切换；光栅刻线密度为 1 800 条/mm；灯座为 8 灯座；波长范围为 185~900 nm；石墨炉加热方式为横向加热；石墨炉工作温度为室温到 3 000 ℃；升温速率为 3 000 ℃/s；扣背景方式为氘灯和塞曼扣背景；火焰代表元素检测指标为 Cu 特征浓度≤0.035 mg/L，检出限≤0.005 mg/L，RSD≤0.5%；石墨炉代表元素检测指标为 Cd 特征浓度≤0.035 μg/L，检出限≤0.01 μg/L，RSD≤2%；石墨炉系统配置直接固体样品进样系统。

2　基本原理

仪器从光源辐射出具有待测元素特征谱线的光，通过试样蒸气时被蒸气中待测元素基态原子所吸收，用辐射特征谱线光被减弱的程度来测定试样中待测元素含量。

3 适用范围

适用于各种饲料样品中铬、镍、铜、锰、钼、钙、镁、铝、镉、铅等元素含量的检测。

4 操作步骤

4.1 火焰法

4.1.1 开机

（1）打开乙炔气及氩气。调节乙炔气体减压阀使气体出口压力在 0.1~0.15 Mpa。

（2）打开空气压缩机、原子吸收主机及计算机电源，等待仪器完成初始化。双击软件图标，进入软件应用界面。

（3）"测量技术"选择"火焰"，点击"初始化"。进入仪器初始化过程。初始化之后，点击"OK"，仪器开始进行初始化，当所有界面都显示彩色后，进入软件分析界面。

（4）点击光谱仪器图标，然后点击"Lamp turret"，设置灯架 8 个空心阴极灯的元素（注：选项 HCL—空心阴极灯；S-HCL—氘灯；MHCL—多元素灯；S-MHCL—多元素氘灯，一般只使用 HCL 空心阴极灯）。注意：该步骤设置好后为默认，一般情况下不改变，空心阴极灯需要不通电时事先安装好禁止带电更换空心阴极灯。

4.1.2 建立方法

点击"方法"，点击"添加"，选择要测定的元素及谱线，点击"OK"。点击"评估"，根据需要设置扣背景方式及积分时间。点击"火焰"，设置燃烧头类型为 100 mm。点击"校正""校准功能"下拉菜单选择"线性方程"。点击"浓度"输入标准曲线点数和相应的标样浓度值，例如 5 个点标准值浓度 1，2，3，4，5，校正零点值为"0"，输好值后点击"OK"。点击"统计"，设置好样品和标准重复次数。点击"保存"命名方法，点击"OK"。

4.1.3 光谱仪器

点击"数据"，点击"来源"，选择要检测元素，例如，Cu324，点击"设置"，"能量"，点亮要使用的灯，同时预热下一个测定元素灯，如需要进行自动增益控制，使能量值在限定范围内。

4.1.4　分析序列

依次点击"添加"，点击"载入方法"，点击"接受"；点击"校正"，点击"接受"；点击"特殊动作"，选择"显示标准曲线"，点击"接受"；点击"样品"，输入样品的个数后点击"OK"。如保存序列，点击保存，输入序列名字后"OK"。注意：为减少管路残存，检测值越测越高，建议每个样品后都插入"自动归零"。

4.1.5　火焰

（1）点火：点击"测试空气"和"测试燃气"，如果没问题，则点火，将进样吸管放入纯水，关闭对话框。

（2）雾化器优化：（调用优化好的方法时不需要此操作）假设测定 Cu 元素，将 1 mg/L 的 Cu 标准液准备好；火焰点燃后，点击手动优化，进入手动优化界面；点"设置"找到 Cu 的谱线，点开始，并将进样管插入 1 mg/L 的 Cu 标准液中，松开雾化器前面的外螺母（1），旋转后面大的螺母（2），先逆时针旋转，直到吸光度降到很低或有气泡从进样管吹出，再顺时针旋转，观察吸光度变化，当吸光度下降时再逆时针调节，至吸光度接近最大且相对较稳定，然后锁紧前面的螺母。也可调节撞击球的相对位置（上下和左右位置），直到找到吸光度最大且相对较稳定的状态。点"优化"，其值将自动保存在方法中，并重新保存方法。

（3）火焰优化：（调用优化好的方法时不需要此操作）如果需对所测元素进行火焰优化，则点"自动优化"，选择待测元素，并点"开始"，优化完后点"保存"优化结果，以便以后使用，点"接受"，其值将自动保存在方法中，并点方法再重新保存一下方法即可。

（4）关闭：点击关闭退出火焰操作界面。

4.1.6　运行分析序列

点击左上角的"运行分析序列"按钮，运行分析序列，点击"OK"。标准曲线 R>0.999 才可以继续测样品。标准曲线满足要求后将样品按照提示依次插入相应的溶液中，直至分析序列结束。注意：序列运行过程中尽可能多更换清洗液。

4.1.7 数据保存及打印

点击"数据"打开数据打印界面，点击 "报告模板"，点击"方法结果"，打印所需要的数据。

4.1.8 关机步骤

（1）清洗：样品做完后，先把进样管放到 1%硝酸溶液冲洗 5 min，然后把进样管放到高纯水中冲洗 5 min，最后把进样管拿出在空气中空烧 2 min。

（2）熄火：点击"火焰"，熄灭火焰或关闭乙炔气瓶总阀烧掉管内残留气，让火自动熄灭，以燃尽管路中残余乙炔气体。

（3）关机：退出软件；关闭主机电源；关闭计算机及电源。断开空气压缩机电源，排空空压机内的压缩空气。

（4）关气：关闭乙炔气瓶总阀。清理现场，填写使用记录。

4.2 石墨炉法

4.2.1 开机

打开氩气。调节气体减压阀使气体出口压力为 0.6 Mpa 左右。打开原子吸收主机及计算机电源，等待仪器完成初始化。双击软件图标，进入软件应用界面。"测量技术"选择"石墨炉"，点击"初始化"，再点击"OK"。

4.2.2 自动进样器的调节

（1）点击"自动进样器"选择清洗方式和清洗次数。

（2）点击上面的"Techn.parameters"，然后先点击初始化，再进入 MPE 调节，点击"Align MPE to furnace"，将进样针出来的长度设定在大约 8 mm，从石墨炉上取出烟窗，将十字调节工具放在石墨炉上，然后点击"Next"。

（3）切记在这一步"Left"和"right"只是粗调针尖离十字孔的位置的，要完全调整到位，必须使用自动进样器上的左右和前后螺丝进行仔细地调整。应注意：先调前后，再调左右，切记偏左调左，偏右调右，如果调不动要适当地松开对面的螺丝。调好后点击"下一步"。

（4）这时自动进样器回到初始位置，此时取出十字工具，重新放入烟窗，然后点击"下一步"。

（5）针尖已到石墨炉进样口位置，先松开进样针上面的螺丝，然后将进样管向下插到顶在石墨管底部，此时在摄像头中就可以看到针尖已经进入（如果看不到针，则点击"取消"重新调整），确认看到针后，将刚刚松开的螺丝拧紧，然后点击"下一步"。

（6）调整针尖与石墨管底的高度，调整上下箭头一般为-0.375 或-0.5，调好后点击"完成"结束调整工作。可再检查一下进样针出来的长度是否约 8 mm，如果不是 8 mm 则重复上面的调整步骤。然后按照步骤调整到结束，此时不需要放十字工具。

（7）如果需要调整进样针插入样品杯的深度，光标要放在要调整的样品杯这行，如果调整特殊杯的深度则将光标放在第 2 行特殊杯位置再点击上下箭头，原则以进样针套管不接触样品杯内的液面为好。

（8）如果想调整进样针在管内的深度可直接将第 5 行"进样针"行点蓝，再调整"深度"处的上下箭头到自己想设的深度。

（9）如果想打开石墨炉，点击左侧"石墨炉"出现石墨炉界面后，在上面界面中点击"控制"，并点击"打开石墨炉"即打开石墨炉了。点击关闭键关闭石墨炉界面。

4.2.3 建立方法

点击"方法""添加"，选择要测定的元素及谱线，点击"OK"；点击"评估"，根据需要设置扣背景方式及积分时间，选择"磁场模式"；点击"石墨炉"，编辑升温程序，设置灰化温度、原子化温度，基体改进剂等；点击"校正"，在"校正模式"下拉菜单选择"非线性方程"。储备液，手动输入，点击"OK"，输入名称及位置。"浓度"输入标准曲线点数和相应的标样浓度值点击"关闭"。校正零点值为"1""标准校正""稀释位置 PP"，"校正零点 PP"，点击"OK"；点击"统计"，设置好样品和标准重复次数。然后点击"保存"，为其命名，点击"OK"。

4.2.4 光谱仪器

点击"数据"，然后点击"来源"，例如测铜，选择 Cu324，"设置""能量"，点亮要使用的灯，如需要进行自动增益控制。

4.2.5 分析序列

依次点击"添加""载入方法""接受""校正""接受""特殊动作"，"显示标准曲线""试剂空白""接受""样品"，输入样品的个数，点击"OK"。如保存序列，点击保存，输入序列名字后点击"OK"。

4.2.6 运行分析序列

运行分析序列依次点击"石墨炉""控制""开始""OK"。点击左上角的双箭头运行分析序列，点击"OK"。标准曲线 R>0.99 才可以继续测样品。

4.2.7 数据打印

数据打印依次点击 "数据""报告模板""方法结果""改变"，然后打印相关数据。

4.2.8 关机步骤

（1）清洗：样品做完后，先把进样管放到 1%硝酸溶液喷 5 min；然后把进样管放到高纯水喷 5 min，最后把进样管拿出在空气中空烧 2 min；

（2）关机：退出操作软件系统，等到关灯显示时钟结束后再关闭主机电源，关闭电源总开关。

（3）关气：关闭氩气，清理现场，填写使用记录。

5 期间核查

5.1 核查内容

考证该仪器基线稳定性、检出限、重复性、精密度。

5.2 运行准备

接通电源，打开气瓶，打开空气压缩机、启动主机、电脑、软件；设置参数，平衡系统，确定状态，分析测试。

5.3 检查方法

5.3.1 基线稳定性

在 0.2 nm 光谱带宽下，按照测铜的最佳火焰条件，点燃乙炔/空气火焰，吸喷二次去离子水，10 min 后，用瞬时测量方式，或时间常数≤0.5 s，波长 324.7 nm，记录 15 min 内零点漂移（以起始点为基准计算）和瞬时噪声（峰-峰值）。15 min

零点漂移吸光度不超过±0.008，瞬时噪声吸光度≤0.006。

5.3.2　灵敏度

将仪器各参数调至正常工作状态，用空白溶液调零，用浓度为 0.0、0.5、1.0、3.0 μg/mL 铜标准溶液，对每一浓度点分别进行 3 次吸光度测定，取 3 次测定的平均值后，按线性回归法求出工作曲线的斜率（b），即为仪器测定铜的灵敏度（S）。

5.3.3　检出限

在与灵敏度测定同样的仪器条件下，对空白溶液进行 11 次吸光度测量，计算标准偏差（SD），计算出检出限，检出限≤0.02 μg/mL。

5.3.4　精密度

在与灵敏度测定同样的仪器条件下，选择 1.0 μg/mL 铜标准溶液进行 7 次测定，求出其相对标准偏差（RSD），即为仪器测铜的精密度，精密度≤1.5%。

6　维护保养

（1）应保持空心阴极灯灯窗清洁，不小心被沾污时，可用酒精棉擦拭。

（2）定期检查供气管路是否漏气。检查时可在可疑处涂一些肥皂水，看是否有气泡产生，千万不能用明火检查是否漏气。

（3）在空气压缩机的送气管道上，应安装气水分离器，经常排放气水分离器中积存的冷凝水。冷凝水进入仪器管道会引起喷雾不稳定，进入雾化器会直接影响测定结果。

（4）经常保持雾室内清洁、排液通畅。测定结束后应继续喷水 5~10 min，将其中残存的试样溶液冲洗出去。

（5）燃烧器缝口积存盐类，会使火焰分叉，影响测定结果。遇到这种情况应熄灭火焰，用滤纸插入缝口擦拭，也可以用刀片插入缝口轻轻刮除，必要时可用水冲洗。

（6）测定溶液应经过过滤或彻底澄清，防止堵塞雾化器。金属雾化器的进样毛细管堵塞时，可用软细金属丝疏通。对玻璃雾化器的进样毛细管堵塞，可用洗耳球从前端吹出堵塞物，也可以用洗耳球从进样端抽气，同时从喷嘴处吹水，冲出堵塞物。

（7）不要用手触摸外光路的透镜。当透镜有灰尘时，可以用洗耳球吹去，也可以用软毛刷扫净，必要时可用镜头纸擦净。

（8）单色器内的光栅和反射镜多为表面有镀层的器件，受潮容易霉变，故应保持单色器的密封和干燥。不要轻易打开单色器。当确认单色器发生故障时，应请专业人员处理。

（9）长期使用的仪器，因内部积尘太多有时会导致电路故障；必要时，可用洗耳球吹净或用毛刷刷净。处理积尘时务必切断电源。长期不使用的仪器应保持其干燥，潮湿季节应定期通电。

7　常见故障及处理

（1）仪器不能正常联机，数据线松动或断路等造成接触不良；电脑或操作软件问题。

（2）波长扫描无能量，元素空心阴极灯安装错误；光斑没对准备光孔；仪器受振动或挪动；负高压太低。

（3）扫描能量负高值压偏高，元素灯偏离最佳位置；光路聚光透镜受污；元素灯老化。

（4）无吸光度，标液配置出错；燃烧头位置偏离；没有产生雾化效果；仪器信号处理本身问题。

（5）吸光能量不稳定、标样曲线相关性不能满足要求、测量重现性不好，所用的测量水质纯度达不到测量要求；标样配制出错；乙炔不纯；雾化器雾化效果不佳；雾化器发生堵塞，吸样慢或不能吸样；燃烧头发生堵塞；供应电压不稳定；空气或乙炔的压力不足或漏气；样品中含有结晶体。

（6）测量值偏离实际值，样品前处理不当，标准配置出错。

（7）仪器产生回火，废液管没有水封，违反操作规程，仪器漏气。

第 5 节　双道原子荧光光度计

原子荧光光谱分析是新型光谱分析技术，它具有原子吸收和原子发射光谱两种技术的优势并克服了其某些方面的缺点，具有分析灵敏度高、干扰少、线性范围宽、可多元素同时分析等特点，是一种优良的痕量分析技术，被广泛用在卫生防疫检疫部门食品检验、城市给排水系统水质检验、环境样品检验、临床体液及毒理病理检验、药品检验、化妆品毒性检验、地质普查、农产品检验等领域，本节以北京吉天 AFS-9330 双道原子荧光光度计在各类饲料样品中的检测为例进行介绍。

1　型号特点

北京吉天 AFS-9330 双道原子荧光光度计，由顺序注射泵进样系统、自动进样器、屏蔽式石英原子化器、化学气相发生气液分离装置、捕集阱装置、气路报警系统、全密闭新型光源系统、软件操作系统、电脑、打印机组成。检出限（DL）方面，砷、硒、铅、铋、锑、碲、锡 DL<0.01 μg/L，汞、镉 DL<0.001 μg/L，锗 DL<0.05 μg/L，锌 DL<1.0 μg/L，金 DL<3.0 μg/L；相对标准偏差 RSD<1%；线性范围大于 3 个数量级；全自动顺序注射泵进样系统，采用 80 或 160 位极坐标式自动进样器；可单标准自动配置标准曲线、在线自动稀释高浓度样品、在线自动加还原剂（掩蔽剂）等试剂；集束式脉冲供电方式；低温自动点燃氩-氢火焰，屏蔽式石英原子化器；化学气相发生气液分离装置；具备氢化物发生原子荧光测量尾气中有害元素的捕集阱装置；气路自动控制、自动保护、自动报警系统；全密闭新型光源系统；支持 10 个样品空白和 10 个管理样校正；形态分析部件和相关操作系统，即可进行砷、硒、汞、锑等元素的形态分析，且砷和硒形态可双道同测。

2　基本原理

原子荧光是原子蒸气受具有特征波长的光源照射后，其中一些自由原子被激发跃迁到较高能态，然后去活化回到某一较低能态（常常是基态）而发射出特征光谱的物理现象。当激发辐射的波长与产生的荧光波长相同时，称为共振荧光，它是原子荧光分析中最主要的分析线。另外还有直跃线荧光、阶跃线荧光、敏化荧光、阶跃激发荧光等。各种元素都有其特定的原子荧光光谱，根据原子荧光强度的高低可测得试样中待测元素含量，这就是原子荧光光谱分析。固态、液态样品在消化液中经过高温加热，发生氧化还原、分解等反应后样品转化为清亮液态，将含分析元素的酸性溶液在预还原剂的作用下，转化成特定价态，还原剂 KBH_4 反应产生氢化物和氢气，在载气（氩气）的推动下氢化物和氢气被引入原子化器（石英炉）中并原子化。特定的基态原子（一般为蒸气状态）吸收合适的特定频率的辐射，其中部分受激发原子在去激发过程中以光辐射的形式发射出特征波长的荧光，检测器测定原子发出的荧光而实现对元素测定的痕量分析方法。

3 适用范围

适用于各类饲料样品中包括重金属在内的砷、硒、铋、汞、碲、锡、锗、铅、锌、镉、金等元素进行痕量分析。

4 操作步骤

4.1 开机

打开氩气，次级压力调至 0.3 MPa，打开排风，更换所测的元素灯。依次打开计算机、仪器主机和顺序注射的电源。观察元素灯是否被点亮，若不亮用点火器激发至亮（特别是汞灯）。将调光器放在原子化器上，将灯光斑调至中心后，取下调光器。

4.2 运行

4.2.1 打开软件

待仪器复位后，双击 AFS-9330 软件图标，进入软件后，在自检窗口点击"检测"，待仪器自检测试完全通过后，点击"返回"，退出自检画面，进入程序主界面。

4.2.2 点火

点击"点火"，将原子化器炉丝点亮。

4.2.3　选择元素

点击"元素表",进入元素选择画面,软件自动识别 A、B 道元素灯的种类,也可点击"手动设置",人为选择关闭不测的元素灯。点击"重测"按钮,可重新判别元素灯。元素灯设置好后,点击"确定"按钮,退出该画面。

4.2.4　方法

如建立新方法,可选择打开"文件"菜单中的"新建";如调用以前的方法,可选择"文件"菜单中的"打开"以打开以前保存的方法。

4.2.5　设置条件

点击"仪器条件"进入仪器条件设置画面,选择各项条件。点击其中的"测量条件"选择重复测量次数和有效测量次数,选择是否启用超出曲线范围自动清洗功能,其他选项建议用默认值。再点击其中的"标准空白和 text", 选择空白判别值(预热时输入 0,测量时输入 4~8)。选择标准空白位置,再点击其中的"稀释选项",选择稀释溶液和是否需要自动稀释,之后点击"确定"。

4.2.6　设置标准

点击"标准系列"出现输入窗口,选择是否需要自动配制,输入标准系列各点浓度值及位置号(不输零点),之后点击"确定"。

4.2.7　分析序列

点击"样品参数"出现输入窗口,点击其中的"添加样品"出现输入窗口,输入各个选项(注:稀释因子为重量与体积比或体积与体积比,位置号为样品起始位置号),点击"确定"。添加样品后可点击样品表内的任何一项,再点击"属性修改"出现对话框后,可以做个别修改(如不同的样品选用不同的样品空白)。再点击"样品空白"出现输入窗口,复选所用的样品空白号和输入对应的位置号之后确定。最后点击"返回"。注意:标准空白、标准系列、样品空白、样品的位置号不要重叠。

4.2.8　保存序列

点击"测量窗口",再点击其中的"检测"按钮后出现"另存窗口",输入文件名和保存位置后点击"保存"。

4.2.9 运行序列

点击"预热"按钮开始运行预热。一般仪器预热 20 min 后自动停止；如果停止后稍长时间不测样，需再预热数分钟。在主机中的水封中加入约 1 mL 纯净水。在自动进样器载流槽中倒入 3 cm 以上的载流。将蠕动泵压块压上，准备好所用的试剂并码放好样品，左注射器进载流，右注射器进还原剂，点击"检测"按钮开始正式测量。

4.2.10 数据

测量过程中可急停、重测、选择开始位置及改变测量顺序，测量后可查看或打印数据、报告和工作曲线。

4.3 关机

4.3.1 清洗

检测完毕，先点"重做空白"清洗进样管路 1~2 次，然后将左、右两个注射器的进液管放入载流中点击"清洗程序"清洗 3~4 针，然后放入纯水中，清洗 10~15 针。

4.3.2 熄火

点击"熄火"，关闭氩气，打开蠕动泵的压块，放松泵管。

4.3.3 关闭软件

退出软件，关闭仪器主机电源，关闭打印机和计算机电源，关闭通风机电源。

4.3.4 清理现场

清理自动进样器、样品盘和操作台，填写仪器使用记录。

5 期间核查

5.1 核查内容

仪器部件、气路、稳定性、标准曲线绘制及线性相关性、检出限、精密度、重复性。

5.2 运行准备

接通电源，打开气瓶，启动主机、自动进样器、电脑、软件；配制载流剂和还原剂；设置参数；平衡系统，确定状态，分析测试。

5.3 检查方法

5.3.1 检查仪器

检查仪器及附件的所有紧固件应紧固良好，连接件应连接良好，运动部件应平稳，活动自如，仪器的开关、按键能正常工作，由键盘输入指令时，各相应的功能应正常。

5.3.2 调试仪器

稳定性开机后，点亮砷灯，灯电流调至 50 mA，负高压置于 250 V 左右，预热 30 min 后，进行空白测量，荧光强度初始值在 200 左右，连续测 30 min，仪器的稳定性（最大漂移量除以初始值）应小于 3%。

5.3.3 绘制标准曲线

将仪器各参数调至最佳状态，用 0.7% 的硼氢化钠加 0.35% 的氢氧化钠作还原剂（以下各项均用此还原剂），2% 的盐酸作载流测量砷标准溶液，仪器自动稀释成梯度浓度测量，计算出相关系数（应大于或等于 0.998）。

5.3.4 计算标准偏差

仪器达到最佳状态，绘制完标准曲线，在相同的条件下，对空白溶液连续进行 11 次荧光强度测量，仪器自动算出其标准偏差。

5.3.5 计算检出限

仪器自动计算检出限 DL，DL ≤ 1.0 μg/L。

5.3.6 计算相对标准偏差

仪器达到最佳状态，绘制完标准曲线，测完 11 次空白溶液，在相同的条件下，对浓度 40 ng/mL 的砷标准溶液连续测量 7 次，仪器自动算出其相对标准偏差，RSD ≤ 5%。

5.4 关机

按照关机步骤进行关机，并清理现场。按照要求填写期间核查运行记录。

6 维护保养

（1）在仪器测量前，一定要开启载气。检查原子化器下部去水装置中水封是否合适。可用注射器滴管添加蒸馏水。一定要注意泵管无泄漏，定期向泵管和压块滴加硅油。

（2）实验时注意在气液分离器中不要有水，以防溶液进入原子化器。

（3）在测试结束后，一定在空白溶液杯和还原剂容器内加入蒸馏水，在顺序注射系统页面运行仪器清洗程序，然后排干管路中的液体，关闭载气并打开压块，放松泵管。

（4）更换空心阴极灯时，一定要在主机电源关闭的情况下。不得带电插拔灯。

（5）自动进样器运行时，X、Y 向机构的导轨要润滑，润滑油采用机油或硅油。自动进样器的 Y 向机构的导轨外露，要注意防尘。当自动进样器 X、Y 向机构的导轨的润滑油干涸或飘尘落在轴上形成油泥时，应擦拭导轨并上润滑油。汞、锑灯，特别是双阴极灯和新灯，预热的时间要长些。

（6）当气温低及湿度大时，汞灯不易起辉，可以用两种方法解决。

（7）开机状态下，用绸布反复摩擦灯外壳表面，使其起辉；用随机配备的点火器，对灯的前半部放电，使其起辉。

（8）调节光路的原则，要使灯的光斑照射在原子化器的石英炉芯的中心的正上方，要使灯的光斑与光电倍增管的透镜的中心点在一个水平面上。

7 常见故障及处理

7.1 避免检测用水污染

原子荧光光度计使用的水如果不纯净，含有少量的被测元素，会导致荧光强度增高。解决方法：使用二次去离子水或高纯蒸馏水，并将所用的水保存在惰性塑料容器中，取用时用硅胶管量取。因为有些玻璃器皿可能含有少量的砷、锑等元素，容易造成污染。

7.2 避免检测用酸污染

所使用的盐酸中汞的含量过高，造成荧光强度值增高。解决方法：在测定过程中，如发现空白值过高，应及时检查所使用的盐酸是否含有被测元素。在盐酸中一般都存在着一定含量的汞，要求选用优级纯的盐酸。在购买盐酸时，要购买正规厂家生产的优级纯的盐酸，并保证储液瓶不被污染。

7.3　灯电流过高

负高压和灯电流高，会导致荧光强度增大。解决方法：从 250 V 开始向上调节负高压，从 45 mA 开始向上调节灯电流，使空白荧光值在正常范围。

7.4　防止管路漏气

管道连接处有漏气。若管道连接处有漏气，会使测量结果重复性不好。解决方法：检查气液分离系统中管道连接处仪器背面氩气管道接口处是否漏气。可将肥皂水放在管口连接处，如有肥皂泡产生，则有漏气现象。检查水封中的水是否足够，如果水封中没有水或水不够多，氢化物气体就会从加水口漏出。

7.5　空心阴极灯位置不当

空心阴极灯位置没调好将直接影响测定分析的灵敏度和重复性。解决方法：调整空心阴极灯位置，使空心阴极灯发射出的光束经聚光镜汇聚在石英炉原子化器火焰中心准确位置。

7.6　原子化器高度不合适

原子化器高度（光束离开石英炉口的距离）过低，带来气相干扰，使检出限增大；原子化器高度过高，使得光束照射在火焰的尾焰上，而尾焰的体积较小，并且较易晃动，导致灵敏度下降。另外，原子化器高度过低或过高会造成荧光读数不稳定。解决方法：选择合适的原子化器高度，一般在 8 mm 左右，汞在 10 mm 左右。

7.7　标准溶液使用不当

当进行相对标准偏差和工作曲线的线性测定时，砷、锑混合标准溶液配制完后便使用，造成测量数据波动较大，使相对标准偏差超差，工作曲线的线性不好。解决方法：砷、锑混合标准溶液配制完后要静置 30 min，使砷、锑还原成三价砷和三价锑再使用。

7.8　标准溶液使用注意事项

（1）标准：溶液砷、锑标准混合溶液一定要在使用时配制，保证使用的稀释剂（去离子水）和酸等其他试剂有较高的纯度，不含有被测元素。加入还原剂硫脲的砷、锑标准溶液应静置一段时间（通常 30 min 左右），以保证砷、锑在反应前已被还原成三价砷和三价锑。

（2）试剂：硼氢化钠（或硼氢化钾）是强还原剂，该溶液最好放在塑料瓶中，必须避光保存（溶液也应避光），如发现浑浊，须经热酸浸泡和洗净的玻璃砂过滤（注意洗净承接溶液的滤液瓶）。硼氢化钠（或硼氢化钾）一般在含氢氧化钠（或氢氧化钾）0.5%~1%的介质中才能稳定，硼氢化钠（或硼氢化钾）在酸介质中才能起到还原作用，因此，测定水样（溶液）的酸性必须足以中和硼氢化钠（或硼氢化钾）溶液中的碱后还应保持至少 1 mol/L 的酸性。硼氢化钠（或硼氢化钾）浓度对汞的测量结果影响很大，测汞时以 0.4%左右为最佳。

（3）玻璃器皿：某些玻璃器皿可能含有极少量的砷、锑等元素，故在使用前宜将各种玻璃器皿用硝酸溶液（1:1）浸泡 24 h，然后仔细清洗干净，防止砷、锑污染。配制标准溶液的容量瓶应长期固定不变，防止污染。配制标准溶液时建议采用固定的移液管，直接用于配制全套标准溶液，以利于获得良好的线性。

第 6 节　微波消解仪

元素的检测需要对样品进行消煮处理，传统的多孔消化器或消煮炉制备方法，样品的消化时间通常需要数小时。即使选用较先进的传统消化器，内配尾气吸收装置，也很难避免消化中尾气泄漏而产生很呛人的气味。采用微波消解系统制样，消化时间只需数十分钟，消化中因消化罐完全密闭，不会产生尾气泄漏，且不需有毒催化剂及升温剂。密闭消化避免了因尾气挥发而使样品损失的情况。因此微波消解系统被广泛用于制药、农业、食品和其他有机化学合成实验室中大量化合物的制备等。本节以 Multiwave PRO 是多功能模块化的微波辅助反应系统在饲料检测中的应用为例介绍微波消解法。

1　型号特点

Anton Par 公司的 Multiwave PRO 微波样品制备系统，由微波消解萃取工作站主机（含触控系统、磁力搅拌系统）、双光路温度控制系统、全罐压力监控系统、高压反应罐、消解转子、专用赶酸器组成。PEEK 泵头压力范围 0~5 000 psi（1 psi 约为 6.895 kPa）；最大操作压力 35 MPa；流速范围为 0.00~5.00 mL/min；pH 为

0~14；自动进样器可放置 100 个样品瓶，使用 5 mL 专用瓶；电导检测器分辨率为 0.002 38 ns；阴离子抑制器容量 110 微当量/min；阳离子抑制器容量 200 微当量/min；该仪器支持各种不同转子类型，用于有机或无机样品在高温高压下进行快速完全的密闭消解和萃取，能够进行在线或离线操作。

2　基本原理

微波消解技术是利用微波的穿透性和激活反应能力加热密闭容器内的试剂和样品，可使制样容器内压力增加，反应温度提高，从而大大提高了反应速率，缩短样品制备的时间，并且可控制反应条件，使制样精度更高。减少对环境的污染和改善实验人员的工作环境。

3　适用范围

适用于各类饲料、畜产品中各种元素及重金属的前消解过程，制样可用于原子吸收（AA），等离子光谱（ICP），等离子光谱与质谱联机（ICP-MS），气相色谱（GC），气质联用（GC-MS），及其他仪器的样品制备。

4　操作步骤

4.1　制样

按照相关测试方法制备样品。

4.2　称样

精确称取样品（0.05~0.5 g），确保无样品黏附于内管与唇形密封处。未知样品初次试验称样量控制在 0.1 g 以内。对于反应剧烈的样品将称样量控制在 0.2 g 以内。

4.3　加试剂

尽量将粘在管壁的样品淋洗至管底。将样品与酸溶液混合均匀。如有必要可放置片刻待过激反应结束后再进行操作。所加试剂总体积不小于 6 mL。

4.4　反应罐密封上盖及 P sensor 的检查与扩口

4.4.1　Pro Rotor 16 SOP

检查泄气螺杆、防爆膜及密封是否有损坏，如有损坏，及时更换。拧紧放气螺杆。将密封盖完全压入到密封器上至少 3 s。新密封应该压 10 s 以上 。扩口后 15 min 内运行程序，超过 15 min 须再次扩口。

4.4.2 Pro Rotor 48 SOP

检查防爆膜及密封是否有损坏，如有损坏，及时更换。将密封盖完全压入到密封器上至少 3 s。新密封应该压 10 s 以上。P/T sensor 必须使用专用的外套管，扩口后 15 min 内运行程序，超过 15 min 须再次扩口。

4.5 反应罐的安装

确保所有部件均为干燥状态，不得残留酸液。将刚扩好密封的螺盖垂直插入到内管中。顺时针拧紧反应罐。

4.6 P sensor 的安装

（1）与反应罐安装步骤的要求相同。应注意传感器的正确握法。

（2）为了测定正确的反应压力，传感器拧紧需反转 45°，确保初始压力在 1 bar 左右。

（3）P sensor 所在位置为参比罐，必须消解样品，不允许放置空白。

4.7 反应罐的安装位置及位数

4.7.1 Pro Rotor 16 SOP

16 位高压转子推荐同时做 4 位，8 位及 16 位。当少于 4 个罐、8 个罐或者 16 个罐时，可以做空白以达到补位及清洗消解管及密封的作用。放气螺杆朝外。

4.7.2 Pro Rotor 48 SOP

48 位高压转子推荐同时做 4、8、16、24、32、48 位。当少于以上罐数时，可以做空白以达到补位及清洗消解管及密封的作用。注意反应管数量和功率的对应关系。

4.8 盖上保护罩

将保护罩盖到转子上，保护罩外侧的箭头对准转子上的"open"位置。顺时针旋紧保护罩，卡口锁定。

4.9 将转子（Rotor）放入 MW PRO

打开 Multiwave Pro 电源，进入主程序界面。用双手抱住转子的底部，将转子放到炉腔内的转盘上，轻轻平移至固定位置。关上 Multiwave Pro 的安全门。

4.10　选择消解方法

输入实验名称。在已有方法中选择此次的方法，如果对选中的方法程序需要修改，点击编辑进行编辑。编辑完成之后，点击"start"开始。

4.11　编辑消解方法

若做的是新样品，可添加新的方法。具体步骤：开机后，点击"Menu"，进入"Methods"界面，输入相关信息点击"Next"，输入温度压力功率控制条件点击"Next"，按样品输入相关程序，点击"Power ramp"设置功率与上升时间、"Power hold"设定功率保持时间、"Fan"设定风扇等级，点击"Next"，输入试剂信息，点击"OK"，保存即可。

4.12　消解结束泄压

（1）Pro Rotor 16 SOP 消解结束后，开门，将转子转移到通风橱，用排气扳手通过保护罩的小孔插入到排气螺杆中，缓慢反转不超过一周。稍等片刻等酸气排尽。

（2）Pro Rotor 48 SOP 消解结束后，开门，将转子转移到通风橱，缓慢拧松螺纹盖，注意，将出气孔对准泄压挡板。稍等片刻等酸气排尽。

4.13　打开消解罐

（1）Pro Rotor 16 SOP 逆时针转动并垂直上提取下保护罩。将内管及压力套管放入相应的管架。

（2）Pro Rotor 48 SOP 按压螺纹盖侧面，取下螺纹盖。将内管及压力套管放入相应的管架。

4.14　打开 P sensor 淋洗密封

（1）Pro Rotor 16 SOP 用少量蒸馏水冲洗密封盖内部 2~3 次，将溶液收集到消解管内。

（2）Pro Rotor 48 SOP 用少量蒸馏水冲洗密封盖 2~3 次，将溶液收集到消解管内。将 P/T sensor 拧松取下。

4.15　淋洗密封样品定容

用少量蒸馏水冲洗密封盖 2~3 次倒入消解液中。将冲洗过的密封盖以开口朝中心的方式插在保护罩小孔内，或朝上放置在台面的安全位置。对相应消解产物进行定容。

4.16 密封盖及消解内管的清洗

4.16.1 Pro Rotor 16 SOP

拆解密封上盖，蒸馏水反复冲洗去除残留。消解内管用蒸馏水冲洗过后，可以泡酸过夜去除残留，也可加 6 mL 硝酸运行清洗程序。不要把密封和放气螺杆混起来使用，务必保持密封和放气螺杆一一对应使用。

4.16.2 Pro Rotor 48 SOP

消解内管用蒸馏水冲洗过后，可以泡酸过夜去除残留，也可加 6 mL 硝酸运行清洗程序。内管上的 O 形圈在赶酸或清洗时应该取下。

4.17 关机

关闭主机，关闭电源，清理现场，填写使用记录。

5 期间核查

5.1 运行红外和无线温度传感器校准

校准元件准备所需的工具与工程师联系，工具准备齐全后按以下步骤进行。点击"menu"，依次选择"calibration""sensor calibration"。从"calibration"下拉菜单中选择相应传感器类型，输入校准元件的序列号，点击"start"，校准自动开始。如果有需要，可以选择"apply"或"print or export after apply"，点击"apply"完成校准。

5.2 运行微波功率校准

所需工具为 1 L 玻璃杯（直径约 180 mm）、精度 0.1 ℃的温度计。点击"menu"，选择"calibration""microwave power"。向烧杯内加入 1 000 g 自来水（约 20 ℃）。在 Multiwave PRO 屏幕上输入水的质量。将"set power"设置为 800。打开 Multiwave PRO 的门，放入烧杯，测量水温，输入测量值。关上 Multiwave PRO 的门，点击"start"。加热结束后，打开 Multiwave PRO 的门，测量水温，（注意：测温时不停地搅拌水，使水温均匀）。输入"最终温度"。点击"next"。现在显示微波校正因子，点击"apply"完成校准，取走烧杯。

6　维护保养

6.1　内管

消解结束后，在 5%的硝酸中浸泡过夜（取下 O 形圈）或者加 6 mL 的硝酸使用仪器方法库中的清洗程序。用蒸馏水冲洗后放入烘箱烘干备用。

6.2　消解盖

蒸馏水冲洗去除消解盖上残留的酸液，晾干备用。

6.3　更换防爆膜

完好状况下不要进行更换防爆膜的操作。

6.4　转子的清洗及维护

（1）内管：消解结束后，在 5%的硝酸中浸泡过夜或者加 6 mL 的硝酸使用仪器方法库中的清洗程序。用蒸馏水冲洗后放入烘箱烘干备用。

（2）消解盖：蒸馏水冲洗。

6.5　P/T Sensor 的清洗

小心用蒸馏水冲洗密封盖及蓝宝石保护套管。如果蓝宝石保护套管上有固体残留物附着，可用软布轻轻擦去或者进行空白清洗去除，禁用尖锐物品刮除，绝非腐蚀行为。传感器在存放过程中可将放气螺杆拧松保存。按照规定清洗程序和间隔进行清洗维护，确保仪器安全、精确运行。

7　注意事项

（1）加酸体积不能超过规定量。

（2）注意反应管数量和功率的对应关系。

（3）同一批次的消化样品应性质相同。

（4）P sensor 所在位置为参比罐，应加入样品。

（5）主控罐一定要安装在正对操作者的位置。

（6）特别注意温度传感器的轻拿轻放。

（7）放置支架时间隔距离应均匀且平衡放置。

（8）主控罐要先泄压再拔掉压力传感器。

第 7 节　全自动石墨消解仪

　　湿法消解是做元素分析的最直接、最有效、最经济的一种样品前处理手段，用于湿法消解的加热设备有电炉、水浴锅、油浴锅、电热板和微波消解仪等。湿法消解常用的氧化性酸和氧化剂有浓硝酸、浓硫酸、高氯酸、高锰酸钾、过氧化氢等。一般单一的氧化性酸不易将样品分解完全，因此，在日常工作中多将两种或两种以上的强酸或氧化剂联合使用，使有机物质能快速而又平稳地消解。因此，在操作中容易产生危险，随着实验室设备的技术的创新和发展。石墨消解仪可谓是实验样品前处理消解的好助手。石墨消解仪采用高纯石墨材料作为加热体，包裹式加热，温度均匀性好，效率高；多孔设计，轻松实现样品的批量处理；无线远程控制，自定义升温速率，加热温度，加热时间设定。它被广泛用于环境分析领域，如土壤、沉积物检测、水质检测领域；食品农业领域；动植物检测、食品饮料、饲料肥料领域；安全健康领域；化妆品、护理用品、日用品领域等。

1　型号特点

　　DEENA 全自动石墨消解仪是一个为无机分析而设计的全自动化石墨消解和样品前处理系统，由主机、消解试剂输送系统、样品精确定容系统、控制软件、电脑组成。石墨炉加热温控范围为室温至 230 ℃，程序升温，控温精度为±0.1 ℃；表面镀特氟龙，耐酸；消解管为特氟龙材质，耐强酸碱，可自动升降和振荡；消解试剂输送系统耐强酸强碱，输液速度至少为 4 mL/s，速度可调，准确度优于 0.025 mL；消解试剂通道最少为 9 个，精度优于 1%；具有颜色传感器，可以进行样品反应的颜色判定；样品消解完毕，在室温下定容，定容精度优于 1%；可记录处理过程中的数据和步骤，无人值守。

2　基本原理

　　石墨消解仪工作流程是通过远程的无线平板设定好的程序，启动发出信息再由仪器控制模块接收信号同时执行命令，命令执行让加热块进行加热将热量导热给石墨块，石墨块均匀受热，当温度达到程序设定一致时停止升温，同时保持恒温，然后再将放过孔中的消解管进行加热消解，达到样品消解实验要求。全自动石墨消解仪采用湿法消解的原理，特别针对无机样品前处理领域设计，实现了加酸、摇匀、加热、定容等过程全部由计算机自动控制，极大地提高了消解操作的安全性，大大降低了接触酸过程中产生的人员伤害，并且显著提高样品的一致性、重复性。

3　适用范围

适用于各类饲料，畜产品中各种元素及重金属测定的样品前消解过程。

4　操作步骤

4.1　开机

首先开启电脑和石墨消解仪电源。打开通风橱至最佳效。双击打开电脑桌面上的石墨消解仪软件。打开软件最初界面。检查各试剂管线连接试剂和软件操作界面编号一致。

4.2　创建新工作区

打开所做实验的工作界面。然后点击左端第一个按钮创建一个工作区。

4.3　校准加液泵

手动操作检查加液定容是否准确，如不准确，需重新校正，校准在手动模式进行。

4.3.1　蠕动泵加液的校正

进入手动模式（🖳）下进行仪器的校正；首先进行蠕动泵加液的校正，点击"pump calibration"进入，按以下步骤进行。

首先称量 5 个干净的消解罐的质量依次输入，Vial1~Vial5 下的"initial weight"（6~10 校正 9 号专用通道）。

然后点击"Vial1 reagent1"后面对应的"Go ALL"，等待仪器依次加完 1~5 号消解罐后，再分别称量这 5 个加过水的消解罐，然后把质量依次输入 Vial1~Vial5 下的"Final weight"，点击下面的"calibrate"校正完成。

4.3.2 蠕动泵校正后的测试

首先点击手动模式下的"Manual control"称量一个干净的消解罐,记下质量然后放到样架的 5 号位置,然后修改"vial"为 5,接下来在"volume"后面输入 5,点击"dispense"加完后点击"📱"。

加样臂返回到废液桶的位置,然后再次称量加完 5 mL 水的消解罐,两次质量差理论值应该是 5 g。同样称量一个干净的消解罐放在 3 号(任意)位置,在"volume"后面输入 50,然后按"fill to",表示用 1 号试剂对 3 号消解罐进行定容到 50 mL。做完后,同样点击"📱"。然后称量此时 3 号消解罐的质量,理论值应为 50 g。

4.3.3 超声波定容的校正

进入超声定容校正界面按下列步骤操作。

首先用 5 mL、25 mL、50 mL 的移液管分别取 5 mL、25 mL、50 mL 的去离子水加到 3 个干净的消解罐中。

然后分别按照要求把装有不同体积水的消解管放到指定的位置,点击"go",全部校正完后,点击右下角的"calibrate"。

4.4 机械臂加液位置调整

如果加液不能正好在消解罐的正上方(偏左、偏右、偏前、偏后),可以进行调整,机械臂水平走动的为 X 轴(默认 630),机械臂上方超声波传感器走动的为 Y 轴(默认 260)。在软件安装目录下打开"instrument set up.exe"点击"vials"调整 X 轴、Y 轴的值,X 轴值增加表示位置向右移动,Y 轴值增加表示位置向前移动。

4.5 编辑方法

4.5.1 编辑管路对应试剂

编辑方法之前要编辑管路对应的试剂;点击编辑连接的试剂名称,编辑完毕点击"ok";"standard name"为添加内标的名称。

4.5.2 编辑方法

点击方法按钮,再点击"new"按钮编辑方法名称,然后点击"ok",方法编辑选择步骤"step1"然后选择指令"command"(如 dispense),然后在"volume"下选择要加入的量,选择要加入的试剂(reagent 1 或 reagent 2),点击"insert"完成第一步。选择"step 2"选择"command"（如 heat），依次输入要加热的时间及温度，编辑完后点击"insert"完成（升温速率约 4 ℃/min）；仪器无冷却功能，所以在实验最后需要增加一步"heat"温度为 25 ℃，加热时间为 1 min，让仪器把温度降下来。

4.6　保存方法

（1）点击编辑方法图标，打开要修改的方法然后直接选中需要修改的部分，修改完后直接点击"modify"然后再次保存即可。

（2）如果想在 2 与 3 步中间加一步，首先选中 2 然后点击"insert"出现新的第 3 步，然后在新增的第 3 步的基础上修改要增加的步骤指令，编辑完后点击"modify"，点击保存即可。

（3）方法编辑完毕后点击左上方的第 3 个保存按钮；如果想要使用该方法可点击"🖼"，寻找已经编辑的方法名称选中点击"ok"。

（4）方法试剂都已经具备，现在要把这个工作界面保存起来，下次调出来可直接做实验，点击左上端的"file"下面的"save as"编辑文件名及保存的路径。

4.7　编辑样品位号

点击"🖼"直接打开工作界面，在界面里选择保存界面及名称，点击"打开"，点击"🖼"，选择试验样品要放置的位置号，点击选中的位置关闭即可，也可以从左上角里面一次性填满一定数量的样品，最左边最上面为 1 号，最下面为 5 号，选择好后关闭窗口。

4.8　运行程序

将样品管按位置号依次放置，检查消解实验所需的酸足够（如不够需添加）点击绿色"开始"按钮。直至程序运行结束，如中途需要停止，可以点击"暂时停止键"，再按一下接着开始；如按下"STOP"键，则需要重新启动软件才能继续操作。停止后，如果要继续刚才的实验须点击开始旁边的小三角，选择"start from"从第几步开始，点击"OK"。

4.9　关机

程序运行结束后，冲洗仪器，打印工作报告，退出软件，关机，清理现场。

注意：关闭仪器前首先关闭电脑上的操作软件，然后关闭仪器电源开关，最后关闭电脑。

5 校准步骤

按照校准加液泵步骤进行校准。

6 维护保养

（1）保证通风橱的通风效果一定要好。确保通风流量至少 10 cfm，做完实验后持续排风 1 h 以上。

（2）保持仪器清洁，保持仪器干净无尘。如果有酸溅到仪器上，及时用湿布擦拭干净，然后用干布擦干。

（3）清洁管路，实验完毕须用去离子水冲洗各个管路，并将各管路保存于水中。

（4）定期更换蠕动泵管路。搬运过程中应轻抬轻放。

7 常见故障及处理

定容体积不准确，未进行校正或消解样品温度未降到50℃以下就定容，产生酸雾导致超声波传感器探测液面出错。

第 8 节 微孔分光光度计

酶标仪是酶联免疫吸附试验的专用仪器，其核心都是一个比色计，即用比色法来分析抗原或抗体的含量。酶标仪广泛地应用在临床检验、生物学研究、农业科学、食品、农产品和环境科学中，特别在 DNA、RNA、蛋白质的吸收光定量检测、ELISA、酶动力学检测（乙酰胆碱酯酶、乳酸脱氢酶等）、酶活性相关分析（激酶、蛋白酶）、内毒素分析、光谱分析、凝集分析及比色分析领域中应用越来越普遍。本节以美国伯腾EPOCH 微孔板分光光度计在饲料检测中的应用为例进行介绍。

1 型号特点

美国伯腾 EPOCH 微孔板分光光度计，由微孔板分光光度计，电脑，打印机组成。读板方法为终点，动力学法，光谱扫描，孔域扫描。微孔板类型为 6、12、24、48、96、384 孔板，Take3 板。波长范围为 200~999 nm，1 nm 步进。带宽为 5 nm。动态范围为 0~4.0OD。分辨率为 0.000 1。单色器波长准确性为±2 nm，单色器波长可重复性为±0.2 nm。OD 准确性在 0.0~2.0OD 为±1%±0.010 OD，在 2.0~2.5 OD 为±3%±0.010 OD；OD 线性在 0.0~2.0 OD 为±1%±0.010 OD，在 2.0~2.5 OD 为±3%±0.010 OD；OD 可重复性在 0.0~2.0 OD 为±1%±0.005 OD，在 2.0~2.5 OD 为±3%±0.005 OD。读板速度：96 孔正常 49 s，96 孔快速 38 s，96 孔扫描 15 s。

2　基本原理

利用微孔分光光度计光源灯发出的光波经过滤光片或单色器形成一束单色光，进入塑料微孔极中的待测标本。该单色光一部分被标本吸收，另一部分透过标本照射到光电检测器上，光电检测器将这一待测标本不同而强弱不同的光信号转换成相应的电信号。电信号经前置放大，对数放大，模数转换等信号处理后送入微处理器进行数据处理和计算，最后由显示器和打印机显示结果。

3　适用范围

适用于各类饲料样品中非法添加药物、霉菌毒素及畜产品中的兽药残留的快速筛查。

4　操作步骤

4.1　开机

（1）打开酶标仪、计算机；打开 Gen5 软件，点击"新建"，进入酶标模块检测界面。

（2）酶标模块。板布局：在右侧的下拉框中选择酶标板的型号和类型；输入标准品的浓度以及样品的稀释倍数，在"类型"里面选择"浓度"，输入浓度，点击"完成"；根据样品板实际布板方式进行布板，点击"确定"。

4.2　数据处理

依次双击"数据处理""添加步骤""孔分析""计算选项""平均值"，点击"确定"；点击"剂量响应–EC50""数据导入"，选择"非线性回归–四参数""数据导出""计算浓度"，点击"确定"。

4.3 图像编辑

在数据右侧选择"图形"，点击最上面的"编辑图形"，X 轴部分，编辑 X 轴显示的坐标轴名称、比例显示方式，线性回归为自动即可，剂量效应曲线为对数。Y 轴部分，同样编辑名称，其他可以默认，点击"确定"。最后打印数据。

4.4 关机

关机，关闭电源，填写使用记录。

5 维护保养

（1）仪器应放置在无磁场和干扰电压，低于 40 分贝的环境下；应避免阳光直射以防止设备老化；操作时环境温度应在 15~40 ℃，环境湿度在 15%~85%；运行中操作电压应保持稳定。

（2）勿将样品或试剂洒落到仪器表面或内部，如果使用的样品或试剂具有污染性、毒性和生物学危害，严格按照操作说明进行操作，以防对操作人员造成损害。

（3）如果仪器接触过污染性或传染性物品，应进行清洗和消毒。

（4）不要在测量过程中关闭电源；使用后盖好防尘罩。

（5）出现技术故障时应及时与厂家联系，切勿擅自拆卸酶标仪。

（6）定期清洁酶标仪、打印机表面，擦拭滤光片，在关节处上石蜡油。

（7）请工程师进行调试校正。

（8）根据需要不定期更换各个零配件。

6 常见故障及处理

（1）酶标仪开机后没反应，出现这种情况应检查电源线是否接好，保险丝是否需要更换。

（2）测量的吸收值与目测结果相差很大或偏低，出现这种情况是由于滤光片参数错误，测量滤光片没有正确地进入光路，测量光的波长与正确测量光的波长相差大导致结果失真。由于电源或者其他原因，有时会造成仪器存储的滤光片参数丢失或错误，此时应进行检查并重置参数。

（3）酶标仪打印机出现异常时检查是否有以下情况。

① 酶标仪后部 DIL 开关设置是否正确。

② 酶标仪内置打印机开关处于"开"的位置。应在总参数中设置内置打印机为"关"。

③ 打印机连线有问题，应确保打印机连线无问题。

④ 打印机未联机，查看打印机上的联机状态为"已联机"。

⑤ 打印机无纸或纸未装好，应装好打印纸。

⑥ 有些打印机有开机顺序，有的需要先开打印机，后开仪器；有的需要先开仪器，后开打印机。

（4）调不出所编程序，如出现这种情况必须在相应程序模块下调出。如在临界值模块下编辑储存的程序必须在临界值模块下调出。

第 9 节　实时荧光 PCR 仪

实时荧光定量 PCR 技术有效地解决了传统定量只能终点检测的局限，实现了每一轮循环均检测一次荧光信号的强度，并记录在电脑软件之中，通过对每个样品 Ct 值的计算，根据标准曲线获得定量结果。因此，实时荧光定量 PCR 无须内标，是一种采用外标准曲线定量的方法。利用外标准曲线的实时荧光定量 PCR 是迄今为止定量最准确，重现性最好的定量方法，广泛用于基因表达研究、转基因研究、药物疗效考核、病原体检测等诸多领域。本节以 Step One Plus 实时荧光定量 PCR 仪在饲料样品中的检测为例进行介绍。

1　型号特点

Step One Plus 实时荧光定量 PCR 仪由主机、分析软件、电脑、打印机组成。支持 4 色荧光检测；具有 5 个独立控温区，可以同时完成 5 个以上不同 TM 值的 PCR 检测任务；96 孔反应板；支持快速反应模式，完成 40 个标准 PCR 循环不多于 50 min；控温范围为 4~100 ℃；温度精确度≤±0.26 ℃；升温速率≥4.4 ℃/s。光源为 LED 激发光源；支持同时检测 FAM、VIC、ROX、TAMRA 4 种染料。

2 基本原理

外标准曲线的定量方法相比内标法是一种准确的、值得信赖的科学方法。荧光定量 PCR 原理是利用荧光信号积累实时监测整个 PCR 进程，最后通过标准曲线对未知模板进行定量分析的方法。所谓实时荧光定量 PCR 技术，是指在 PCR 反应体系中加入荧光基团。实时荧光定量 PCR 是一种在 DNA 扩增反应中，以荧光化学物质测每次 PCR 循环后产物总量的方法，由于在 PCR 扩增的指数时期，模板的 Ct 值和该模板的起始拷贝数存在线性关系，所以已成为定量的依据。

3 适用范围

该仪器适用于各类饲料样品中牛源性成分、羊源性成分的检测，以及细菌耐药性方面的检测。

4 操作步骤

4.1 开机

接通电源，打开电脑，主机。

4.2 由 Step One Software Quick Start 进行上机

4.2.1 打开软件

打开 Step One Software 进入主画面后点选"Advanced Setup"窗口进行上机设定。进入"Experiment Properties"界面后输入"Experiment Name"及档案储存位置；点击"Experiment Type"选择使用荧光系统；点击"Ramp Speed"选择实验样品种类。

4.2.2 设定目标物名称

进入"Plate Setup"界面，选择"Define Targets and Samples"标签，输入目标物名称"Enter Target Name"，根据检测盒中相应的报告集团和淬灭集团输入"Reporter"和"Quencher"选项，同时在右侧样品栏里输入样品编号。

4.2.3 分配任务

选择"Assigning Targets and Samples"标签，标记样品在板中的位置和性状，空白样品为 Negative，标准品为 Standard，样品为 Unknown。

4.2.4　设定反应条件

进入"Run Method"界面，输入"Reaction Volume"，设定反应温度和循环阶段。

4.2.5　划分样品放置区

分区如欲使用 Step One Plus 机器上 Verified Block 的功能，可由左方"Setup"功能列上点"Plate Step up"窗口，在"Assign Targets and Samples"窗口下，勾选"Enable Verified Block"选项，此时 Block 即被分成 6 个区块。

4.2.6　调整温度

接着点选"Run Method"，在"run program"上点一下欲调整的温度步骤，选择"Set different temperatures for one or more zones"并设定每个区块的温度，应注意两相邻区块温度差异不可以超过 5 ℃，第 1 和第 6 区块最多可差 25 ℃。

4.2.7　开始

点选"Save as Method"确定保存设定反应条件后，按下"Start Run Now"进行数据 收集，反应结束后，则会回到 "Main Menu"画面，触控"Collect Result"将数据存出。

4.3　由 Step One Plus 机器面板直接触控上机

4.3.1　打开软件

开启电源后，进入主画面，由触控式屏幕来进行 Step One Plus 的设定。

4.3.2　设定反应条件

按下 "Taqman cDNA（Standard）"进入 "PCR Thermal Cycle Program"，可利用下面工具列再重新编辑反应条件，如果条件相同则直接按下 "Save"。

4.3.3　划分样品放置区

如欲使用 Step One Plus 机型上 Verified Block 的功能，点选 "Options"下的 "Verified step"并设定每个区块温度，应注意两相邻区块温度差异不可以超过 5 ℃，第 1 和第 6 区块最多可差 25 ℃。

4.3.4　保存

点击需要更改之处则会跳出触控式键盘，重新给予实验名称、选择档案储存的

"Folder" 并更改实际反应样品体积，按下 "Save & Exit"；然后在 "Browse Last Accessed Experiments" 下选择刚设定好的实验，按下 "Start Run"。此时跳出警告标示，提醒之前的档案是否存储，如果已经将前一个档案存储的话，则可直接触控 "Overwrite" 进行数据收集；如未储存的话则触控 "Collect" 将数据存储。

4.3.5 开始

确定反应体积及实验名称无误后，触控 "Start Run Now"，则会进入 "PCR Program" 实时显示画面。反应结束后，则会回到 "Main Menu" 画面，触控 "Collect Results" 将数据存储后，再回到 "Step One Software" 进行实验盘建立及分析。

4.4 关机

关闭软件、电脑，点选机器面板左下角的触碰按钮，选择 "ok"，关闭仪器，关闭电源。清理现场，填写仪器使用记录。

5 期间核查

5.1 ROI 校准

将 ROI 反应板放入仪器中，在软件界面，点击 "Instrument" 文件下 "Calibrate" 运行 ROI 校准，点击 "Snapshot" 分析并产生 ROI 校准数据。

5.2 背景校准

将背景反应板放入仪器中，在软件界面，依次选择 "Instrument" "Instrument Maintenance Manager"。在弹出的新窗口，点击 "Background"，再选择 "Start Calibration"；勾选 "The background plate is Loaded into the instrument"，选择 "START RUN"，仪器开始进行背景校准。数据分析，"Passed" 代表通过校准，"Failed" 代表校准失败。点击 "Finish" 完成校准。如果失败，需要清除污染。

5.3 空间校准

将空间校准板放入仪器中，在软件界面，依次选择 "Instrument" "Instrument Maintenance Manager"。在弹出的新窗口，点击 "Spatial"，再选择 "Start Calibration"。勾选 "The background plate is Loaded into the instrument"，选择 "START RUN"，仪器开始进行空间校准。数据分析："Passed" 代表通过校准，"Failed" 代表失败。

点击"Finish"完成校准，并进行保存。

6　维护保养

（1）切勿更换电脑或自行安装其他第三方软件。

（2）确保实验室环境洁净。

（3）使用不脱屑的软布擦拭仪器表面，切勿使用有机溶剂清洁定量 PCR 仪。

（4）定期对仪器进行背景校正。

7　常见故障及排除

（1）如果没有扩增曲线，则是因为 PCR 参数设置错误，数据收集循环设置错误，导致数据没有采集；或是由于硬盘休眠，导致数据采集中断。

（2）扩增曲线弯曲，是因为基线设置的终点大于样品 Ct 值，模板 DNA 浓度过高，若 Ct 值<15，其中基线荧光包含部分扩增信号，导致标准差偏大，阈值设定过高。或是因为有的样品浓度过高，在同一基线设置情况下，导致 Ct 值太小的样品曲线弯曲。

（3）扩增曲线不光滑或是直线，则是因为探针质量下降或是失效，关闭 ROX 校正，重新分析数据或重新选用探针。

第 10 节　近红外分析仪

近红外光谱仪分析速度很快，大部分的测量可以在 1 min 之内完成；分析效率比较高，可以对样品的多个组成成分和性质进行定性、定量的测量；适用样品的范围比较广，可以对液体、固体等不同状态的样品进行测量，并且具有现场分析的特点，被广泛用于农牧、食品、化工、石化、制药、烟草等在内的许多领域。有些领域更多的时候需要结构紧凑、体积小、重量轻的便携式近红外光谱分析仪，因此近红外分析仪的应用越来越广泛和普及。本节以 FOSS DS 2500 近红外分析仪在饲料样品中的检测为例进行介绍。

1 型号特点

FOSS DS 2500 近红外分析仪是第四代近红外仪，可进行高精度近红外分析。FOSS DS 2500 还可在恶劣的环境下进行稳定的操作并给出准确可靠的结果，FOSS DS 2500 使用经标定的单色器并采用数控分光光栅，灵敏检测器。其中最先进的电路系统可以增强信噪比，减少一切外部噪声可能对仪器性能带来的影响。FOSS DS 2500 选用波长范围在 400~2 500 nm 的近红外光能来照射样品，通过检测样品反射回来的光能就可以检测出化学信息和构成成分并可用于组分的定量分析。FOSS DS 2500 通过 2 个软件程序来操作，Mosaic 用于定义分析的各项设置，以及数据库管理和报告。Mosaic 还可用于多台仪器网络配置。Mosaic 软件可以被安装在一个标准的办公电脑上。通过 Mosaic 软件可以远距离查看和管理分析结果和信息。ISI scan Nova Mosaic 网络软件用来设置对所有仪器、预测模型、分析产品、分析参数、运行方式、报告，以及输入样品信息时的字段定义。ISI scan Nova 操作软件用于常规的仪器分析和与 Mosaic 的同步。其硬件由主机、电脑、打印机组成。光栅有近红外漫反射和透反射两种，直接测定未经任何处理的原始颗粒、粉末、液体和膏状样品的有关组分；1 min 内测定出结果；扫描波长范围 400~2 500 nm；单波长快速扫描、光谱平均方式；波长准确度<0.05 nm；波长精确度<0.005 nm；波长重现性达到0.005 nm；吸光度范围最大到 2 AU；检测器有（400~1 100 nm）硅，（1 100~2 500 nm）硫化铅；系统噪声：400~700 nm 波段<50 μA，700~2 500 nm 波段<20 μA；2 500 nm 处杂散光≤0.08%，1 100 nm 处杂散光≤0.01%。

2 基本原理

具有不同指标的样品在近红外光谱中将产生不同强度的吸收图谱（不是某一吸收峰），利用专用软件处理，便可得到校正曲线或数据库，分析人员可利用该校正曲线或数据库方便快速地通过测定未知样品的近红外光谱图得知其被测指标的数据。近红外光谱主要是由于分子振动的非谐振性使分子振动从基态向高能级跃迁时产生的，记录的主要是含氢基团 X-H（X=C、N、O）振动的倍频和合频吸收。不同基团（如甲基、亚甲基、苯环等）或同一基团在不同化学环境中的近红外吸收波长与强度都有明显差别，NIR 光谱具有丰富的结构和组成信息，非常适合用于碳氢有机物质的组成与性质测量。其工作原理是，如果样品的组成相同，则其光谱也相同，反之亦然。因此我们通过建立光谱与待测参数之间的对应关系即分析模型，所以，只要测得样品的光谱，通过光谱和上述对应关系，就能很快得到所需要的质量参数数据。

3　适用范围

我国正式发布了近红外光谱方法快速测定饲料中水分、粗蛋白质、粗纤维、粗脂肪、赖氨酸、蛋氨酸的国家标准（GB/T 18868—2002）。近红外分析仪适用于饲料及畜产品中水分、灰分、粗蛋白、粗脂肪、粗纤维、钙、总磷、盐、氨基酸等常规指标快速分析。

4　操作步骤

4.1　Mosaic 软件操作——有模型样品测定

有各类样品分析模型的近红外分析仪，可按照以下步骤进行操作测定，开机前必须提前预热仪器至少 30 min，气温低时，适当延长预热时间，最好 30 min~1 h，甚至超过 1 h，仪器才能达到最佳状态。

4.1.1　开机

打开计算机和仪器电源。等待仪器自检通过，待仪器初始化自检通过后，打开软件。

4.1.2　样品放入样品杯

将准备好的样品装入样品杯中，样品盛到样品杯三分之二处即可，如果是干剂样品将样品表面整平，并保证样品底部被完全覆盖，以免透光，影响检测结果。并保持杯体外面清洁，避免污染样品托盘，然后盖盖。

4.1.3　选择分析模型

进入"Care"菜单。按下"选择产品"按钮，从产品列表中选择要检测样品的产品类型，点击"开始"。

4.1.4　定义样品名称

按下用户定义字段注册样品信息，输入样品名称后，进度指示器显示分析正在进行中。

4.1.5 分析结束

盖子自动打开，显示结果，取下样品杯。

4.1.6 关机

待样品测定结束后，返回"Care"菜单，点击"Shut Down"。小窗口询问是否关机，点击"ok"。关闭电源，填写使用记录，清理现场。

4.2 结果界面

结果界面中可以看到最近一次被分析的样品结果。屏幕中间部分显示了被分析样品的信息，这里提供的信息取决于用户在 Mosaic 的设置，左侧显示的是分析结果，右侧显示样品注册信息。

4.3 历史界面

被选中产品的历史结果，双击任意产品可得到详细信息，在使用产品界限情形下，超过报警限或行动限的结果将以黄色（报警限）或红色（行动限）为底色显示。点击有色部分就会有对话框显示出界限的信息。点击产品图标可以再选择另外一种产品来查看历史结果。

4.4 图形界面

以绘图给出指定产品的结果。可以在 Mosaic 中设置每种参数的目标值、报警限和行动限。图形上方两个下拉菜单可以选择显示一个或多个参数，并显示参数的 GH 值。更改图标格式，编辑设置中可以更改图表的格式。

4.5 任务指示器

在样品分析过程中，当有错误或者警告时，这个指示器会亮，操作员必须对此处理，点击"Done"进入任务列表。事件指示器，如果分析中发生某些事件，这里将有不同颜色显示。错误显示为红色，警告显示为黄色。点击可以进入时间日志。一旦事件已被阅读，按重置"Reset"消除并上传事件。

5 ISI scan Nova 软件操作

5.1 导入预测模型

打开 ISI scan Nova 软件，右键——导入预测模型，找到需要导入的模型文件，重命名新建的模型，链接参数描述，即可完成模型导入。

5.2　建立新的产品

软件界面右键——新产品，重命名新建的产品，为产品添加预测模型，为产品添加运行描述，即可完成新产品的建立。

5.3　新建并发布更新事件

（1）右软件界面键——更新仪器组。

（2）不修改或修改升级事件的名称，选择需要更新的仪器后，点"OK"，在 Nova 软件中同步（Mosaic 同步）后即可进行样品扫描。

5.4　化学分析数据的输入

黄色叹号表示样品为 C-Outlier 报警，双击可以查看样品的详细信息，在参考值中可以输入化学分析的数据。

5.5　光谱数据的导出

选择需要导出光谱的样品，点击"输出"，选择 CAL 文件，点击"OK"选择输出文件的存储路径，即可完成光谱数据的导出。

5.6　分析结果的导出

选择需要导出数据的样品，在"报告"菜单下选择"Sample List（Landscape）"，软件会自动生成报表，可以选择直接打印或导出数据。

5.7　模型的截距调整

偏离比较大的模型可以利用有化学分析数据的样品调整截距。在监控中，将用于截距调整的样品添加到静态样品集合中，可以先新建样品集合组，也可在已有的样品集合组中直接新建静态样品集合，在样品集中找到新建的静态样品集合，在"斜率/截距"菜单下，选择需要调整的具体参数，点击"计算参数的 S/I"，调整方式设为"只调整截距（重设斜率为 1）"，点"OK"即可完成截距的调整如果几台仪器同时共享一个模型，也可以选择调整仪器的截距，点击"详细信息"可以查看校正样品的分布，对于一些异常样本进行剔除，模型中的参数要分开调整，在 Mosaic 上对仪器所做的任何升级都需要新建更新事件，这样仪器中的模型才能完成升级。

6 仪器校准

NIRS DS 2500 的校准在"Care"菜单下，包含 2 个功能，波长校准使用内置的波长参比标准，或者外部的波长参比标准（EWC）；光强度校正使用外部校正参比标准（ERC）。

6.1 波长校准（EWC 标准）

自动运行"Care"菜单下的波长校准功能。NIRS DS 2500 使用了一种创新的波长校准方法来保证仪器间的一致性。采用一个具有稳定波长特征的波长标准物来校准每台仪器的波长范围。

内部和外部的波长标准物使用了相同的材料。在 FOSS 对所有的波长标准物在一台主机上进行了校准，并且对照 SRM-1920a NIST （National Institute of Standards and Technology）标准物进行溯源。这可以保证每一台 DS 2500 的波长登记可以溯源到一个已知的标准物。每一个标准物都有其唯一的因子，这被用来确保一个准确的，并可溯源到 NIST 的标准 SRM-1920a。外部波长标准物的因子保存在一起配套的 USB 盘中。内置波长标准物的因子保存在仪器内部的软件中。

波长校准保证仪器使用的波长位置，维持波长准确度的重复性。推荐定期使用内置标准物。只有在质量系统需要时才使用外部波长标准物。运行内部波长校准是一个非常简单的过程，所有的数学处理和线性化过程都是自动的。最终结果也可自动保存而不需要操作者介入。运行外部波长校准也是同样简单，但需要在开始前插入存有校准因子的 USB 盘。

6.2 光强度校正（ERC 标准）

自动运行"Care"菜单下的光强度校正功能。光强度校正（通过 ERC 标准物）是一种在每一个数据点提供了 100%反射的参比的方法。这对在每一台仪器上获得高质量的光谱，以及仪器间传递是非常重要的。光强度校正修订了仪器光路部分的微小差异，例如玻璃的纯度。完成的校正将被用于每一个仪器获得的光谱，从而使每一个光谱都是以 100%反射作为参比的。这确保了不同 DS 2500 仪器上获得的光谱都是校正一致的。运行光强度校正是一个非常简单的过程，所有的数学处理过程都是自动的，最终结果也可自动保存而不需要操作者介入。推荐分析通过 ERC 标准物核实已执行的光强度校正，并评价光谱。如果 ERC 执行正确，将获得一个很平的光谱，基本在 OAU 上下，噪声的基本在小数点后第 4 位。

7　维护保养

NIRS 只需要简单的日常维护。仪器整体是密封的，可以有效防止灰尘的污染，从而降低维护的需要。注意：不要随便打开仪器的外壳，其内部没有用户可以自行维护的部件，否则不再享受保修服务。

7.1　清洁仪器

（1）表面清洁：可以定期用有些潮湿的织物清理仪器的外壳。除了稀释后的一般洗涤液外，不要使用任何化学试剂清洁仪器。可以用刷子扫除光源散热器上的灰尘。扫描的窗口可以用随机配的毛刷清理。每天都要清理，以免灰尘进入仪器内部。扫描窗口的玻璃必须没有指纹，指纹所含的脂肪蛋白等将影响分析结果。如果必要，在干布上喷一点乙醇把窗口的指纹擦掉。

（2）过滤网清洁：仪器刚刚安装后，应该每周检查后面风扇过滤网。如果发现过滤网有较多灰尘，应该用温水清洗，并且在装回前要彻底干燥（不建议使用烘箱）。仪器在使用时不能没有安装过滤网。经过一段时间的观察就可以决定定期清洗过滤网的频率。

7.2　清洁样品杯

可以使用温水和中性洗涤剂来清洗。如果需要强力的清洗，可以使用自动洗碗机或者高压灭菌锅。清洗后，应该用干净的毛巾或软纸完全擦干后才能使用（不建议使用烘箱）。在分析之间，样品杯可以只用毛刷、软布进行清洁。然而，如果样品是具有黏性的，或者前一个样品脂肪含量高，而下一个样品脂肪含量很低，就推荐用洗涤剂和水进行彻底的清洗，以避免样品间的交叉污染。

7.3　更换光源

在更换光源前要把仪器表面清洁干净，以防止灰尘进入仪器造成光源反射面的损坏。更换要在干净的环境下进行。

注意：① 如果操作时环境温度高，光源部分将会很热。当更换光源时必须佩戴棉质手套，以免被烫伤。② 警示光源的发光部分以及反射面都不能被接触，任何微小的划痕都可能导致光源爆炸。③ 警示光源可能会被指痕或其他油性残留物摧毁。更换光源时必须佩戴棉质手套。

8 常见故障及处理

（1）仪器不能正常开机：检查供电电源、电源线及保险。

（2）开机自检失败：点击"仪器诊断"手动自检。

（3）仪器内部有不同以往的噪声：重启仪器。

（4）其他故障联系工程师。

第 3 篇

畜产品中兽药残留检测技术指南

第 7 章　畜产品中兽药残留检测技术概述

随着人民生活水平的不断提高，我国农产品进出口增加、国际农产品市场竞争加剧，畜牧业进入快速发展的势头，生产基础条件不断改善、生产方式快速转变、综合产能和市场有效供应能力不断加强。根据国家统计局公布数据，2021 年我国肉类产量为 8 990 万 t，蛋产量 3 409 万 t，奶产量 3 778 万 t，肉、蛋产量继续保持世界首位，奶类产量位居世界第四位，中国人均肉、蛋、奶占有量分别由 1999 年以前的 9.1 kg、2.4 kg 和 1.0 kg 上升到现在的 45.8 kg、20.7 kg 和 26.7 kg。2021 年宁夏猪牛羊禽肉类总产量 35 万 t、生牛奶产量 280.5 万 t、禽蛋产量 12.9 万 t，人均肉类、牛奶、禽蛋占有量分别为 48.2 kg、386.9 kg 和 17.8 kg，宁夏人均牛奶占有量稳居全国首位。当前畜牧业已成为促进农民增收、巩固脱贫攻坚成果、助推乡村振兴、补齐"三农"短板的中坚力量。在畜牧业发展规模、产值不断上升的同时，国家对畜牧业提出了更绿色、更安全、更优质的新要求，国家质量兴农战略、高质量发展目标相继提出，优质农产品的供给成为当下畜牧业高质量发展的迫切需求。

兽药残留是指食品动物用药后，动物产品的任何可食用部分中所有与药物有关的物质的残留，包括药物原形及其代谢产物。养殖环节对兽药的不规范使用，盲目的滥用、乱用以及不遵守休药期规定，导致了兽药残留问题的出现。动物源性食品中的兽药残留种类与动物养殖期间的疾病有着密切关系，常见动物疾病的治疗药物的不规范使用通常会导致药物残留的出现，动物养殖过程中常见疾病包括细菌性疾病、病毒性疾病以及寄生虫疾病等，除此之外，养殖时使用的饲料添加剂也可能带有药剂成分，因此，饲料添加剂也是导致药物残留的重要原因。动物源食品中兽药残留的种类主要有以下几类：β–内酰胺类、大环内酯类、苯并咪唑类、酰胺醇类、硝基咪唑类、磺胺类、氟喹诺酮类、四环素类、头孢类、抗病毒类、糖皮质激素类、性激素类、β-受体激动剂类、镇静剂类等。

人长期食用存在兽药残留的食品，会对身体健康造成威胁，并且养殖环节长期的药物滥用更是会污染生态环境，威胁公共卫生安全。动物源性食品中兽药残留主要产生以下危害：过敏反应，如青霉素、四环素、磺胺类等可使某些过敏体质人群发生过敏性反应，轻者表现为皮疹、发热、喉头水肿、关节肿痛及蜂窝织炎等，严重时可出现过敏性休克，甚至危及生命；毒性作用，如盐酸克伦特罗对人体的危害主要为扰乱激素平衡，引起人体中毒，出现心律失常、心慌、心悸、甲状腺功能亢进等症状；"三致"作用，即致癌、致畸、致突变作用，如苯并咪唑类药物具有抑制细胞活性的作用，在人体蓄积具有潜在的致突变性和致畸性；激素样作用，如雌激素、己烯雌酚等，能促进儿童生长发育，促进蛋白质转化合成，脂肪沉积，引起儿童性早熟、肥胖、异性化；滋生耐药菌，养殖环节抗菌药物的广泛使用会导致细菌耐药性不断加强，并且很多细菌已由单药耐药发展到多重耐药；生态环境毒性，兽药及其代谢产物通过粪尿等进入环境后仍具有生物活性，会对土壤微生物、水生物及昆虫等造成影响，如，有机氯杀虫剂在环境中可长期存在，被动物、植物富集后具有"三致"作用。

"民以食为天，食以安为先"，习近平总书记提出用最严谨标准、最严格监管、最严厉处罚、最严肃问责"四个最严"工作要求，保障人民群众舌尖上的安全。2006年农业部颁布实施了《农产品质量安全法》及其配套规章制度，实施了《全国农产品质量安全检验检测体系建设规划》，高质量是"产出来"的、也是"管出来"的、"检出来"的；2016年中共中央、国务院印发《健康中国2030规划纲要》，明确指出健康中国首先是人民健康；2021年7部委联合印发《食用农产品"治违禁 控药残 促提升"三年行动方案》，严厉打击禁限用药物违法使用行为，严格管控农兽药残留超标问题，并通过监管执法有力查处违法犯罪行为。兽药残留分析成为目前保障畜产品安全的有效手段，全方位排查畜产品中兽药残留风险隐患，能够为农产品质量安全监管提供重要的技术支撑，全国畜禽产品兽药残留质量安全检测合格率从1999年的98.6%上升至2021年的99.7%，宁夏畜禽产品兽药残留质量安全合格率近年来也持续保持在98%以上。兽药残留监控能够为评价畜禽产品质量安全、规范养殖环节安全用药、指导畜牧业安全绿色生产提供重要的技术保障。

原农业部自 1999 年起每年组织各省实施动物及动物产品兽药残留监控，建立我国动物源性食品兽药残留监控体系，兽药残留检测技术不断发展进步，监控体系所覆盖的动物品种、药物种类、地区和取样数量逐年增长，农产品质量安全水平持续向好，取得了明显的进步。畜产品兽药残留检测参数由 2001 年的 16 种上升至现在的百余种；检测标准由最初的单一种类药物一种检测标准向多种类药物一种检测标准的高通量检测发展；前处理技术由最初复杂耗时的提取与净化方法逐渐向快速、简便、高效的 QuEChERS 等新技术发展；仪器检测由液相色谱仪、气相色谱仪逐步发展到现在的拥有定量准确、检出限低、精密度高特点的液相色谱串联质谱仪及高分辨质谱仪检测；检测方式逐渐由最初耗时久、效率低的单一确证检验逐渐向快速筛查与确证检验相结合的方式转变；我国兽药残留限量标准范围也逐渐扩大，原农业部 1994 年首次发布的 42 种兽药在动物源性食品中的最高残留限量，经过 1997年、1999 年、2002 年（原农业部 235 号公告）、2019 年《GB 31650—2019 食品安全国家标准　食品中兽药残留限量》、2022 年《食品安全国家标准　食品中 41 种兽药最大残留限量》（GB 31650.1—2022）的多次修订，我国已对 308 种兽药做出了禁限规定，其中有兽药残留限量规定的兽药 145 种，涉及限量值 2 191 个，允许使用不得检出的兽药 9 种，禁止使用的兽药 32 种，建立了兽药残留检测方法标准 519项。我国兽药残留监测逐步向高通量检测和风险精准识别方向发展，畜产品质量安全监测体系不断完善，检测能力不断增强，监测覆盖面不断扩大，目前已能够完全满足我国畜产品质量安全监测需求，有力保障人民群众舌尖上的安全。

第8章　畜产品中兽药残留检测技术

　　兽药残留检测技术主要包括前处理技术和仪器检测技术，因动物源性食品基质复杂且兽药残留多为痕量检测，所以样品前处理是仪器检测的基础。随着兽药残留检测技术的不断发展，目前兽药残留检测主要应用"快速筛查方法"和"确证检测方法"分别进行初筛检测和确证检测。初筛方法的特点是操作简易、高通量、运行成本低、结果获取速度快。确证方法的特点是灵敏度高、定性准确、定量精准。快速筛查方法包括 ELISA 法、胶体金免疫法、化学发光免疫学法等方法，确证检测方法有气相色谱法、液相色谱法以及液相色谱串联质谱法等。

第1节　前处理方法

　　由于动物源性食品基质比较复杂，目标物的检测残留量相对较低，在进行仪器检测之前样品的前处理就显得尤为重要，样品前处理是开展检测工作的基础和保障。现阶段兽药检测前处理主要包括对目标物的提取、净化和浓缩。

1　提取

　　通常利用物理、化学等方法提取样品中的兽药残留，使之向易于分析的状态转化，提取溶剂的选择遵循"相似相溶"的原理。大多数兽药属于极性化合物，至少结构中含有极性基团，因此一般在极性的有机溶剂中有较高的溶解度。例如，磺胺类、喹诺酮类、β-内酰胺类、大环内酯类、林可胺类等药物可以直接使用乙腈、甲醇等水溶性极性溶剂进行提取。对于一些脂溶性的药物或其液态样品的分析可采用乙酸乙酯、二氯甲烷等非水溶性的极性溶剂进行提取。例如，β-受体激动剂、雌激素类、苯二氮卓类等药物先在酸性缓冲体系中酶解后调至碱性，再用乙酸乙酯萃取，苯并咪唑类药物直接加入碳酸钠碱性溶液后再用乙酸乙酯提取。目前，常用的提取方法主要有以下几种。

1.1 组织捣碎提取法

组织捣碎提取法是将样品与提取溶剂在匀浆机中混合匀浆，通过机械及液力剪切作用将样品撕裂和粉碎，使样品破碎和有效成分的提取同步进行，以达到对兽药残留快速、强化提取的目的，这种提取方法尤其适用于含水量较高的新鲜样品。具有提取率高、时间短、溶剂用量少、成本低的优点。此种方法省去了对样品进行粉碎的步骤，操作简单，不需要特殊的设备，普通的振荡器、离心机、匀浆机等均可使用。农业部1025号公告要求在检测猪的肝脏、肌肉、肾脏、脂肪以及鸡肝脏、肾脏中的氟喹诺酮类药物残留时应用此提取方法，但该提取方法在畜禽兽药残留检测中存在取样量少、代表性差的局限，多在农残检测中应用。使用此法提取后要充分清洗匀浆器皿，防止发生交叉污染。

1.2 振荡提取法

振荡提取法是将匀浆后的样品加入溶剂，中速振荡，再过滤或离心，将残渣重复提取1~3次，合并滤液或上清液。该方法适用于大多数肉类、鸡蛋、牛奶等中的磺胺类、喹诺酮类、硝基咪唑类等药物的提取。此方法操作简便，可同时进行多个样品提取。

1.3 超声波辅助提取法

超声波辅助提取法是通过空化作用使分子运行速度加快，同时将超声波的能量传递给样品，使组分脱附和溶解加快。操作中将样品和溶剂放于密闭的容器中，置于具有一定能量的超声波水浴中超声，重复1~3次。超声波提取具有操作简单，一次可以同时提取多个样品，提取时间短、速度快、效率高等优点。该提取方法在测定牛奶中β-内酰胺类药物、动物可食性组织中四环素类药物残留、猪和家禽可食性组织中弗吉尼亚霉素M1残留量的测定中均有应用，但超声波作用能断开C—C键，从而产生活性较强的自由基，破坏活性成分，在一定程度上会降低提取物的稳定性。

1.4 微波辅助萃取法

微波辅助萃取是利用微波加热，加速溶剂对固体样品中目标物的萃取过程。该方法有利于萃取热不稳定的物质。与传统的萃取技术相比，微波辅助萃取的优点在于溶剂用量少、萃取效率高、设备简单、操作容易。该方法可应用于测定猪肉中氟喹诺酮类药物、鸡肉中氯霉素药物残留的前处理中。

2 净化

净化就是将待测物质和杂质分离的过程。在提取过程中，部分杂质的溶解性类似于待测物，这样杂质也会被共同转移，干扰仪器检测结果，如基线噪声增加，干扰色谱峰出现，甚至会污染检测仪器，因此需进行必要的净化操作。净化方法有多种，要结合提取物的类型选择不同的净化方法。目前，常用的净化方法主要有以下几种。

2.1 液液萃取法

液液萃取是利用待测物在两种互不相溶（或微溶）的溶剂中分配系数的不同而达到分离纯化的目的，是兽药残留分析中一种常用的前处理技术。在磺胺类药物的测定中，可将肉类样品用乙腈除蛋白，正己烷脱脂后，加乙酸乙酯进行液液萃取；也可运用液液萃取结合低温纯化技术作为牛奶中大环内酯类抗生素残留测定的前处理方法。液液萃取对实验条件和仪器要求不高，但操作烦琐、有机溶剂消耗大，污染严重，现逐渐被一些新的前处理方法所取代。

2.2 固相萃取法

固相萃取法是借助吸附剂有效吸附目标物，适当应用强度溶剂将杂质冲掉，之后利用溶剂快速洗脱被测目标物质，满足分离净化、浓缩的需求。此外，可应用吸附杂质的吸附剂，通过吸附杂质，快速流出被测目标物质，或同步吸附杂质、被测目标物质等，基于溶剂的支持，洗脱目标物质。固相萃取法的操作步骤主要有固定相活化、样品上柱、淋洗和洗脱。相较于传统液液萃取法，该方法可降低目标物损失，提高回收率，缩短样品预处理时间。且该方法的利用率高，不需要进行样本的处理，具有省时省工的优点，是目前兽药残留净化方法的主流技术。适用于测定肉类、鸡蛋、牛奶等中的磺胺类、四环素类、糖皮质激素类等大多数兽药残留的检测。使用该方法需要注意的是，在操作的过程中可能会对一些干扰性的物质进行选择性的吸附，干扰到被测物质，也可能将被测物质和杂质同时吸附出来，操作时需要对被测物质进行选择性的洗脱。

2.3　基体固相分散技术

基体固相分散技术是同步处理样品和单体固相萃取材料，装柱处理半干状态的混合物，借助不同溶剂对柱子进行淋洗，即可高效洗脱各种待测物。基体固相分散技术一般可分为研磨分散、转移和洗脱 3 个步骤。该技术的操作流程较为简便，省略了匀浆、离心、沉淀等环节，减少了前处理中样品的损失。各种分子结构的兽药、极性农药残留提取净化皆可采用该技术。该技术实用性强，可以同时实现对样本的浓缩和净化，不需要进行离心、沉淀等步骤，可以降低样品的损失率。相对于其他净化方法，其操作简便，不需要特殊的仪器设备。该方法在测定鸡蛋和肉类中磺胺类药物残留中多有应用。

2.4　QuEChERS 法

QuEChERS（Quick、Easy、Cheap、Effective、Rugged、Safe），是近年来国际上最新发展起来的一种用于农产品检测的快速样品前处理技术，方法原理类似于固相萃取净化，通过吸附杂质，使杂质得到净化；通过有机溶剂的应用，对目标化合物进行提取，并加入吸水剂，分离提取液中的水相和有机相，均匀混合有机相与净化剂后，即可达到净化目的。多适用于农药残留、高蛋白食品、谷物、土壤、茶叶等领域的分析，近年来逐渐开始在兽药残留检测领域发展应用。QuEChERS 法可大致分为两步，第一步，分离提取。在样品中先加入乙腈等提取液，再加入无水硫酸镁、氯化钠、硫酸钠等作为脱水盐，以分离有机相并促进待测物从水相转移到有机相，然后加入乙酸钠、柠檬酸钠等调节 pH，最后剧烈振荡、离心，取上清液。第二步，净化。在上清液中加入 N-丙基乙二胺（PSA）、石墨化炭黑（GCB）、十八烷基二氧化硅（C_{18}）等吸附剂，同时常加入脱水盐，离心后取上清液，经简单处理即可上机检测。QuEChERS 法具有提取效率高、操作方法简单、处理成本低、试剂毒性小等优点，但该方法也存在净化效果较差、易受基质干扰等缺点，且检测复杂成分样品兽药残留的可用国家标准方法较少，对含水量低或者脂肪含量高的样品，净化效果不理想、提取效率低、净化过程损失大。目前在磺胺类、β-内酰胺类、大环内酯类、阿维菌素、喹诺酮类等违禁药物和常用兽药的前处理中 QuEChERS 法逐渐被开发应用，QuEChERS 法在兽药残留检测中的应用已在国内外学者的研究中相继出现，也陆续出现在新发布的动物产品兽药残留检测标准中。

3　浓缩

在残留分析中，提取和净化后，必须对组分进行浓缩和富集，使供测定的样品达到仪器能够检测的浓度或进行溶剂转换。浓缩是指通过减少样品溶液中的溶剂使组分的浓度升高；富集常指利用固液萃取的方法浓缩某种组分。溶剂挥发法是常规的浓缩方法，常用的溶剂挥发法有减压蒸馏和气流吹蒸两种方式。目前，常见的浓缩方式有以下几种。

3.1　减压蒸馏法

减压蒸馏主要应用旋转蒸发仪进行，旋转蒸发仪是残留分析中最常用的浓缩装置，包括旋转烧瓶、冷凝器、溶剂接收瓶、真空设备、加热源和马达。当烧瓶缓缓转动时，液体在瓶壁展开成膜并在减压和加热条件下被迅速蒸发，达到浓缩的效果。该浓缩方法广泛应用于各类动物组织中兽药残留的检测。磺胺类、糖皮质激素类、β-受体激动剂、雌激素类等药物测定中均有应用，该方法具有浓缩速度快，溶剂可以回收的特点。但其缺点是在溶剂沸腾时可能会造成样品的损失，使用过程中应防止发生暴沸，避免样品损失。

3.2　氮吹法

氮吹法是利用空气或氮气流将溶剂带出样品，一般在加热条件下进行，该方法多适用于少量液体的浓缩。浓缩过程中不要将样品直接蒸干，此方法容易使蒸气压较高的组分损失，必须干燥时应在最后缓缓吹入氮气或空气，也可加入少量不干扰测定的高沸点物质，减少吸附损失。该方法可实现大量样品的快速浓缩，在动物产品中兽药残留检测的前处理中广泛应用。氮吹法的主要优点有：一次可处理多个样品，在多因素、多水平的重复实验中优势更为明显；实验操作简洁、灵活，可以不受约束地随时调节浓缩的进程；实验中不需要操作者长时间的维护，节省人力；在浓缩时准确、灵敏可避免样品损失。但该方法不适用于大量溶剂的浓缩。氮吹仪应当在通风橱中使用，保护实验者的手和眼睛，避免有机溶剂对人体的伤害。

第 2 节　快速筛查检测法

快速筛查检测法主要用于对兽药残留初步的分析和判断，可以用于大批量样品的快速检测，具有高选择性、高灵敏度、高准确性以及实用性较强等优点，在一定程度上能有效避免传统化学法及其他设备的不足。但该方法的高敏感性使检测阳性率高于传统检测法，且快速筛查检测结果不能用作监管部门的执法依据。因此，在兽药残留检测工作中多用此法进行大批量样品的快速筛查，筛查出的阳性样品再利用液相色谱等检测技术进行确证检验。该方法主要包括：ELISA 法、胶体金免疫法、放射性免疫法及化学发光免疫分析法等。

1　ELISA 法

ELISA 法主要是通过在酶的高效催化反应作用下产生抗体抗原的免疫显色反应定性定量分析，检测原理是待测物含量与免疫反应所产生的颜色具有相关性，可通过颜色的深浅程度达到定性、定量分析的目的。其优势是操作简便，成本较低，灵敏度相对较高，适用于大批量样品的兽药检测，常用于养殖场、屠宰场、肉产品深加工厂等。不足之处是一次只能检测某种或者某类物质，不能多目标物检测。ELISA 法可先定性筛查，再用检测仪器确认结果。在兽药残留检测中四环素类、硝基呋喃类、氟喹诺酮类、金刚烷胺、氟苯尼考等药物常用此法进行快速筛查检测。

以鸡肉中金刚烷胺残留测定为例，使用 ELISA 法测定前处理步骤如下：准确称取 2.00 g 均质后的样品于离心管中，加入 0.5 g 氯化钠，加入 6 mL 乙腈，充分涡动 1 min；8 000 rpm 离心 5 min，取 4 mL 上清液于干净离心管中，50~60 ℃水浴氮气吹干，加入 0.5 mL 样品稀释液，充分涡动 30 s，取 50 μL 进行检测。从冰箱中取出金刚烷胺试剂盒回温至室温，用前试剂均摇匀；取所需微孔数；加标准液、试样 50 μL 到各自对应的微孔中；再加入 50 μL 酶标记物工作液，50 μL 抗体工作液到各自对应的微孔中，用盖板膜封板，左右轻敲酶标板，充分混匀，将其置于 23 ℃避光反应 30 min；取出将孔内液体甩干，用已稀释的洗涤缓冲液洗板 4 次，每次 260 μL，每次浸泡 30 s，用吸水纸拍干；立即在每孔中加入 100 μL A、B 混合液，左右轻敲酶标板，置室温下（23 ℃）避光反应 15 min；加入终止液 50 μL，轻轻振荡混匀，设酶标仪于 450 nm、630 nm 双波长检测，测定 OD 值。

2 胶体金免疫法

胶体金免疫法是通过将待测样品与固定在试纸条上的胶体金标记抗体结合进而产生特异性免疫反应，胶体金颗粒的特性在于电子密度高，样品能够滞留在检测区域并呈现出不同的颜色，结合显色结果即可完成定性分析。当前，胶体金免疫法凭借低成本、使用方便等优势，被广泛应用于兽药残留快速初筛工作当中。例如，呋喃类药物和蛋白在体内结合有诱导突变作用，在进行兽药残留检测时，根据免疫竞争胶体金的层析原理，有学者研制出了检测猪肉中呋喃妥因代谢物免疫试纸条，对呋喃妥因最低检测极限值为 2.33 μg/L，不仅灵敏度好，而且检测速度较其他方法更快。

3 放射性免疫法

放射性免疫法借助放射性受体竞争的原理，即可实现对畜产品兽药残留量的快速检测。当前，放射性免疫法凭借自身较强的灵敏性、特异性、简便易行、用样量少等优势，被广泛应用于畜产品磺胺类药物残留量初筛检测中，但该技术也有一定的劣势，如易于出现假阳性反应和交叉反应现象，组织样品处理效率低等，这在一定程度上限制着其应用。目前该方法在磺胺类、氯霉素、青霉素等兽药残留检测中得到了应用。有学者应用 Charm II 放射免疫分析方法测定猪尿样的磺胺类残留，方法检测限为 200 μg/kg，符合欧美等对磺胺类最大残留限量的检测要求，并且快速简便，在 30 min 内可得初筛结果，假阴性率为 0%，特别有助于大批量样品的初筛。牛奶中四环素类抗生素残留检测的放射免疫方法，利用放射免疫方法检测牛奶中四环素、土霉素、金霉素 3 种四环素类药物的最低浓度可分别达到 30、100、50 μg/L，RSD（n=6）均小于 3.9%，方法特异性强，且与环丙沙星、链霉素、青霉素 G、阿莫西林、磺胺嘧啶、磺胺甲基嘧啶、红霉素、螺旋霉素无交叉反应。

4　化学发光免疫分析法

化学发光免疫分析法是在化学发光强度和被测物含量之间关系的基础之上所形成的分析测定技术。目前化学发光免疫分析中使用最多的是鲁米诺类和吖啶酯类这两类物质。在畜禽兽药残留检测中 β-兴奋剂的快速和多重测定引入了化学发光方法，利用莱克多巴胺和沙丁胺醇作为模型，在最佳条件下，可以在 0.50~40 ng/mL 和 0.10~50 ng/mL 的线性范围内分别检测到莱克多巴胺和沙丁胺醇，LOD 值分别为 0.20 ng/mL 和 0.040 ng/mL。该方法凭借自身较高的灵敏度、效率、简单快速等优势，被广泛应用于畜产品克伦特罗、磺胺类等兽药残留量的检测当中，但该技术也存在一定的劣势，如：试剂稳定性差、检测精度有待提升等。

第 3 节　仪器检测法

在兽药残留检测中主要应用的仪器检测方法为色谱技术，色谱技术是涵盖范围较广的综合性系统，主要是将等待分离的物质在固定相和流动相之间进行反复平衡分配，因为物质在两者之间的分配系数不同，并且各个物质随流动相运动速度不同，不同残留物、不同组分在固定相保留的时间不同，从而实现相互分离。根据物质分离机理不同，色谱技术又可以划分成吸附色谱、离子色谱、凝胶色谱、分配色谱和亲和色谱等，当前在畜产品兽药残留检测中常用方法有液相色谱法、气相色谱法、气相色谱串联质谱法、液相色谱串联质谱法以及薄层色谱法等。

1　高效液相色谱法

高效液相色谱法以经典的液相色谱为基础，以液体为流动相，采用高压输液系统，将具有不同极性的单一溶剂或不同比例的混合溶剂、缓冲液等流动相泵入装有颗粒极细的高效固定相的色谱柱，在柱内各成分被分离后，进入检测器进行检测。此方法主要适用于极性大、沸点高的化合物的分离分析，因此可直接应用于具有此类特征的兽药的分析中。根据待测物性质的不同，高效液相色谱有多种检测器可供选择，包括最常用的紫外检测器、荧光检测器、电化学检测器、化学发光检测器、二极管阵列检测器等，可实现对多种兽药的同时检测，提高多残留兽药的检测效率。这也使其在多类兽药的残留分析中都有很好的应用。动物源性食品中四环素类、磺胺类、甲砜霉素、尼卡巴嗪、地克珠利、阿维菌素类、泰乐菌素、阿苯达唑、替米考星、头孢噻呋等药物残留测定广泛应用此技术。该技术分辨率、灵敏度和精密度较高，操作难度较小，重复性优良，目前在多种化合物分离分析领域应用较为广泛，也开始被应用于农兽药残留检测。高效液相色谱法具有分析速度快、分离效能高、灵敏度高、应用范围广等优点。但液相色谱法分析成本和日常维护费用高。以牛可食性组织中氨丙啉残留的液相色谱测定为例，前处理方法如下：提取时取试料 5 g（精确至 0.01 g），加乙腈 10 mL，1000 r/min 均质 1 min，5000 r/min 离心 5 min，取上清液于鸡心瓶中。残渣加乙腈 10 mL，重复提取 1 次，合并 2 次上清液，加正丙醇 5 mL，于 50 ℃水浴中旋转蒸发至干，用磷酸盐缓冲液 20 mL 溶解残余物，备用。净化时固相萃取柱依次用甲醇、水各 5 mL 活化。取备用液 50~100 mL 过柱，用水 5 mL 淋洗，挤干。加流动相 4 mL，洗脱，挤干，收集洗脱液，混匀，滤过，供高效液相色谱测定。

2 气相色谱法

气相色谱法利用物质的沸点、极性及吸附性质的差异来实现混合物的分离。待分析样品在气化室气化后被惰性气体带入色谱柱，柱内含有液体或固体固定相，由于样品中各组分的沸点、极性或吸附性能不同，每种组分都倾向于在流动相和固定相之间形成分配或吸附平衡。主要适用于分析各种气体和易挥发的有机物质，但在一定的条件下，也可以分析高沸点物质和固体样品，可以用于分析一些沸点较高的兽药。该方法具有分析速度快、分离效率高、灵敏度高、稳定性好等诸多优点，检测限一般可达到 μg/kg 级，常用于复杂样品的痕量分析。对于难挥发和热不稳定的物质难以分析，由于大多数兽药是极性和沸点较高的化合物，因此用该法检测前必须进行衍生化，操作较为烦琐，这限制了其在兽药残留分析中的应用。且在对组分直接进行定性分析时，必须用已知物或已知数据与相应的色谱峰进行对比，或与其他方法（如质谱、光谱）联用，才能获得直接肯定的结果。国家标准中对动物食品中氟胺氰菊酯、氯霉素、二氯二甲吡啶酚等药物的残留量使用此法测定。

以禽肉中二氯二甲吡啶酚残留量气相测定法为例，样品前处理步骤如下：称取约 5.00 g 鸡肉样品于 50 mL 离心管中，准确加入 20 mL 甲醇，放入超声清洗器中超声提取 30 min，在 4 000 r/min 条件下离心 10 min，吸取上层清液 5 mL，移入氧化铝固相萃取柱中，氧化铝固相萃取柱使用前须经 5 mL 甲醇活化，提取液以 2 mL/min 流速流出，再用 5 mL 甲醇洗涤氧化铝柱，收集滤液和洗液于 15 mL 离心管中，用氮吹仪 50 ℃条件下氮吹至约 0.5 mL，用于衍生化。在 15 mL 离心管中依次加入 4 mL 0.1 mol/L 四硼酸钠溶液、1 mL 正己烷、25 μL 吡啶和 50 μL 丙酸酐，振荡 2 min。在 4 000 r/min 条件下离心 3 min，取上清液 1 μL 进样，供气相色谱测定。

3　气相色谱串联质谱法

气相色谱串联质谱法在对样品进行分析检测时，混合物样品经过气相分离进入质谱仪离子源，经过电离过程转化为离子，然后离子再逐步经过质量分析器和检测器转换生成质谱信号录入计算机中，实现样品的定性和定量检测。该方法主要适用于部分容易挥发的兽药，而且分析的兽药必须是具备较低的化合物分子量，不适合分析沸点高、极性大、热不稳定的化合物。此方法的优点是定性、定量结果可靠。除了能提供保留时间外，还能提供质谱图，由质谱图中的结构碎片等信息进行定性。缺点是进行兽药残留分析前通常需衍生化，步骤较烦琐，这使其在兽药分析中的应用大大受限，不及 LC-MS 应用广泛。国家标准中对动物性食品中拟除虫菊酯类药物、氯霉素、17β-雌二醇、雌三醇、炔雌醇和雌酮残留量、香酚残留量、氯羟吡啶、克伦特罗等药物使用此法。

以动物性食品中 17β-雌二醇、雌三醇、炔雌醇和雌酮残留量的气相色谱串联质谱测定方法为例，样品前处理步骤如下：取试样 5 g（精确至 0.01 g），于 50 mL 离心管，加乙酸钠缓冲液 10 mL，均质 1 min，涡旋振荡 2 min，加葡萄糖醛酸酶或芳香基硫酸酯酶 20 L，50 ℃酶解 2 h，加乙酸乙酯 20 mL，涡旋振荡 3 min，1 000 r/min 离心 5 min，收集上清液于 100 mL 鸡心瓶中，残渣中加乙酸乙酯 20 mL，重复提取 1 次，合并上清液，40 ℃水浴旋转蒸发至近干，用氢氧化钠溶液 6 mL 分 3 次溶解洗涤鸡心瓶，洗液转入 50 mL 离心管中，加正己烷 20 mL，涡旋振荡 1 min，1 000 r/min 离心 5 min，收集下层清液，加乙酸铵溶液 1 mL，用乙酸调 pH 至 5.0~5.2，进入净化步骤。取 C_{18} 固相萃取柱，依次用甲醇、水，各 5 mL 活化。

取备用液，过柱，分别用水、甲醇水溶液各 5 mL 淋洗，抽干，加甲醇 5 mL，洗脱，收集洗脱液，50 ℃水浴氮气吹干。加乙酸乙酯正己烷溶液 5 mL 使溶解，备用；取硅胶固相萃取柱，加正己烷 5 mL 活化，取备用液过柱，淋洗，抽干，加乙腈 5 mL，洗脱，收集洗脱液，50 ℃水浴氮气吹干。加甲苯、衍生化试剂各 100 μL 于上述氮气吹干的玻璃试管中，振荡混合，封口，于 80 ℃烘箱中衍生 60 min，冷却，供气相色谱串联质谱仪测定。

4 液相色谱串联质谱法

该方法用液相色谱与质谱分离鉴定化合物与目标物，样品净化之后，由色谱对化合物进行分离，然后由质谱部分再次进行分离，基于检测系统的支持，即可构建目标物的质谱图。此方法广泛应用于蛋白质（组）研究、药物开发、药物代谢、有机化学、环境分析、毒物分析、残留分析、食品检验、商品检测分析等众多领域。该技术的优点是融合了色谱与质谱技术的双重优势，能良好分离复杂基质中的多种化合物，具有较高的灵敏度和选择性。由于兽药残留分析过程中存在着待测物质浓度低、样品基质复杂、干扰物质多、兽药残留代谢产物多样或不明确等因素，该技术所具有的高分离度、高灵敏度及定性和定量准确等优点，使其在兽药残留等微量分析领域广泛应用。国家标准中动物源性食品中氟喹诺酮类、酰胺醇类、尼卡巴嗪、磺胺类、氨基糖苷类、四环素类、阿维菌素类、硝基呋喃类、β-受体激动剂类、激素类等药物残留检测多用此方法。尤其对违禁药物的检测具有准确、灵敏、检出限低等优点，可检测大多数的兽药化合物。但该方法使用的仪器售价和维护成本较高。

以鸡肉中氟喹诺酮类药物残留量的液相色谱串联质谱测定法为例，样品前处理步骤如下：提取时称取 5.00 g 试料，置于 50 mL 离心管中，加入 0.1 mol/L EDTA-Mcllvaine 缓冲液 10 mL，旋涡 1 min 后，中速振荡 10 min，于−4 ℃ 10 000 r/min 离心 5 min。取上清液于另一离心管中，残渣重复提取一次，合并提取液。在上清液中加入 10 mL 水饱和正己烷，旋涡混匀，振荡 10 min，于−4 ℃ 10 000 r/min 离心 5 min，取下层液再加入 10 mL 水饱和正己烷，重复提取一次，取下层液备用。净化用 HLB 固相萃取柱，用 6 mL 甲醇、6 mL 水活化，备用液过柱，用 2.5 mL 5%甲醇水溶液淋洗，抽干，再用 6 mL 甲醇洗脱并收集洗脱液，45 ℃氮气吹干，用 1.0 mL 0.2%甲酸水溶液溶解，过滤膜，供超高效液相色谱-串联质谱仪测定。

5　液相色谱-飞行时间质谱法

相较于传统串联四极杆质谱法，该方法的优势在于具有更快的扫描速度与更高的分辨率、准确度等，同时能精确获取化合物特征碎片离子的质量信息。并借助软件分析技术的应用，对未知化合物的分子结果进行分析，高效筛选与确定目标物、未知物等。飞行时间质谱仪能够提供精确质量数，同时还能提供二级质谱离子及离子比例共定性和定量，可提高对畜产品中兽药残留的检测能力，目前在兽药残留检测中主要用于对未知化合物的分析测定，也可用于动物源性食品中降血脂、β-受体阻滞剂及代谢物、磺胺类、氟喹诺酮类等药物残留高通量测定。

6　薄层色谱法

薄层色谱法（Thin-Layer Chromatography，TLC）是一种简便、快速的传统色谱分析方法，适用于挥发性较小或在较高温度条件下易发生变化的兽药分析。当前，TLC 主要应用于磺胺嘧啶、磺胺甲嘧啶等磺胺类兽药残留的检测工作中，最低检测限能够达到 0.136 μg/mL，也在四环素类抗生素混合物的快速定性鉴定中应用。该方法的优点是简便快捷，不需要复杂仪器，它可同时测定多个样品、分析成本低。缺点是重现性不好、灵敏度及分辨率不及色相色谱和高效液相色谱，使它在兽药多残留分析中的应用受到限制。而高效薄层色谱的出现，极大地提高了其灵敏度、分辨率及重现性，国内外学者的研究相继扩宽了其在兽药残留分析中的适用范围。

第9章 畜产品中兽药残留检测设备

兽药残留分析主要是通过色谱以及质谱等大型精密仪器进行检测。液相色谱仪以及气相色谱仪灵敏度较高，具有较强的选择性，能够进行定性、定量分析，在兽药检测方面具有较强应用价值。质谱分析仪主要是结合不同分析对象的质荷比进行分析，色谱质谱联用的方式主要包括气相色谱串联质谱、液相色谱串联质谱技术，该技术能在多种干扰物质存在的前提下精准定位浓缩药物的残留成分以及具体含量。本章详细介绍了液相色谱-串联质谱仪、超高效液相色谱仪和液相色谱仪等大型精密畜产品质量安全检测分析仪器的型号特点、功能原理、适用范围、操作规程、维护、注意事项和故障排除。兽药残留检测常用仪器设备见附表3。

第1节 高效液相色谱仪（Agilent 1100）

高效液相色谱仪应用高效液相色谱原理，主要用于分析高沸点不易挥发的、受热不稳定的和分子量大的有机化合物的仪器设备。具有分辨率高、灵敏度高、分析速度快等特点，因而被广泛应用到生物化学、食品分析、医药研究、环境分析、无机分析等各种领域。本节以Agilent 1100高效液相色谱仪在兽药残留领域应用为例进行介绍。

1 型号特点

Agilent 1100高效液相色谱仪由美国安捷伦科技有限公司生产，于1996年问世。它主要由在线真空脱气机、四元梯度泵、自动进样器、柱温箱和检测器5个模块组成。该仪器组件外形设计、具有灵活多变的组合方式，系统性能指标优良，可耐 400 bar 的高压；化学工作站采用连续的图形化操作模块，界面友好，便于使用者学习和操作；四元梯度泵可同时使用 4 种溶剂，快捷方便，流速范围宽，应用范围广；自诊断功能具有内建的工作日志和程序方法，可帮助使用者快速查找故障并及时排除。

2　功能原理

高效液相色谱仪储液器中的流动相被高压泵打入系统，样品溶液经进样器进入流动相，被流动相载入色谱柱（固定相）内，由于样品溶液中的各组分在两相中具有不同的分配系数，在两相中做相对运动时，经过反复多次的吸附−解吸的分配过程，各组分在移动速度上产生较大的差别，被分离成单个组分依次从柱内流出，通过检测器时，样品浓度被转换成电信号传送到记录仪，数据以图谱形式打印用于定性和定量分析。

3　适用范围

高效液相色谱仪具有高分辨率、高灵敏度、速度快、色谱柱可反复利用、流出组分易收集等优点，因而被广泛应用到生物化学、食品分析、医药研究、环境分析、无机分析等各领域，可以分离热不稳定和非挥发性的、离解的和非离解的以及各种分子量范围的物质，可用于畜产品中兽药残留、环芳烃、农药残留、食品营养成分、食品添加剂、食品污染物分析，以及代谢物测定、药代动力学研究、临床药物监测等。

4　仪器操作

4.1　开机

4.1.1　开机准备

准备好流动相，打开电源稳压器，待电压稳定在 220 V 后，打开计算机，进入 Windows 操作系统，CAG Bootp Server 程序自动运行。

4.1.2 打开电源

打开 Agilent1100 HPLC 各个模块电源开关，等仪器自检通过并与计算机通信成功（约 1~2 min）后，双击"Instrument Online"图标，进入工作站界面。

4.1.3 设置灌注参数

打开"Purge"阀，点击"pump"图标，出现参数设置菜单，点击"Setup pump"，设置泵流量为 5 mL/min，点击"OK"。

4.1.4 灌注

点击"pump"图标，出现参数设置菜单，点击"Pump control"选项，点击"on"，系统开始 Purge，直至管路中无气泡为止。点击"pump"图标，出现参数设置菜单，点击"Pump control"选项，点击"off"，关闭 Purge 阀，结束灌注。

4.1.5 设置溶剂体积

点击泵下方的溶剂瓶图标，输入溶剂的瓶体积和溶剂的实际体积，输入泵的停止体积，点击"OK"。

4.1.6 设置流速

打开缓冲盐冲洗系统，调节流速，使 10%的异丙醇以 2~3 滴/min 的流速流出。

4.2 采集方法编辑

依据检测标准上的色谱条件设置泵参数、检测器参数、自动进样器参数和柱温箱参数。

4.2.1 设置方法

点击"Method"菜单，选中"Edit Entire Method"菜单，在方法信息窗口中输入方法的描述信息后（可不填），点击"OK"。

4.2.2 设置泵参数

在"setup pump"窗口设置泵流速、溶剂比例及名称，点击"OK"。

4.2.3 设置自动进样器参数

在自动进样器参数设置窗口输入进样体积，点击"OK"。

4.2.4 设置柱温箱参数

在柱温箱参数设置方法柱温，点击"OK"。

4.2.5　设置检测器参数

在检测器参数设置窗口设置检测波长，点击"OK"。

4.2.6　设置运行时间表

在"Run Time Checklist"窗口中，勾选"Data Acquisition"和"Standard Data Analysis"两项，点击"OK"。

4.2.7　保存数据采集方法

点击"Method"菜单，选中"Save method"，输入方法名称，点击"OK"。

4.2.8　另存方法

点击"Method"菜单，选中"Save method as"，输入方法名称，点击"OK"。

4.2.9　下载方法

点击"Method"菜单，点击"Load Method"，选择方法，点击"OK"。

4.2.10　平衡系统

点击"System on"，运行仪器，平衡系统至少 30 min。

4.3　数据采集

4.3.1　单个样品分析

点击"Run Control"菜单，选中"Sample Info"菜单，在弹出的窗口中输入操作者姓名、样品瓶位置、在"Data file"中选择"Manual"或"Prefix"样品信息。点击"Start"或点击左上角快捷键的单个进样瓶，运行当前方法，采集样品数据。

4.3.2　多个样品连续分析（序列进样）

点击"Sequence"菜单，选择"Sequence table"，输入进样瓶位置、样品名称、进样次数、进样方法、进样体积等信息，点击"OK"。

4.3.3　保存序列表

点击"Sequence"菜单，选择"Save Sequence as"，输入序列名称，点击"OK"。

4.3.4　运行序列

点击"Sequence"菜单，选择"Run Sequence"或点击左上角快捷键的 3 个进样瓶，点击"Start"，运行序列，采集样品数据。

4.3.5　终止进样

点击信息栏上方绿色按钮"Stop"。

4.4　数据分析

4.4.1　进入离线工作站

在桌面点击"Instrument offline",进入离线工作站。

4.4.2　进入数据分析界面

在"View"菜单中,点击"Data analysis"进入数据分析界面。

4.4.3　调用信号

点击"File"菜单选择"Load Signal",选中数据文件名称,点击"OK"。

4.4.4　优化图形显示

点击"Graphics"选择"Signal Options",在弹出窗口中选择"Auto scale",选择合适 X 轴和 Y 轴,点击"OK",或选择"Use Range"调整,输入 X 轴和 Y 轴的值。

4.4.5　优化积分

点击"Integration"选择"Auto Integrate"。如果积分不理想,点击"Integration"选择"Integration Events",选择适合的"Slope sensitivity""peak width""Area reject""Height reject"。选择"Integrate",积分。如果积分不理想,则修改相应的积分参数,直至满意为止,点击左边"√"图标,保存积分参数并退出积分事件窗口。

4.4.6　校正设置

点击"Calibration"菜单,选择"New Calibration Table",选择"Automatic Setup Level",并设置校正系数为"1",点击"OK"。

4.4.7　建立校正曲线表

在校正表中选择所要的色谱峰、输入校正级数、化合物名称、标液浓度,如果采用内标法,标记内标峰,点击"OK"。

4.4.8　再校正

点击"File"菜单选择"Load Signal",选中数据文件名称,点击"OK",调用相同浓度的第 2 个色谱图。点击"Calibration"选择"Recalibration",在校正表中输入校正级别和校正浓度，此时校正表右侧自动绘制各组分的标准曲线，并计算出回归方程。

4.4.9　保存数据处理方法

依次调用不同浓度的数据，按上述步骤继续进行多级校正，点击"File"菜单项下"Save Method As"，保存方法。

4.5　打印报告

4.5.1　调用样品文件

点击"File"菜单选择"Load Signal"，选中数据文件名称，点击"OK"。

4.5.2　选择报告模板

选择"Report"菜单选择"Specify report"或点击右侧快捷键图标，选择报告格式、定量方法等，点击"OK"。

4.5.3　打印

点击"File"菜单，选择"Print Report"菜单或者点击打印预览图标，在屏幕上生成被测样品定量报告，点击报告预览窗口右下角的"Print"键。

4.6　关机

4.6.1　冲洗系统

反相色谱柱使用完毕后，用 5%~10%甲醇水溶液冲洗系统 30 min 以上（如果流动性中无缓冲盐此步骤可省略），然后用甲醇冲洗系统 30 min；正相色谱柱使用完毕后，用正己烷∶水（10∶90）冲洗 1 h，用正己烷∶水（90∶10）或纯正己烷冲洗 1 h。需要注意，色谱柱不用时一般都保存在高浓度的有机相中，而试验中的流动相大多含有缓冲盐，如果不经冲洗就直接走流动相的话，很容易使流动相中的盐在色谱柱中的高浓度有机相中析出，而对色谱柱造成严重损伤。

4.6.2　关闭系统

点击工作站右上角的关闭键，关闭工作站。返回 Windows 操作系统，依次关闭 Agilent 1100 高效液相色谱仪各个模块电源开关，关闭计算机和稳压电源。

4.6.3　清理仪器现场

清理仪器现场，填写仪器使用记录。

5 期间核查

期间核查的目的是对测量仪器是否保持其原有校准状态而进行的确认操作，即是对测量仪器和该测量仪器所开展的工作进行的一种质量控制。

5.1 检查项目及技术要求

（1）仪器电路系统：仪器电源线、信号线等插接紧密，各开关、旋钮、按键等功能正常，指示灯灵敏，开机并自检通过。

（2）泵耐压检查：应无泄漏。

（3）泵流量设定值误差 S_S：$S_S \leqslant 3\%$。

（4）流量稳定性误差 S_R：$S_R \leqslant 2\%$。

（5）紫外基线噪声 $\leqslant 5 \times 10^{-4}$ AU。

（6）紫外基线漂移 $\leqslant 5 \times 10^{-3}$ AU/30 min。

（7）荧光基线噪声 $\leqslant 5 \times 10^{-4}$ FU。

（8）荧光基线漂移 $\leqslant 5 \times 10^{-4}$ FU/30 min。

（9）整体性能检查：RSD_6 不超过 3%。

5.2 检查条件

（1）环境条件：温度为 10~30 ℃；相对湿度为 30%~75%。

（2）仪器应置于干燥通风和无腐蚀气体的房间内进行检查。

（3）周围应无影响检查的强电场、强磁场和强烈振动。

5.3 检查试剂和仪器条件

（1）试剂条件：可溯源的标准物质，色谱纯试剂。

（2）仪器条件：检定或校准过的电子天平、容量瓶、温度计等。

5.4 检查方法

（1）仪器电路系统：检查仪器电源线、信号线等插接是否紧密，各开关、旋钮、按键等功能是否正常，指示灯是否灵敏，开机仪器是否通过自检。

（2）泵流量检查。

① 色谱条件：色谱柱为 C_{18} 柱；流动相为 100%甲醇，流量设定值 $F_S =$ 1.0 mL/min，压力平稳后用容量瓶收集流动相，计时 $t = 5$ min，测量 3 次。

② 按下式计算泵流量设定值误差 S_S 和流量稳定性误差 S_R：

$$S_S = \frac{\bar{F}_m - F_S}{F_S} \times 100\% \qquad S_R = \frac{F_{max} - F_{min}}{\bar{F}_m} \times 100\% \qquad F_m = \frac{W_2 - W_1}{\rho \times t}$$

式中，F_m 为流量实测值，mL/min；$\bar{F}_m$ 为三次流量平均值；F_{max} 为流量最大值，mL/min；F_{min} 为流量最小值，mL/min；W_1 为容量瓶重，g；W_2 为容量瓶+流动相重，g；ρ 为试验温度下甲醇密度，g/mL；t 为测量时间，s。

（3）紫外检测器。

① 色谱条件：色谱柱为 C_{18} 柱；流动相为 100%甲醇；流速为 1.0 mL/min；波长为 254 nm。

② 紫外基线噪声：仪器稳定后记录基线 30 min。读出或换算出以 AU 为单位的基线噪声值。

③ 紫外基线漂移：色谱条件、数据记录均同"基线噪声"。读出或换算出以 AU/30 min 为单位的基线漂移值。

（4）荧光检测器。

① 色谱柱为 C_{18} 柱，流动相为 100%甲醇，流速为 0.4 mL/min，激发波长为 290 nm，发射波长为 330 nm。

② 荧光基线噪声：仪器稳定后记录基线 30 min。读出或换算出以 FU 为单位的基线噪声值。

③ 荧光基线噪声：仪器稳定后记录基线 30 min。读出或换算出以 FU/30 min 为单位的基线噪声值。

（5）整体性能检查。选择一标准品连续测量 6 次，计算峰面积 RSD_6 值。

5.5　检查结果判定

检查结果全部项目均符合技术要求者，判为合格，方可使用。如不符合，应予检修后再行检查。

5.6　检查周期

检查周期为 1 年 1 次，若设备使用频繁、对仪器性能有怀疑者、可增加核查次数；仪器设备维修或长期不开机，使用前核查，并记录检查结果。

6 维护保养

（1）流动相应采用超纯水和色谱纯有机溶剂，过滤膜超声脱气后使用，所有样品必须过滤后方可上机。

（2）溶剂过滤器长菌或堵塞，可将溶剂过滤头放入 35% 的浓硝酸中浸泡 1 h 后，用超纯水彻底冲洗过滤头。如果依然堵塞，可增加浸泡时间，不能使用超声波清洗机清洗。

（3）流动相使用缓冲盐时，使用结束后，必须将缓冲盐通道转换为超纯水冲洗管路系统，然后再用有机溶剂冲洗。

（4）如果打开"Purge"阀，流动相为纯水，流量设置为 5 mL/min（如排气时）时，系统压力超过 10 bar，须更换"Purge"阀过滤白头。

（5）使用棕色瓶盛放水溶性流动相，可以避免菌类的生长。

（6）开机时缓冲盐冲洗系统 seal wash 液必须打开，用 10% 的异丙醇以 2~3 滴/min 的速度虹吸排出，溶剂不能干涸，不可循环使用。

（7）使用完毕后，用 5%~10% 甲醇冲洗柱子 30 min 以上，再用甲醇冲洗，将色谱柱保存在甲醇中。

（8）使用结束后，脱气机的所有通道应全部保存在有机溶剂中。打开"Purge"阀，将滤头依次置于甲醇中，设置流量为 5 mL/min，冲洗 10 min。

7 注意事项

（1）色谱柱使用注意事项：用前仔细阅读色谱柱附带的说明书，注意色谱柱的适用范围，如 pH 范围、流动相类型等；安装色谱柱前应观察色谱柱流向，按箭头方向安装，以免安错；进样前，色谱柱应用流动相充分冲洗平衡，待基线稳定后方可进样。

（2）当更换流动相或仪器数天未使用再次使用时，管路和泵内可能会产生气泡，须打开"Purge"阀排除气泡。

（3）定期检查各自动进样器传动杆是否足够润滑，必要时先用酒精棉球擦拭干净后，再给这些杆涂抹少量液体润滑油，脏的传动杆会使阻力增大从而造成自动进样器在取样过程中由于马达过热导致出错。

（4）检查取样夹爪的绿色胶套是否损坏，如果损坏及时更换，否则会使样品放置位置不正确而导致针、针座损坏。

（5）经常用酒精棉球擦拭针座防止灰尘污染堵塞针和针座。

8 常见故障处理

8.1 系统停止运行

仪器各组件指示灯为红色，可点击"View"菜单下"Log book"查看工作日志，查找错误原因。

8.2 系统漏液

操作过程中发现系统压力变小，则可能是连接处有漏液，注意检查。如果漏液严重，系统会停止运行，工作站各模块显示红色，各组件指示灯也均为红色，找到有液体的漏液感应器，排除故障后，擦干漏液感应器上的液体，点击"Instrument system on"即可。漏液的主要原因有以下几点。① 色谱柱未拧紧，多数发生在更换色谱柱后。这时柱温箱会显示"Leak"。注意，柱温箱漏液传感器在两加热块之间的中间位置。② 连接管路两端未拧紧或连接管路断裂。③ 进样阀漏液，如自动进样器转子垫圈磨损造成漏液。④ 泵漏液。不开泵后将手伸入泵底部，如漏液可感到有液体。

8.3 系统压力高

操作过程中发现系统压力过高，则可能是管路堵塞，应先从系统后端查起。先断开色谱柱与检测器的连接，观察压力变化，若压力变小，则可能是检测器端出问题；若压力变化不大，再卸下色谱柱，观察压力变化，依次分段排除法检查，确定何处堵塞后解决。

8.4 停泵

运行过程中自动停泵，可能是压力超过上限或流动相用完，先检查流动相是否够，再按"系统压力高"步骤排查。

8.5 基线漂移

可能因为系统不稳或未达到平衡，环境温度不稳定，流动相污染，色谱柱污染、检测池泄漏、系统泄漏、固定相流失、检测器不稳定等，查找原因排除故障。

8.6 保留时间不重复

（1）首先观察保留时间是否规律变化，并同时观察压力是否稳定，若压力稳定而保留时间呈有规律的变化，多数是色谱柱未平衡好，特别是流动相中含有缓冲盐。

（2）若压力稳定而保留时间呈无规律变化，检查溶剂过滤头及真空腔是否有堵塞，再平衡色谱柱，若依然不能解决，更换色谱柱。

（3）若压力不稳定，检查造成压力不稳定的因素，如，漏液、排液时间不够、盐浓度过高导致盐析、主动阀比例阀内漏等。

8.7 不出峰

可能原因为检测器选择错误、检测器未开启、使用错误的流动相、样品降解、样品瓶位置错误，查找原因排除故障。

8.8 出现双峰/肩峰

可能原因为流动性比例不合适，峰未分开，保护柱或柱入口部分堵塞，色谱柱或保护柱被污染，色谱柱性能下降，保护柱失效，进样体积太大或样品浓度太高等。

8.9 比例阀内漏

仪器出现保留时间不稳定，排除其他原因后，可能是比例阀内漏。比例阀内漏的判断设定泵使用一个单独的通路（A），打开"Purge"，设定流速为 5 mL/min，提起其他溶剂瓶内的溶剂过滤头直至离开液面，观察这些通路（B、C、D）内的溶剂是否随着流动，通路内的液体流动说明比例阀内漏，正常时均应不流动。

8.10 氘灯点亮失败

（1）灯老化。在工作站中的"diagnosis"界面中查看灯的累计使用时间，分别点击"View""diagnosis""EMF"选择检测器，通常普通氘灯使用寿命在 1 000 h 或以上，长寿命氘灯能用 2 000 h 或以上。如果氘灯的寿命已到，更换氘灯。更换氘灯后，建议将灯的使用寿命归零：在"diagnosis"界面中点击检测器图标，然后选"show module details"，再点击右边的扳手的图标，选择"logbook entry"，在项目中选择"lamp replace"，点击"OK"，在提示对话框中点击"yes"。

（2）氘灯连线未接好，重新连接。

（3）检测器的主板或电源损坏，及时更换检测器的主板或电源。

第 2 节　超高效液相色谱仪

超高效液相色谱仪借助高效液相色谱法的理论及原理，运用小颗粒填料、低系统体积及快速检测手段等全新技术，增加了分析的通量、灵敏度及色谱峰容量，与传统的高效液相色谱相比，其速度、灵敏度及分离度分别是高效液相色谱的 9 倍、3 倍及 1.7 倍，它缩短了分析时间，同时减少了溶剂用量降低了分析成本。主要应用于化学化工、生物工程、食品卫生、医学、临床药物、环境保护等领域。本节主要以 Waters ACQUITY UPLC H-Class 超高效液相色谱仪为例介绍其在畜产品中兽药残留检测领域的应用。

1　型号特点

Waters ACQUITY UPLC H-Class 超高效液相色谱仪由美国沃特世公司生产，于 2010 年问世。它主要由四元梯度泵、自动进样器、柱温箱和检测器 4 个模块组成。超高效液相系统是一套经过优化的先进系统，具有四元溶剂混合的灵活性和简易性，四元溶剂泵可将 4 种溶剂按任何组成或比例混合。可选择使用内部溶剂选择阀将可选的溶剂种类增加至 9 种。并带有一个流通针式进样器，实现了 UPLC 分离的先进性能（高分离度、灵敏度和高通量），同时还保持了 ACQUITY UPLC 系统公认的耐用性和可靠性，可实现 HPLC 方法向 UPLC 方法的无缝转换，可耐 15 000 psi 的高压。

2　功能原理

超高效液相色谱借助高效液相色谱的理论及原理，样品在色谱柱中分离，被检测器检测，样品浓度转换成电信号传送至记录仪，数据被打印分析定量。但它实现了技术突破，采用坚固高效的 1.7 μm 的全多孔颗粒，柱效更高，分离速度更快，更耐高压。

3 适用范围

超高效液相色谱法的原理与高效液相色谱法基本相同，所改变的是小颗粒、高性能微粒色谱柱及高性能的硬件设施，具有分析速度更快、柱效更高、耐压大的特点，主要应用于畜产品中兽药残留、药物分析、生化分析、食品分析、环境分析和兽药非法添加检测。

4 操作规程

4.1 准备

4.1.1 制备流动相

所有用到的缓冲液和超纯水都要现配现用，有机相要使用进口的色谱纯试剂，流动相用 0.22 μm 滤膜过滤，超声。

4.1.2 制备清洗液

清洗柱塞密封圈（seal wash 溶剂）用 10%乙腈溶液；弱洗用 10%乙腈溶液（或与流动相初始比例一致）；强洗用 90%乙腈溶液。注意：seal wash 溶剂和弱洗液至少为 10%的有机相，可防止长菌。

4.2 检查

检查仪器各部分的电源线、数据线和输液管道是否连接正常。

4.3 开机

4.3.1 接通总电源

依次打开样品管理器、四元溶剂管理器、柱温箱和检测器的电源，待仪器自检完成（Power 状态灯右边的 Run 状态由红色变为绿色）。

4.3.2 登录系统

打开计算机电源，进入 Windows 操作系统。双击桌面"Empower"图标，输入用户名和密码（默认用户名为 system，密码为 manager）。根据需求选择"配置系统""运行样品"和"浏览项目"。

4.3.3 配置系统

点击"配置系统"，进入界面，左边目录选择系统，选中不需使用的系统，右键点击"离线"；选择需要的系统，右键点击"在线"。

4.4　建立项目

4.4.1　新建项目

双击"Empower3"软件图标，点击"配置系统"，左边目录选择"项目"，"右键—新建—项目—命名—确定"。

4.4.2　备份项目

双击"Empower3"软件图标，点击"配置系统"，左边目录选择项目，选中需要备份的项目，右键点击备份项目，浏览选择存放路径，点击下一步，完成。

4.4.3　还原项目

双击"Empower3"软件图标，点击"配置系统"，左边目录选择项目，右边空白处点击右键，点击"还原项目"，浏览选择存放路径，点击"下一步"，完成。

4.5　系统准备

4.5.1　进入控制台

点击"运行样品"，点击"ACQUITY UPLC"快捷键，打开控制台（在控制台运行样品界面，样品管理器 Sample Manger-FTN 控制面板右下角）。

4.5.2　灌注溶液

选中四元溶剂管理器，点击"控制""灌液溶剂"，勾选需要灌注的管路（A、B、C 或 D）进行灌注，通常灌注时间为 3 min，如果长时间停机或更换流动相，可适当延长灌注时间，点击"开始"，直至废液从出口连续流出停止。打开四元溶剂泵前门，查看废液出口有无液体流出。

4.5.3　清洗样品管理器

选中样品管理器，点击"控制"，勾选清洗溶剂"wash solvent"灌注洗针溶液，时间默认为15 s；勾选冲洗溶剂"Purge Solvent"灌注样品注射器，为 5 个循环，确定。如果更换 Purge 溶剂，至少进行 5 次循环灌注；如果样品注射器中有气泡，可适当增加灌注次数如 10 次，若反复灌注仍不能将气泡排出，可更换为纯甲醇进行灌注至气泡排出，然后将 Purge 管路放回低比例有机相的 Purge 溶液中，再做灌注 5 次。

4.5.4　清洗灌注密封圈

选中四元溶剂管理器，点击"控制""灌注密封圈清洗"。若长时间停机，需用注射器抽取直至有液体流出，再灌注。为避免污染，勿循环使用 seal wash 清洗液。

4.5.5　蒸发光检测器使用

若使用蒸发光检测器，打开电源前确保氮气压力已调节至 100 psi，且漂移管温度已升至目标温度。

4.6　新建仪器方法和方法组

根据检测方法规定的色谱条件设置参数，必要时根据检测情况适当调整。

4.6.1　选择系统和项目

双击"Empower3"软件图标，点击"配置系统"，选择需要的系统和项目。

4.6.2　新建仪器方法

双击 Empower3 软件图标，点击"运行样品"，点击"编辑菜单""新建方法"，启用"向导"，点击"新建"，进入"新建仪器方法"窗口。

4.6.3　设置四元溶剂管理器参数

设置流动相及其比例、梯度、流速。

4.6.4　设置样品管理器参数

设置柱温、样品室温度、清洗液体积、弱洗液体积等。

4.6.5　设置检测器参数

设置检测器参数，如波长等。

4.6.6　保存仪器方法

编辑完成，点击"文件""另存为"，命名仪器方法，关闭新建仪器方法窗口。

4.6.7　新建方法组

点击"方法组""新建方法组"，窗口中选择仪器方法，保存方法组（一般使用与仪器方法相同的名称）。

4.7　数据采集

4.7.1　平衡系统

双击"Empower3"软件图标，点击"运行样品"，主界面下方仪器方法小窗口，下拉菜单中选择需要的仪器方法，点击平衡/监视器，平衡至基线稳定，一般需要 30~60 min。

4.7.2　单进样

点击"查看""单进样",输入样品名、功能、样品板/孔、进样体积和运行时间,点击"进样"。

4.7.3　新建样品组方法

点击"文件""样品表",进入样品列表,输入样品板/孔、进样体积、功能、进样数、方法组/报告方法和运行时间等。

4.7.4　保存样品组方法

点击"文件",命名方法组,保存。

4.7.5　序列进样

点击工具栏绿色图标,选择需运行的样品组名称,点击"运行",开始进样。若需中断点击红色图标,选择中断类型,点击中断;中断后若需继续进样,点击绿色图标继续进样。样品组运行过程中,正在运行以及运行完毕的样品显示红色。

4.8　建立数据处理方法

4.8.1　选择项目

双击"Empower3"软件图标,点击"浏览项目",选择需要的项目,点击"确定"。

4.8.2　查看数据

点击通道标签,选中需要的数据,点击右键查看。

4.8.3　新建处理方法

工具栏点击"新建处理方法"或快捷键"🔧",点击确定。确认处理类型为"LC",积分方式选为"传统",勾选使用处理方法向导,点击确定。

4.8.4　设置阈值

在色谱图的积分界面选择一段基线作为积分的阈值,点击"下一步"。积分到的色谱峰过少,检测的阈值太大,应降低阈值;积分到的色谱峰过多,检测阈值太小,应提高阈值。

4.8.5　设置积分起止时间

长按鼠标左键,在基线上选取积分的起止时间点,点击"下一步"。

4.8.6　设置峰面积拒绝值

选择最小峰高,选择需要积分的高度最小峰,点击"下一步"。如果积分不合适，按上一步按钮重新调整输入最小面积或最小高度，调整积分，点击"下一步"。

4.8.7 校正设置

定量方法选择"面积"，组分信息选择"含量"，校正类型选择"线性"，点击"下一步"，跨通道内标样界面点击"否"。点击目标峰选择相应的组分名称或键入运行样品的相应的名称，点击"下一步"。添加与组分名称相匹配的标准含量，点击"下一步"。

4.8.8 保存数据处理方法

选择外标法点击"下一步"，命名数据处理方法名，点击"完成"。

4.8.9 修改样品类型

点击"浏览项目"，选中通道标签，点击"更新"，选中所有标准溶液的数据，右键点击"改变样品"，修改样品类型为"标准样"。点击编辑项下"含量""从处理方法复制组分""确定""选择建立好的处理方法"，点击"打开"，进入组分编辑器界面，填入标样中相应组分含量，点击"确定"，点击"关闭"保存或点击文件菜单项下"保存"。

4.8.10 数据处理（样品组）

点击"浏览项目"，选中样品组标签，点击"更新"，选定要计算的样品组名，右键点击"处理"，选使用指定的处理方法处理数据，勾选"清除校正"，点击"确定"。以样品组方式处理数据时，样品进样应先进标样再进未知样。

4.8.11 数据处理（选择数据处理）

点击"浏览项目"，选中通道，点击"更新"，按 Ctrl 键选中需要计算的样品，右键点击"处理"，选使用指定的处理方法处理数据，勾选"清除校正"，点击"确定"。此方式一定要先选标样再选未知样。

4.9 查看结果

点击"浏览项目"，选中结果标签，点击"更新"，选中需要查看的数据，右键点击"查看"。

4.10 打印报告

点击"浏览项目"，选中结果标签，选择需要打印数据，右键点击"预览/出版"，选择报告方式，打印报告。

4.11　关机

4.11.1　冲洗色谱柱

先用 10%有机相冲洗系统 30 min，再用纯有机相冲洗 30 min。

4.11.2　关闭系统

关闭流速，依次关闭各模块电源，退出工作站，关闭电脑，关闭总电源，填写使用记录。

5　期间核查规程

5.1　检查项目和技术要求

（1）仪器电路系统：仪器电源线、信号线等插接紧密，各开关、旋钮、按键等功能正常，指示灯灵敏，开机并自检通过。

（2）泵流量设定值误差 S_S：$S_S \leqslant 3\%$。

（3）流量稳定性误差 S_R：$S_R \leqslant 2\%$。

（4）基线噪声 6.0×10^{-6} AU。

（5）基线漂移 $\leqslant 5.0 \times 10^{-4}$ AU/hr。

（6）整体性能检查：峰面积重复性 RSD_6 不超过 1.5%。

5.2　检查条件

（1）环境条件：温度为 10~30 ℃；相对湿度为 30%~75%。

（2）仪器应置于干燥通风和无腐蚀气体的房间内进行检查，周围应无影响检查的强电场、强磁场和强烈振动。

5.3　检查试剂和仪器条件

（1）试剂条件：可溯源的标准物质，色谱纯试剂。

（2）仪器条件：检定或校准过的电子天平、容量瓶、温度计等。

5.4　检查方法

（1）仪器电路系统：检查仪器电源线、信号线等插接是否紧密，各开关、旋钮、按键等功能是否正常，开机仪器是否通过自检。

（2）泵流量检查。

色谱条件：色谱柱为 C_{18} 柱；流动相为 100%甲醇；流量设定值 F_S=0.3 mL/min，

压力平稳后用容量瓶收集流动相，计时 t=10 min，测量 3 次。

按下式计算泵流量设定值误差 S_S 和流量稳定性误差 S_R：

$$S_S = \frac{\overline{F_m} - F_S}{F_S} \times 100\% \qquad S_R = \frac{F_{max} - F_{min}}{\overline{F_m}} \times 100\% \qquad F_m = \frac{W_2 - W_1}{\rho \times t}$$

式中，F_m 为流量实测值，mL/min；$\overline{F_m}$ 为三次流量平均值；F_{max} 为流量最大值，mL/min；F_{min} 为流量最小值，mL/min；W_1 为容量瓶重，g；W_2 为容量瓶+流动相重，g；ρ 为试验温度下流动相密度，g/mL。

（3）检测器。

① 基线噪声。色谱条件：色谱柱为 C_{18} 柱；流动相为 100%甲醇；流速为 0.3 mL/min；检测波长为 254 nm，仪器稳定后记录基线 30 min。读出或换算出以 AU 为单位的基线噪声值。

② 基线漂移：色谱条件、数据记录均同"基线噪声"。读出或换算出以 AU/h 为单位的基线漂移值。

5.5 整体性能检查

选择一标准品连续测量 6 次，计算 RSD_6 值。

5.6 检查结果判定

检查结果全部项目均符合技术要求者，判为合格，方可使用。如不符合，应予检修后再行检查。

5.7 检查周期

检查周期为 12 个月，若更换部件或对仪器性能有怀疑者，应随时检查，并记录检查结果。

6 维护保养

（1）流动相应采用超纯水和进口色谱纯有机溶剂，所有流动相都须经 0.22 μm 滤膜过滤并超声脱气。

（2）定期清洁溶剂瓶及附件，更换流动相时，要保证两种溶剂的互溶性，如不互溶，要用一种中间溶剂过渡，并彻底进行清洗。

（3）实验结束后一定要认真冲洗泵，减少密封垫的损耗，并注意防止堵塞。流动相使用缓冲盐时，使用结束后，必须将缓冲盐通道转换为 5%~10% 有机相冲洗管路系统 20 min 以上，然后再用有机溶剂冲洗系统。

（4）清洗溶剂过滤头。先用异丙醇或甲醇超声，再用超纯水超声清洗。

（5）使用棕色瓶盛装水相流动相，防止微生物生长。

（6）水或含缓冲盐的流动相需当天制备。

7　注意事项

（1）有机溶剂选择色谱纯；水或缓冲盐溶液要用超纯水，需当天制备，并使用 0.22 μm 滤膜过滤。

（2）Purge Solvent 建议使用有机溶剂含量为 5%~10% 的水溶液，以减少气体溶解和微生物生长。

（3）Wash Solvent 建议使用 100% 的甲醇或乙腈，或者 80%~100% 的甲醇或乙腈溶液。

（4）Seal Wash 建议使用 5%~10% 甲醇或乙腈的水溶液。

（5）灌注泵杆密封圈清洗溶剂，要确认出口管有液体滴出才可停止灌注，如不能正常流出液体，可用注射器抽取直至有液体流出。

8　常见故障排除

（1）压力不稳。泵排气不充分，可对各个管道进行充分灌注；若流动相未进行正确脱气处理，可对流动相继续脱气；若所用流动相溶剂不互溶或易挥发，可检查缓冲盐称量是否准确或混合是否均匀；流动相中各成分是否互溶；若溶剂瓶中过滤头堵塞，用异丙醇清洗过滤头，再用超纯水冲洗。

（2）压力低或没有压力。若泵关闭，可打开泵；若流速太低，设置合适的流速；所用溶剂不正确，检查所用溶剂；若储液瓶内无溶剂，可补加过滤并脱气后的正确的溶剂；若溶剂过滤头堵塞，可清洗过滤头；若管路中有气泡，可进行湿灌注；若泵系统有内漏可分段检查，更换泄漏部件；若色谱柱选择不当，可更换正确的色谱柱。

（3）保留时间改变，峰形差、柱效差，可能是色谱柱被污染，可清洗或更换色谱柱。

（4）色谱峰分叉，变形，可能是色谱柱柱头塌陷，填料颗粒溶解，可更换色谱柱。

（5）进样器针头堵塞，可用溶剂清洗进样针，或更换新针头。

（6）基线漂移，可保持环境温度、流动相温度或柱温恒定。

（7）检测器光源灯能量低，可更换光源灯。

（8）样品无峰。可能进样器未进样，样品瓶位置不正确或进样量太少，正确放置样品瓶，增加进样量；可能系统漏液，可分段检查，拧紧连接处或更换泄漏部件；可能流动相不正确，可更换正确的流动相；可能色谱柱不正确，可更换正确色谱柱。

第 3 节　气相色谱–质谱联用仪

气相色谱–质谱联用仪是一类将气相色谱仪与质谱检测仪联合使用的仪器，该类型仪器既具有气相色谱的高效分离能力，又具有质谱独特的高选择性（对相对分子质量和分子结构的高鉴定能力）和高灵敏度，广泛应用于环保行业、电子行业、纺织品行业、石油化工、香精香料行业、医药行业、农业及食品行业等领域。本节以赛默飞公司 Trace1310-ISQ 型气相色谱–质谱联用仪在畜产品中兽药残留检测领域的应用为例进行介绍。

1　型号特点

Trace1310-ISQ 气相色谱质谱联用仪系统具有灵敏度高、维护费用少、操作简便、扩展性强等优点，可大幅提高实验室效率。

2　功能原理

Trace 1310-ISQ 气相色谱–质谱联用仪主要由气相色谱部分和质谱部分组成。气相色谱部分主要由柱温箱、电子压力控制器、进样口和自动进样器和仪器控制面板组成。ISQ 质谱部分主要由离子源、S 形弯曲的离子光学通道、四极杆质量分析器、检测器系统、真空系统、仪器控制系统、数据处理系统和可拓展组件组成。当试样流经柱子时，由于各组分的化学性质的差异而得到分离。不同组分流出柱子的时间不同，流出的组分被质谱分析器俘获，使试样中各组分在离子源中发生电离，使不同荷质比的带正电荷的离子生成，在加速电场的作用下，使离子束形成，进入质量分析器。在质量分析器中，再利用电场和磁场使相反的速度色散发生。分别聚焦它们而得到质谱图，从而确定其质量。

3　适用范围

Trace1310-ISQ 气相色谱−质谱联用仪主要广泛应用于环保行业、电子行业、纺织品行业、石油化工、香精香料行业、医药行业、农业及食品安全等领域，其主要对挥发性或半挥发性有机化合物进行准确的定性和定量测定。

4　操作

4.1　开机

（1）打开氦气，调节气体压力为 0.5 MPa。

（2）打开气相色谱、质谱电源，打开计算机，仪器自检。

（3）气相面板上设置进样口温度为 230 ℃。

（4）气相面板设置载气流速为 1.0 mL/min。

（5）点击 Dash Board 软件，Instrument Control 设置传输线温度 250 ℃、离子源温度 200 ℃，点击"send"。

（6）观察泵转速是否达 100%，抽真空。

4.2　质谱调谐

（1）检查真空度，当真空度<80 mTorr，等待传输线温度和离子源温度达到稳定状态。

（2）点击"Air/Water Tune"，"spetra"选"Air"，选择"Start Scan"，查看 18、28、32 峰，判断是否漏气。同时满足以下 3 个条件则可判断仪器有漏气现象：① 28 峰强度>18 峰强度；② 28 峰强度>108；③ 28 峰与 32 峰比例 4∶1，需进行查漏。点击软件中"spetra"选项选"1"，在接头处涂丙酮，查看 58 峰，若在涂抹处 58 峰增高，说明该处漏气。

（3）进行背景检查，点击软件中"spetra"选项选"full"，选择"Start Scan"，观察背景，大于106即可。

（4）检查校正气谱图，点击软件中"spetra"选项，选"full"，"Cal Gas level"选"EI"，点击"Start Scan"，查看69、100、131、219、264、414和502峰，各峰均可见且100峰周围无干扰即可。

（5）进行调谐，点击软件中"Auto Tune"选项，根据实际需要，选中相应选项"EI defaut Tune（built-in）""EI full Tune（built-in）"或"EI Diagnostics（built-in）"进行调谐。

4.3　创建仪器方法

（1）编辑仪器方法点击"TranceFinder"，编辑仪器方法。

（2）点击"Method View""File""New""Instrumet Method"。

（3）设置气相参数。设置"sample volume""plunger stroker""pre-injection"等参数。

（4）设置质谱参数。设置离子源温度、传输线温度、全扫描或SIM参数。

（5）保存仪器参数，保存路径C：\tracefinderdata\Instrument Method。

4.4　优化方法

（1）方法优化：调入已保存仪器方法，点击快采图标。

（2）建立快速采集序列：输入样品名称、数据保存路径、样品位置等，点击快采进样图标。

4.5　创建主方法

（1）依次点击"File""New""Master method""Quan blank method""ok"。

（2）选择"Ion range calc method"为"Averge"，调用已保存仪器方法。

（3）关联"Raw file quick acquire sample"采集的原始数据，点击"method view""Associate a raw datefile"，关联"raw file to accociate"。

（4）添加化合物，选择"compounds""detection"，找到所需化合物，右键选择"add this peaks as new compound"，修正保留时间、积分参数等信息。选择"Calibration"，设置校正参数：设置校正类型、拟合方式等，设置校正级别、校正浓度。

（5）保存"master method"。

4.6　采集数据

（1）新建序列：依次点击"analysis""file""new batch"输入新"batch"名称，调用"master method"。

（2）新建样品列表：输入样品名称、进样位置。

（3）选择"submit selected sample"，选择"aqcuire data""ok"进行数据采集。

4.7　数据处理

（1）编辑样品信息：定义样品类型、标准曲线水平。

（2）选择"submit selected sample"选择"process data""ok"进行数据处理。

（3）选择"report view"处理数据并打印报告。

4.8　关机

（1）质谱关机：直接点击 ISQ 状态栏中的"Shut Down"。此时离子源、传输线温度会降温至 120 ℃左右，同时，分子涡轮泵转速减小至 60%后，ISQ 前面板上的 Vacuum 指示灯会以红色闪烁，此时即可以关闭 ISQ 后面的电源开关。

（2）将气相所有加热区域温度，包括柱温箱、进样口温度都降至 100 ℃以下。

（3）关闭气相总电源，关闭气路。

（4）关闭工作站电脑。

5　仪器核查

5.1　核查内容

5.1.1　外观检查。

5.1.2　分辨力（R）：$W_{1/2}<1$ u。

5.1.3　信噪比：EI 源 100pg 八氟萘，m/z 272，$S/N \geq 10:1$。

5.1.4　测量重复性：$RSD \leq 10\%$。

5.2　外观检查

仪器不能出现影响校准的外观缺陷，按键开关、调节旋钮和控制面板显示屏等各部件处于正常工作状态。

5.2.1 分辨力核查

按照 Thermo Trace 1310/ISQ 气相色谱质谱联用仪操作规程对仪器进行开机，以全氟三丁胺（FC-43）作为调谐样品，按照 Thermo Trace 1310/ISQ 气相色谱质谱联用仪操作规程对仪器进行调谐，调谐通过后，打印调谐报告，得到半峰宽 $W_{1/2}$。

5.2.2 信噪比

（1）EI 源和负 Cl 源。按照 Thermo Trace 1310/ISQ 气相色谱质谱联用仪操作规程对仪器进行开机，以全氟三丁胺（FC-43）作为调谐样品，按照 Thermo Trace 1310/ISQ 气相色谱质谱联用仪操作规程对仪器进行调谐，创建仪器方法，设定质谱参数为离子化能量为 70 eV、扫描范围 m/z=200~300、溶剂延迟为 3 min、离子源和四极杆温度使用默认推荐值、其他参数均使用调谐时的确定值作为校准参数；色谱参数为色谱柱 DB-5MS 30 m×0.25 mm×0.25 μm 或类似色谱柱，进样口温度 250 ℃，传输线温度 250 ℃，以固定升温速率 10 ℃/min 从 70 ℃（2 min）至 220 ℃（5 min）进行程序升温，不分流进样方式，高纯氦气作为载气，载气流速 1.0 mL/min。创建主方法。选择 100.0 pg/μL 的八氟萘-异辛烷标准溶液进样 1.0 μL，对八氟萘进行检测，提取 m/z=272 的离子，再现质量色谱图，按照以下公式计算 S/N：

$$S/N=H_{272}/H_{噪声}$$

式中：H_{272} 为提取离子（m/z）的峰高；$H_{噪声}$ 为基线噪声（由仪器自动测算）。

（2）正 Cl 源。按照 Thermo Trace 1310/ISQ 气相色谱质谱联用仪操作规程对仪器进行开机，以全氟三丁胺（FC-43）作为调谐样品，对仪器进行调谐，调谐通过后，设置仪器方法。除了扫描范围设定为 m/z=100~230 以外，其他质谱参数和色谱参数均参照"EI 源和负 Cl 源"项进行设定。选择 10.0 ng/μL 的苯丙酮-异辛烷标准溶液进样 1.0 μL，提取 m/z=183 的离子，再现质量色谱图，按照以下公式计算 S/N：

$$S/N=H_{272}/H_{噪声}$$

式中：H_{272} 为提取离子（m/z）的峰高；$H_{噪声}$ 为基线噪声（由仪器自动测算）。

5.2.3 测量重复性

开机、调谐、设置仪器方法、方法优化、设置主方法、采集数据和数据处理。选择 10.0 ng/μL 的六氯苯-异辛烷标准溶液进样 1.0 μL，重复采集 6 次数据，提取六氯苯特征离子 m/z=284，再现质量色谱图，按照质量色谱峰进行面积积分，根据以下公式进行计算：

$$RSD=\sqrt{\frac{\sum_{i=1}^{6}\ (X_i-X)}{(6-1)}}\times\frac{1}{X}\times100\%$$

式中：RSD 为相对标准偏差，%；X_i 为第 i 进样六氯苯特征离子峰测量峰面积；X 为连续 6 次进样六氯苯特征离子峰平均值峰面积；i 为测量序号。

5.2.4　关机

按照操作规程关机。

5.3　核查结果判定

按照《JJF 1164—2018　气相色谱–质谱联用仪校准规范》和实验室质量体系文件要求对核查结果进行判定。

6　维护保养

6.1　载气

质谱常用载气为氦气，氦气瓶使用时要求保持直立状态，且严防太阳直射。要求使用纯度≥99.999%的氦气，且气瓶压力≤2 MPa 时需要换气。换气时，需要将 GC 面板上所有温度设置选项为"OFF"，柱温箱温度<50 ℃，且在所有温度下降大于 100 ℃后关闭载气后才能更换氦气瓶。

6.2　气体过滤器

仪器必须安装气体过滤器，一般 3~4 瓶氦气就需更换 1 次气体过滤器，也可以通过观察筛管中填料的颜色水指示来分析是否需要更换气体过滤器。一般过滤水的填料由黄色变为无色，过滤氧的指示从绿色变为褐色时就需要更换新的气体过滤器。

6.3　进样口垫片

一般建议每隔 50 针进样需要做 1 次"Leak Cheak"检漏，判断是否需要更换进样口隔垫。更换时将 GC 柱温箱温度降至小于 50 ℃，将 GC 面板进样口温度和载气选项设置为"OFF"，将螺母逆时针拧松，用镊子取下上盖，将旧垫片取出，换上新的垫片，盖上上盖后，将螺母拧紧后，拧松 1/4~1/2 圈，避免形成打孔效应，将 GC 柱温升高至 100 ℃，将 GC 面板进样口温度和载气选项设置为"ON"，待温度和载气流量稳定后进行"Leak Cheak"。

6.4 进样口衬管

根据仪器使用情况按需更换进样口衬管。开机状态可以更换衬管，先将 GC 柱温箱温度降至<30 ℃，将 GC 面板进样口温度和载气选项设置为"OFF"，将螺母逆时针拧松，用镊子取出上盖和压片，用开启进样口工具逆时针拧开衬管上盖，取出旧衬管，将石墨圈装在新衬管上端>1 cm 处，擦净新衬管外石墨屑，装入新衬管，依次盖上上盖，将 GC 柱温升高至 100 ℃，将 GC 面板进样口温度和载气选项设置为"ON"，待温度和载气流量稳定后进行 Leak Cheak。

6.5 色谱柱安装

6.5.1 进样口端安装

首先将要安装的色谱柱挂到柱温箱内，在柱子进样口端安装石墨圈，一般 0.25 mm 的色谱柱使用 0.35 mm 石墨圈，进样口端使用杯形石墨圈，如果石墨圈很松，可以先将色谱柱装上后用扳手拧紧后松开，即可将石墨圈压紧，装完后使用陶瓷割片切断柱头 0.5 mm，用工具测量从杯形石墨圈底部到柱头位置，用有槽的螺母拧到对应进样口，手拧紧后用扳手拧 1/4 圈。

6.5.2 质谱端安装

将色谱柱质谱端穿过一个废弃进样口垫片，用以定位，装入螺母，一般 0.25 mm 的色谱柱使用 0.4 的锥形石墨垫，大口对着质谱方向，用陶瓷割片切除 0.5 mm 色谱柱，使用测量工具量取质谱端的色谱柱长度，前端伸出至凹槽 1/2 处，用色谱柱上的进样口垫片定位，去除测量工具，用丙酮擦拭色谱柱后装入传输线内，用手拧紧后用扳手拧 1/4 圈，将柱温箱温度升高至老化所需温度后，保持 5 min 后降温至 50 ℃，再次用扳手拧紧 1/4 圈，重复此操作 2~3 次。

6.6 色谱柱维护

新色谱柱第一次使用前或色谱柱柱效下降时需要进行色谱柱老化，老化条件按照色谱柱要求进行。将色谱柱进样口端安装好后，将另一端切除 1~2 cm，不连接质谱端，在 GC 面板设置常用的柱温箱、进样口及传输线温度，设定"Carrier Flow"为 1.0 mL/min，关闭真空补偿，将质谱出口端放入装有色谱纯甲醇的小瓶中，吹气 10 min 后，在 GC 面板设置适合该色谱柱的程序升温，"Ramp 2 OFF"，在

"Config/Oven/Auto Prep Run"和"Auto Start On"可自动循环重复。一般新色谱柱使用前需要老化过夜。

6.7　离子源

定期或按需清洗离子源。清洗时，旋开 ISQ 面板真空锁定手柄，逆时针旋转取出真空锁塞头，将离子圆筒移动工具沿顺时针方向拧紧后，按下真空按钮"Evacuate"，等待"Ready to Open"指示灯变为绿色，提起真空锁手柄，沿着工具右侧轨道将工具推入离子源，然后握住手柄将工具旋转至左侧轨道将移动工具还原至起始位置，向下拉动手柄至最低处，沿逆时针方向旋转将离子圆筒移动工具取出，即可取出离子源，顺时针旋转将真空锁塞头放回，将真空锁手柄还原为直角，按下真空按钮"Evacuate"，以抽去内部空气。清洗后将离子源放回。

6.8　添加校正液

一般 1 年添加 0.1 mL 校正液（FC43 或 PFTBA），打开 ISQ 前门，用手拧松位于前面板中下位置的白色圆柱状校正液瓶，使用 0.1 mL 微量注射器吸取 0.1 mL 校正液注射至瓶中，完成后，将瓶身擦拭干净后装回。

6.9　真空泵维护

机械泵泵油颜色发生改变时，需要更换真空泵泵油。首先将仪器关机，将泵架高，打开放油口，将机械泵中泵油放尽，关闭放油口，从上面的两个开口中任一开口导入新泵油，控制泵油液面在标识刻度线之间。

6.10　自动进样器维护

进样针每次进样后需使用不同溶剂清洗，溶剂视样品和溶剂类型进行选择。进样针使用一段时间后，需要取下依次用甲醇、丙酮手动清洗。

7　常见问题及故障处理

7.1　峰丢失

（1）进样针堵塞，清洗进样针，如无法解决则更换新的进样针。

（2）灯丝断裂，无法电离化合物，需要更换新灯丝。

（3）进样口温度过低，检查进样口温度，等待加热程序完成。如长时间无法达到设定温度，则需要调整温度或更改设置。以上方法均未解决，则重新启动仪器重试。

（4）柱温箱温度过低，检查柱箱温度，等待加热程序完成。如长时间无法达到设定温度，则需要调整温度或更改设置。以上方法均未解决，则重新启动仪器重试。

（5）无载气流，检查载气压力调节器，检查载气是否存在泄漏，验证柱进品流速。

（6）柱发生断裂，如果只是进样口端或质谱端发生断裂，可将断裂部分切去，重新安装。如果柱中部断裂，则更换新色谱柱。

7.2 前延峰

（1）柱超载，需要减少进样量或提高分流比。

（2）化合物共洗脱，需要提高灵敏度或减少进样量，使温度降低 10~20 ℃，提高峰分离度。

（3）样品冷凝，需要检查进样口温度和柱温，如有必要可提高设定温度，或适当提高环境温度。

（4）样品分解，需要更换失活化进样口衬管或调低进样口温度。

7.3 拖尾峰

（1）进样口衬管或柱吸附活性样品，需要更换衬管，如果不能解决，可将柱进样口端去除 1~2 圈，再重新安装。

（2）柱或进样口温度太低，需要提高温度（注意不能超过柱最高温度）。进样口端温度一般不得低于样品平均沸点。

（3）化合物共洗脱，需要提高灵敏度或减少进样量，使温度降低 10~20 ℃，提高峰分离度。

（4）柱损坏，需要更换新色谱柱。

（5）柱污染，需要从柱进样口端去除 1~2 圈后重新安装色谱柱，或老化色谱柱。

7.4 无目标物峰

（1）进样针堵塞或故障，清洗进样针或更换新进样针验证。

（2）载气流速过低，需要检查流速，进行调整。

（3）样品浓度过低，需要注入使用已知样品进行验证，如果已知样品检测结果良好，则需提高灵敏度、提高进样量或降低分流比。

（4）柱温箱温度过高，需要检查温度，进行调整。

（5）柱无法从溶剂峰中解析出组分，需要将柱更换成较厚涂层或不同极性的。

（6）载气泄漏，需要进行载气检漏。

（7）样品被柱或进样口衬管吸附，需要更换衬管，如果不能解决，可将柱进样口端去除 1~2 圈，再重新安装。

7.5　宽溶剂峰

（1）由于柱安装不当，在进样口端产生死体积，需要重新安装色谱柱。

（2）进样太慢，需要采用快速平稳进样方式，如果是因样品黏度过大引起的，需要针对性调节进样方式或降低样品黏度。

（3）进样口温度过低，需要提高进样口温度，注意不要超过柱最高温度。

（4）柱内残留样品溶剂，需要更换样品溶剂。

（5）进样口隔垫清洗不当，调整清洗溶剂或清洗设置。

（6）分流比不正确，分流排气流速不足，需要调整分流排气流速。

7.6　假峰

（1）柱吸附样品，随后解吸附，需要更换衬管，如果不能解决，可将柱进样口端去除 1~2 圈，再重新安装。

（2）进样针污染，需要更换新进样针重试，如可以解决，可以手动清洗进样针重试。

（3）样品量太大，需要减少进样量或提高进样分流比。

（4）进样太慢，需要采用快速平稳进样方式，如果是因样品黏度过大引起，需要针对性调节进样方式或降低样品黏度。

（5）离子源污染，需要清洗离子源。

7.7　出现未分辨峰

（1）柱温不正确，需要检查并调整柱温。

（2）载气流速不正确，需要检查并调整载气流速。

（3）样品进样量太大，需要减少进样量或提高进样分流比。

（4）进样太慢，需要采用快速平稳进样方式，如果是因样品黏度过大引起，需要针对性调节进样方式或降低样品黏度。

（5）柱和进样口衬管污染，需要更换衬管，如果不能解决，可将柱进样口端去除 1~2 圈，再重新安装。

（6）离子源污染，需要清洗离子源。

7.8 基线不稳

（1）柱流失或污染，需要更换衬管，如果不能解决，可将柱进样口端去除 1~2 圈，再重新安装。

（2）进样口污染，需要清洗进样口。

（3）载气泄漏，需要更换隔垫，检查柱泄漏。

（4）载气控制不协调，需要检查载气气瓶压力，如压力≤5 000 psi，需更换新的载气气瓶。

（5）载气有杂质或气路污染，更换纯度达标的新载气气瓶，使用载气净化装置清洁载气金属管。

（6）离子源污染，需要清洗离子源。

（7）进样口隔垫流失，老化或更换新的隔垫。

7.9 保留时间漂移

（1）柱温太高或太低，需要检查并调整柱温。

（2）载气流速太高或太低，需要检查并调整载气流速。

（3）进样口隔垫或柱泄漏，需要检查泄漏，必要时更换新的隔垫。

（4）柱污染或损坏，需要老化色谱柱或更换新色谱柱。

（5）样品超载，需要减少进样量或提高进样分流比。

（6）载气控制不协调，需要检查载气气瓶压力，如压力≤5000 psi，需更换新的载气气瓶。

第 4 节　超高效液相色谱–质谱联用仪

超高效液相色谱–质谱联用仪是将超高效液相色谱仪与质谱仪联用的仪器，其特点是将液相色谱分离方法与灵敏度高且能提供分子量和结构信息的质谱法结合起来的一种现代分析技术，主要用于样品定性定量分析。它体现了色谱和质谱优势的互补，将色谱对复杂样品的高分离能力与质谱具有高选择性、高灵敏度及能够提供相对分子质量与结构信息的优点结合起来，在药物分析、食品分析和环境分析等许多领域得到了广泛的应用。本节主要以沃特世 ACQUITY UPLC I-Class/Xevo TQ-s micro 超高效液相色谱-质谱联用仪为例介绍其在兽药残留检测的应用。

1　型号特点

沃特世 ACQUITY UPLC I-Class/Xevo TQ-S micro 超高效液相色谱-质谱联用仪由美国沃特世公司生产，主要由进样系统、离子源、分析器、检测器组成，还包括真空系统、电气系统和数据处理系统等辅助设备。它具有优异的耐用性，可实现复杂基质中低含量分析物的重现性检测。MS 全扫描速度最高可达 20 000 Da/s，能够在进行 MS 全扫描和 MS/MS 采集（RADAR 和 PICS）快速切换的同时有效降低对工作周期的影响，单次进样可定量更多分析物。T-Wave 碰撞室采集速率可达每秒 500 个 MRM 通道，在很大程度上减少相互作用的同时有效维持了信号强度。可实现单次进样中的正负离子模式快速切换。采用 ZSpray 几何结构离子源，有效减少中性分子，使离子能够更有效传输进入四极杆质量分析器，进一步提升灵敏度和稳定性，仪器设计紧凑，占用面积少。

2　功能原理

混合样品通过液相色谱系统进样，由色谱柱分离，从色谱仪流出的被分离组分依次通过接口进入质谱仪的离子源并被离子化，产生带有一定电荷、质量数不同的离子。同离子在电磁场中的运动行为不同，质量分析器按不同质荷比把离子分开，分离后的离子信号被转变为电信号，传送至计算机处理系统，根据质谱峰的强度和位置对样品的成分和结构进行分析，同时得到定量结果。

3　适用范围

液质联用技术由于其选择性强和灵敏度高，可以快速准确地测定药物分析中的痕量物质，且仪器能够对准分子离子进行多级裂解，从而提供化合物的相对分子量以及丰富的碎片信息，主要应用于畜产品中兽药残留、药物代谢及药物动力学研究、临床药理学研究、天然药物（中草药等）开发研究、新生儿筛选、蛋白与肽类的鉴定、残留分析、毒物分析、环境分析、环保、自来水、卫生防疫等行业。也可以应用于食品安全分析领域，不仅能够定性定量检测禽畜肉和农作物等食品中的药物残留，提供检测物质的结构信息，而且精密度高、重现性好，能够排除假阳性检测结果。

4 仪器操作

4.1 开机程序

4.1.1 进入"Windows"界面

开启 UPS 电源，开启计算机，进入"Windows"界面，输入用户名和密码"waters"和"waters"。

4.1.2 进入工作站

打开各部分电源，仪器自检，待自检完成后（约 3~4 min），双击 Masslynx V4.1 图标，进入工作站，右下角出现"Not scanning"，表示仪器连接正常。

4.1.3 抽真空

在"Instrument"项下，点击"MS TUNE"，进入调谐界面，点击"Vacuum""pump"开启机械泵，开始抽真空（大约需要 4 h，建议过夜）。质谱仪上的真空灯开始闪烁，当系统达到真空状态，指示灯变为绿色，不再闪烁，同时观察"Diagnostic""Turbo speed"泵转速达到 100%即可。需注意，刚开始抽真空时不可打开真空规。

4.1.4 设置气源压力

氮气压力为 90~100 psi；氩气压力为 0.05 MPa。

4.2 新建项目

点击"Masslynx"主界面的下拉菜单"File""Project Wizard"，出现对话窗口，点击"yes"，输入"Project Name"，选择"Creat using existing project as template"。点击"Browse"选择的模板（如果在已有的 Project 下操作，可以忽略此操作）。

4.3 准备 UPLC 系统

4.3.1 准备流动相

所有用到的缓冲液和超纯水都要现用现配，超纯水和缓冲液使用不得超过 1

天。缓冲盐一定要可挥发，有机相要使用进口的色谱纯试剂，流动相用 0.22 μm 滤膜过滤，超声。

4.3.2　准备清洗液

弱洗用 10%乙腈水溶液或者与流动相梯度的初始比例相同；强洗用 90%乙腈水溶液；Seal wash 用 10%乙腈水溶液。

4.3.3　初始化 UPLC 泵和自动进样器

在"Masslynx"主界面点击"Inlet Method"，在"Binary Solvent Manager"模块，右键点击"Start Up System"，选择需要的流路灌注，每个流路 3 min；选择"Prime Seal Wash"灌注"Seal Wash"；选择"Prime syringes"，灌注进样器和洗针系统，点击"Start"，开始灌注。

也可在"Masslynx"主界面点击"Mass Controle"，打开液相控制台，选择"ACQUITY UPLC System"界面下的"Control/Prime A/B solvent"，分别灌注 A1、B1、A2、B2，每个流路 3 min；然后选择"ACQUITY UPLC System"界面下的"Control/Prime Seal wash"灌注"seal wash"流路，观察"seal wash"管路有无气泡后，点击"Prime Seal wash"停止灌注；选择"ACQUITY UPLC System"界面下的"Control/Sample Manager"，选择"Sample syringe and syringes"，"Number of cycles"一般选"1"，但在更换洗针溶液后选"3"，灌注进样器和洗针系统。

4.4　建立液相方法

4.4.1　设置泵参数

选择"Instrument"界面下的"Inlet Method"，点击"Intet"图标，选择相应的管路，设置流动相梯度洗脱、"seal wash"清洗频率、"Run time"。

4.4.2　设置自动进样器参数

在"Inlet Method"界面下点击"Auto sampler"图标，在"General"选项下设置进样模式、强洗弱洗体积、样品管理室温度。

4.4.3　设置柱温参数

在"Inlet Method"界面下点击"Auto sampler"图标，"Column Manager"选项下设置柱温。

4.4.4 保存液相方法

参数设置完成后，点击"OK"退出"Intet"和"Auto Sampler"编辑界面，返回"Inlet Method"界面，点击左下角"File"菜单，命名并保存方法。

4.5 调谐

4.5.1 打开高压

真空度达到要求后（碰撞室真空度达到 10~5 mBar），点击"MS Tune"，首先打开氮气，再开高压。注意，一定要打开氮气再开高压最后再开流动相。红色表示高压关闭，绿色表示高压开启。

4.5.2 配置调谐标液

配制适宜浓度的标准溶液放入质谱前端的 A/B 位置，根据化合物的灵敏度选择适宜浓度的标准溶液（一般浓度为 0.2 μg/mL）。

4.5.3 设置液相条件

设置流动相的流速为 0.2 mL/min、有机相和水相的比例为 1∶1。点击"MS Tune"界面下的"Fluidics"，点击"Purge syringe"灌注注射器 3 次。设置"Infusion"流速为 5 μL/min，根据化合物的灵敏度可适当调整。选择"Flow State"模式为 Combined 模式。Infusion 为直接进样，适用于调谐；Combined 为液相和样品混合进样，适用于调谐；LC 为液相进样，适用于进样；Waste 为废液。

4.5.4 调谐锥孔电压

点击"Fludics"，选择"Reservoir"为 A/B/C，"Flow State"为"Combined"模式，点击"Purge"，"Purge"结束后，点击进样。开始进样根据化合物的分子量和电离方式在右侧窗口观察目标化合物的响应值，调节"Cone Voltage"，使得目标化合物的响应值最高，确定"Cone Voltage"。

4.5.5 保存调谐文件

点击"File""Save as"至已建的项目下。

4.5.6 编辑调谐参数表

在"Masslynx"界面点击"MS console"，选择"Xevo TQ-S micro Detector"下面的"Intellistart"，勾选"Sample Tune and Develop Method"，点击"Start"。依次输入"Compound name"（化合物的名称）、"Molecular Mass/Formula"（分子式或

分子量）、"Adduct A+（M+H）"。

4.5.7　选择调谐文件

选择"Load Existing Sample Tune"，在"Sample Tune Name"方框调用保存过的调谐文件，在"Develop MRM Method"前的方框内打钩，并在方框处输入"MS Method"方法文件名，路径为已建的项目下，在"Print Report"前的方框内打钩。

4.5.8　设置调谐参数

"Cone volage""Collision Energy"选择默认值，"Fluidics"下的"Flow Path"选择"Combined"模式，"Sample Reservoir"和"Sample Flow Rate"参数与"MS TUNE"界面下"Fluidics"下"Combined"模式下的进样参数保持一致，点击右边的"Start"开始自动调谐。

4.5.9　查看调谐报告

调谐结束后，仪器自动弹出调谐报告，查看调谐报告，调谐参数自动保存至相应的 MS TUNE 方法中（如果调谐失败，查找原因后继续调谐）。

4.5.10　查看"MS Method"

在"Masslynx"界面点击"MS Method"，点击"File""Open"，选择"Intellistart"中保存的质谱方法的文件，双击方法，填写"relentinon window"中的"end"时间，选择"Auto Dwell"，点击"OK"，点击"File""Save as"，保存质谱方法。

4.6　建立质谱的 MRM 方法

选择"Instrument"项下"MS Method"进入质谱方法编辑界面。打开新建质谱方法窗口，再点击"MRM"，按调谐结果输入下列参数：离子模式、化合物名称、母离子质量数、子离子质量数、离子驻留时间、锥孔电压、碰撞能量和 MRM 运行时间等。

4.7　采集数据

4.7.1　系统准备

点击"MS Tune"，首先打开氮气、氩气、再开高压（此步骤也可在进样前进行）。

4.7.2　平衡液相

在"Masslynx"界面点击"Inlet Method"，点击"File""Load"下载方法，平

衡液相系统。

4.7.3 新建样品列表

在"Masslynx"界面点击"File"下拉菜单"Open Project",打开需要的"Project"。"File"下拉菜单,打开/新建"Sample list",填写"File""File Text""Bottle""Sample Type""MS Method""Inlet Method""Ms Tune Method""Volume"等信息。

4.7.4 保存样品列表表

点击"File"菜单,保存样品列表。

4.7.5 数据采集

将样品放在样品盘相应的位置,左键拖动选中需运行的样品,点击主界面开始。勾选"Acquire sample Data",点击"OK"开始进样并采集。

4.7.6 查看质谱图和色谱图

选中查看的数据,点击 Chromatogram 窗口。如果方法中包括多个通道,可通过"Display""Mass"(质谱图)查看或"Display""TIC"(总离子流图)查看。

4.8 数据处理

4.8.1 新建定量方法

在 Masslynx 界面点击"Targetlynx""Edit Method",出现定量方法编辑对话框,点击新建方法图标,新建一个定量方法。

4.8.2 修改样品参数

打开"Sample List",输入数据文件 Sample Type、ConcA(标液浓度)。如果需要改变样品表的条目,鼠标右键点击样品表区域,选取"Customine Display",勾选需要的条目,点击"OK"。

4.8.3 添加化合物

点击"Add new compound"(添加化合物)图标,添加一个新的化合物。

4.8.4 输入离子对信息

在 Masslynx 界面打开低浓度标液的色谱图,点击"Display""Mass"选出要定量的化合物的离子对,一般强度高的化合物作为定量离子对,另一离子对作为确证离子对,用鼠标右键在定量离子对色谱图上点击一下,则"compound name" "Acquisition Function Number" "Quantification Trace" "Predicted Retetion Time" 和 "Retention Time window" 将自动输入到定量方法中。注意：在色谱图上点击时，点击的位置要以色谱峰的峰尖左右对称，选择的宽度要超过峰的起点和终点。"Response Type" 内标法选择 Internal，外标法选择 External。

4.8.5　设置校正参数

在工作曲线设置界面，输入 "Concentrationg of standard"：选择 "ConcA"（内标物选择 fixed 并输入内标物浓度）；"Polynomial Type" 选择 "Linear"；"Calibration Origin" 选择 "exclude"（排除原点），"include"（包括原点），"force"（强制过原点）。

4.8.6　积分

打开积分参数列表，选中 "Apex track Enabled"，"Intrgration Window Extent" 输入 "2"，选中 "Propagate Integration Parameters"。如果色谱峰对称性不好，可在色谱图上先设定参数，积分，积分参数满意后，点击 "Process" "integrate" "copy"，在 "Targetlynx" 方法中点击 "Edit" "Paste" 即可将其粘贴到 "Targetlynx" 方法中）重复上述操作（4.8.3~4.8.6），把其他化合物的信息全部加入数据处理方法中。

4.8.7　添加定性离子对

点击 "Update" 菜单，勾选 "First Targetion"，"Target Ion Ratio Method" 选择 "Quan/Target"。重新打开色谱图，用相同的方法将定性离子输入到方法中。

4.8.8　保存方法

点击 "File" "Save As"，保存方法。

4.8.9　处理数据

在 Samplelist 中，选中要处理的行，点击 "process Samples"，勾选 "Integrate Sample" "Calibrate Standards" "Quantify Sample"，调出之前编辑的数据处理方法，点击 "OK"，出现定量结果对话框。

4.8.10　查看结果

在定量结果对话框中查看定量结果，点击 "File" "Priview"，选择报告模板，查看结果。

4.9 打印报告

在定量结果对话框中查看定量结果,点击"File""Report Format",选择报告模板,点击"打印"。

4.10 清理现场

清理现场,填写使用记录。

4.11 关机程序

4.11.1 日常关机

实验完成后,先用10%的有机相冲洗色谱柱及系统20 min,再用100%有机相冲洗20 min。停流速、关闭高压、氩气,待脱溶剂气温度降至100 ℃以下关闭氮气。

4.11.2 彻底关机

完成日常关机。在 MS Tune 界面点击"Vacuum""Vent",待分子泵转速降到0时,依次关闭软件、计算机电源、仪器电源、氮气发生器、UPS 电源。

5 期间核查规程

5.1 主要检查项目和技术指标

(1)泵流量稳定性误差 $S_R \leq 2\%$。

(2)灵敏度(信噪比):$ESI^+ S/N \geq 100 : 1$(正源)0;$ESI^- S/N \geq 30 : 1$(负源)。

(3)整机定量及定性重复性:$RSD \leq 5\%$。

5.2 检查条件

(1)环境条件:温度为10~30 ℃;相对湿度为30%~75%。

(2)仪器应置于干燥通风和无腐蚀气体的房间内进行检查,周围应无影响检查的强电场、强磁场和强烈振动。仪器电源插头接线良好,电脑、液相、质谱连接正常。

(3)试剂条件:可溯源的标准物质(利血平),色谱纯试剂。

5.3 检查方法

5.3.1 色谱条件

色谱柱为 C_{18},流动相为100%甲醇,流量设定值 F_S=0.3 mL/min,启动仪器,压力平稳后用称重过的容量瓶收集流动相，计时 $t=10$ min，测量 3 次，称重。按下式计算泵流量设定值误差 S_S：

$$S_S = \frac{\overline{F_m} - F_S}{F_S} \times 100\% \qquad F_m = \frac{W_2 - W_1}{\rho \times t}$$

式中：F_m 为流量实测值，mL/min；$\overline{F_m}$ 为三次流量平均值，mL/min；F_S 为流量设定值，mL/min；W_1 为容量瓶重，g；W_2 为容量瓶+流动相重，g；ρ 为试验温度下甲醇密度，g/mL；t 为测量时间，s。

5.3.2　灵敏度（信噪比）：ESI⁺ 源

（1）仪器稳定后，将 0.1 μg/mL 的利血平作为调谐液注入质谱中，优化特征离子 609>195 最佳响应后保存调谐文件。

（2）色谱条件：流动相为 50∶50 的乙腈水溶液；色谱柱为 Acquity BEH C₁₈ 2.1 mm× 50 mm，1.7 μm 流速为 0.3 mL/min；柱温为 40 ℃；进样量为 5 μL。

（3）调谐完毕后根据调谐文件设定参数，经色谱柱注入 0.01 μg/mL 的利血平溶液 5 μL，提取利血平特征离子质量色谱图，仪器自动计算并记录 S/N。

5.3.3　灵敏度（信噪比）：ESI⁻ 源

（1）仪器稳定后，将 0.2 μg/mL 的氯霉素标准溶液作为调谐液注入质谱中，优化特征离子 321>151 最佳响应后保存调谐文件。

（2）色谱条件：流动相为 50∶50 的乙腈水溶液；色谱柱为 Acquity BEH C₁₈ 2.1 mm× 50 mm，1.7 μm；流速为 0.3 mL/min；柱温为 40 ℃；进样量为 5 μL。

（3）调谐完毕后根据调谐文件设定参数，经色谱柱注入 0.02 ng/mL 的氯霉素溶液 5 μL，提取氯霉素特征离子质量色谱图，仪器自动计算并记录 S/N。

5.3.4　整机定量及定性重复性

参照 5.3.1 条件，注入 0.01 μg/mL 的利血平溶液 5 μL，提取利血平特征离子质量色谱图，连续测定 6 次，记录相应的峰面积和相对保留时间，以峰面积的相对标准偏差计算定量重复性，以保留时间的相对标准偏差计算定性重复性。

5.4　检查结果判定

检查结果全部项目均符合技术要求者，判为合格，方可使用。如不符合，应及时查找原因进行改进再行检查，合格后方可使用。

5.5 检查周期

检查周期为 12 个月，若更换部件或对仪器性能有怀疑时，应随时检查，并记录检查结果。

6 维护保养

（1）所用流动相必须干净，采用超纯水和进口色谱纯有机溶剂，过 0.2 μm 滤膜后使用。

（2）所用样品瓶必须为 Waters 专用样品瓶，以避免进样针撞坏或出现故障。

（3）流动相使用缓冲盐时，使用结束后，必须将缓冲盐通道转换为超纯水冲洗管路系统 20 min 以上，然后再用有机溶剂冲洗。

（4）定期清洗锥孔。关闭高压电、氮气、氩气、停 UPLC 泵，待源温降至 40 ℃以下；打开源门，关闭真空隔离阀，取下锥孔，胶圈。金属用 50%甲醇水溶液超声 30~50 min，再用水超声 3 次，每次 5 min，最后用甲醇超声 30 min，待干燥后，按顺序安装。注意：清洗锥孔时不能碰撞锥孔尖，否则损坏后就不能再使用。

（5）如果仪器灵敏度下降，排除其他原因后，可清洗离子源。

（6）系统压力升高，可更换色谱柱滤片。

（7）机械泵 1 周振气 1 次，每次 30 min，使泵油里的杂物及时排出。

（8）机械泵泵油油面应在观察窗口 2/3 处，泵油颜色发黄或变深或液面下降至 1/2 处，应及时更换。注意：更换泵油需在关机状态下进行。

7 注意事项

（1）仪器室温度应控制在 19~22 ℃，不能超过 25 ℃，相对湿度控制在 50%~70%。仪器室保持整洁、干净、无尘、布局合理。

（2）禁止使用非挥发性的盐、无机酸作流动相，可以使用可挥发的有机缓冲盐，如乙酸铵、甲酸铵、甲酸等，但缓冲盐的浓度不应大于 20 mmol/L。

（3）去污剂、表面活性极高会有离子抑制现象，因此不能使用洗涤剂清洗玻璃器皿。

（4）样品一定要干净，这样既可以保护色谱柱又可以保证质谱不被污染，可高速离心或过 0.2 μm 滤膜，配置的样品浓度不宜太大，否则会污染质谱仪。

（5）质谱连接通信出现问题。退出软件，重新进入。如果问题依然存在，可退出软件，用 Peak 管轻轻捅质谱面板右上方的热启动键，真空指示灯会闪一下，仪器自动重新建立通信，进入软件。注意捅热启动键时，时间不可太长，否则真空会自动卸掉。

（6）清洗锥孔时，要关闭流速、高压、氮气和锥孔阀门，操作时必须全程佩戴无尘手套。

（7）要随时观察氮气发生器的废液，满了及时倒掉；质谱的废液管不能放到废液的液面以下。

（8）工作站计算机不要安装与仪器操作无关的软件，要定期备份实验数据。

8　常见故障排除

（1）系统压力过高。压力过高多数原因是管路堵塞，所以当压力高时要分段检查哪一段发生堵塞，若在线过滤器被污染、色谱柱污染等，则需更换在线过滤器、更换色谱柱。

（2）压力过低。压力低就是漏液的问题，首先考虑是色谱柱连接处，流动相用完，其次是泵头密封垫老化，主动阀、四元出口阀或单向出口阀失灵，另外还要考虑是否色谱柱失效造成固定相流失、溶剂或者流速的改变等因素。

（3）灵敏度下降故障排除。首先要检查液相部分，其次，如果能区分液质故障发生在液相仪器一侧还是质谱仪器一侧，会有助于更快地恢复正常。

① 检查方法。检查方法包括液相方法、质谱方法、调谐文件、进样体积等这些跟数据采集相关的仪器方法及参数。仪器方法变更条件时，由于名称相同而会被覆盖，必须仔细查看文件里的参数是否与之前的条件相同。

② 流动相和样本。液相使用的流动相是否有变化，样本的浓度是否出错、溶解样本的溶剂是否变化。

③ 流动相变质。水相流动相放置时间过长，会产生很多污染物，甚至长菌。

（4）不出峰。区分不出峰的故障发生在液相仪器一侧还是质谱仪器一侧，会有助于更快地恢复正常

① 检查方法。包括液相方法、质谱方法、调谐文件等这些跟数据采集相关的仪器方法及参数。仪器方法变更条件时，由于名称相同而会被覆盖，必须仔细查看文件里的参数是否正确。例如：质谱方法电离极性，目标母离子、子离子等设置错误会造成不出峰。

② 流动相和样本。液相使用的流动相是否有变化，样本是否出错，进样瓶位，样品量是否够进样、溶解样本的溶剂是否变化。

③ 流动相变质。特别是水相流动相，放置时间过长，会产生很多污染物，甚至长菌。污染的流动相和系统，对质谱电离效率影响很大，造成不出峰。

④ 特殊操作。发生故障之前是否经过某项特殊操作（离子源清洗、部件更换等），故障可能是由于该操作所致。

⑤ 质谱端。一级锥孔处的真空隔离阀位置是否处于关闭；观察质谱离子源的喷雾，正常的喷雾应该是连续稳定的；质谱电压反馈值，特别是诊断界面的电压参数，重点检查毛细管反馈电压、光电倍增器的反馈电压等。

（5）出现错误提示："needle/wash move limit exceed"（进样针弯或进样针从针座掉下）。解决办法为更换进样针或重新安装进样针。

第 4 篇

生鲜乳质量安全监测技术指南

第 10 章　生鲜乳检测概述

牛奶是大自然赐予人类最接近完美的食物,是人体膳食钙和优质蛋白质的重要来源,牛奶产业则是关系健康中国、强壮民族的战略性产业和农业现代化的标志性行业。近年来,由于宏观环境复杂多变,中国奶业基本上在起伏跌宕中保持高位运行,根据最新发布的《中国奶业质量报告(2022)》,2021 年我国奶业生产继续增长,产量稳步提升。全国存栏 100 头以上规模养殖比重达到 70%,同比提高 2.8%;奶牛单产 8.7 t,较去年增加 400 kg;全国奶类产量 3 778 万 t,同比增长 7.0%;乳制品产量突破 3 000 万 t,是近 3 年产量增幅最高的 1 年。宁夏作为全国奶业十大主产省区之一,依托良好的区位优势和政策措施大力发展奶牛养殖,牛奶产业保持强劲发展势头,生鲜乳产量和质量不断提升,市场占有率稳步提高,被农业农村部誉为全国奶业优质安全发展的一面旗帜。2022 年上半年,宁夏奶牛存栏 79.21 万头,同比增长 26.4%,增速连续 3 年保持全国第一位;规模养殖场 355 个,规模化养殖比例达到 99%,高于全国平均水平 30%;生鲜乳产量 167.45 万 t、产值 58.3 亿元,同比分别增长 28.6%、21.3%,产量居全国第五位。

随着我国奶业的快速发展和人民生活水平的不断提高,人们对牛奶质量提出了更高的要求,人们不仅要求喝到奶,而且要喝好奶,喝放心奶。生鲜乳作为原料,直接影响着液体乳、乳粉和其他乳制品安全,是整个奶业质量安全的基础,更是奶业能否持续健康发展的生命线。2008 年奶制品三聚氰胺污染事件,引发了国内外市场对于我国乳品质量的质疑,对我国奶产业造成了沉重的打击。为振兴奶产业,重建消费者对国产乳制品的信任,力促奶业转型,国务院及农业农村部等部门相继出台了《乳品质量安全监督管理条例》《生鲜乳生产收购管理办法》《关于实施奶业生产能力提升整县推进项目的通知》《婴幼儿配方乳粉生产许可审查细则（2022版）》等法规条例，各地也全面落实例行监测、监督抽查、专项监测、隐患排查等监管制度。持续开展的生鲜乳质量安全监测不仅为质量安全监管提供了行政执法依据，更为奶业的高质量发展提供了数据支撑。数年的严格检测和监管，带来的是生鲜乳质量持续向好，乳制品监督抽检连续多年合格率达到了99%以上。2021年，乳制品和生鲜乳抽检合格率均达到99.9%，三聚氰胺等重点监控违禁添加物抽检合格率连续13年保持100%，全国4 261个生鲜乳收购站和5 342辆运输车，实现监管全覆盖，生鲜乳质量安全水平发生了质的飞跃，切实保障了生鲜乳质量安全。

同时我们也应该看到，我国奶业在发展过程中依然面临严峻挑战，饲草料和运输成本攀升，奶牛养殖效益不断紧缩，优质乳品供应不足，这迫切需要奶产业向高质量发展转型升级，生鲜乳质量安全内涵要由安全向品质扩展。2022年农业农村部印发的《"十四五"奶业竞争力提升行动方案》也明确提出，要用好"本土"优势，打好"品质""新鲜"牌，满足差异化市场需求。国家的系列利好政策，社会的强烈期待关注，国民健康意识的普遍增强，使得人们对高端化的乳及乳制品的消费需求旺盛，而聚焦牛奶品质提升，深入挖掘品质特性指标，释放量化评价潜能，可为牛奶品牌创建提供数据支撑，为养殖和乳品企业实行标准化生产提供技术指导，是奶产业走高端化、品牌化、国际化发展的必由之路。

当前，生鲜乳检测行业正在奶业高质量发展的政策引导下进入了新的发展阶段。一是伴随着奶产业转型升级的加快，质量安全水平的大幅提升，生鲜乳检测内容逐渐向品质评价扩展，检测方法从感官检验、理化检验向风味物质探究、品质指标挖掘、特征谱库建立等领域不断深入，开展生鲜乳优质蛋白组分、氨基酸、脂肪酸、微量元素及风味物质等指标的检测并结合数理统计分析，深层次研究牛奶香醇的奥秘已成为生鲜乳检测的新方向。二是科技水平的进步以及人们健康意识的提高推动了生鲜乳检测覆盖面的扩增，检测参数已从三聚氰胺、硫氰酸钠、β-内酰胺酶、碱类物质、革皮水解物等违禁物向重金属、微生物、污染物、兽药残留及功能性指标逐渐拓展，检测内容涵盖理化指标、营养指标、污染物、违禁添加物及微生物等指标，具体包括蛋白质、脂肪、酸度、相对密度、杂质度、非脂乳固体、体细胞、冰点、重金属、黄曲霉毒素、山梨酸、苯甲酸、硝酸盐、亚硝酸盐、氯离子、三聚氰胺、硫氰酸钠、碱类物质、氨基酸、乳铁蛋白、α–乳白蛋白、β–乳球蛋白、有益微量元素等 100 余项。三是仪器设备的更新换代持续为检测技术优化改进赋能助力，检测手段也由快筛定性向快筛+确证联合应用转变，从色谱技术向质谱技术转变，从单一指标检测向高通量联检转变，全面提升了检测效率、检测覆盖面和检测的精准度。现已逐渐形成了以先进精密仪器设备为载体，各种检测方法联合应用，现有检测方法优化改良以及新检测方法不断开发的生鲜乳检测新局面。

第11章　生鲜乳检测技术

生鲜乳检测技术是保证生鲜乳质量安全的重要支撑。随着对生鲜乳质量安全和营养品质的要求不断提高，检测技术不断改进。本章节主要从理化检测、仪器分析检测、微生物检测、快速检测 4 个方面介绍生鲜乳检测技术。

第 1 节　理化检测技术

生鲜乳理化分析主要用于评定感官状态、测定某些物理常数或借助重量分析、滴定分析等化学分析方法测定非脂乳固体、酸度等参数。

1　感官分析法

感官分析主要依据味觉、嗅觉、视觉、听觉和触觉来鉴别样品的外观形态、色泽、气味、滋味、组织状态等，具有快速灵活、简便易行、成本低等特点，但易受个人实践经验的影响且无法定量分析。生鲜乳感官分析主要利用视觉、嗅觉来评价生鲜乳的可接受状态并鉴别其质量。在进行生鲜乳感官分析时，须取适量试样置于 50 mL 烧杯中，在自然光下观察色泽和组织状态。闻其气味，用温开水漱口，品尝其滋味。正常生鲜乳应为乳白色或微黄色，具有乳固有的香味，无异味，呈均匀一致液体，无凝块、无沉淀、无正常视力可见异物。

生鲜乳杂质度是指乳中含有的杂质的量，是衡量乳品质量的重要指标，由于其最终评价原理为观察比对，故将其归入感官分析方法中。生鲜乳、液体乳、用水复原的乳粉类样品经杂质度过滤板过滤，根据残留于杂质度过滤板上直观可见非白色杂质与杂质度参考标准板比对确定样品杂质的限量。在 GB 19301-2010《食品安全国家标准　生乳》中明确规定生鲜乳的杂质度必须小于或等于 4.0 mg/kg。具体操作步骤为量取适量生鲜乳样品，用杂质度过滤机过滤，取下过滤板，置烘箱中烘干或自然风干，将其上杂质与标准杂质板比较，根据残留于杂质度过滤板上直观可见非白色杂质与杂质度参考标准板比对确定样品杂质的限量。当过滤板上杂质的含量介于两个级别之间时，判定其为杂质度含量较多的级别。检测时应注意：样品应缓慢加入过滤漏斗，避免样品外溢；当过滤板上杂质的含量介于两个杂质度标准板之间时，应判定杂质度为较高的级别；对同一样品所做的两次重复测定，其结果应一致，否则应重复再测定两次。

2　物理常数分析法

生鲜乳是一类含有脂肪乳化分散相和水性胶体连续相的复杂胶体分散系，其物理性质参数对加工工艺和设备的设计具有重要意义，可用来测定乳品特定成分的含量，评价乳品在加工过程中的生化变化，而物理常数分析法就是基于乳的物理常数与组成及含量之间的关系开展的一类检测，生鲜乳的重要物理性质有渗透压、折光率、相对密度、冰点、沸点、电导率、黏度等，按照《食品安全国家标准 生乳》（GB 19301-2010）规定，相对密度及冰点是规定的物理性质检验项目。

2.1　相对密度

生鲜乳的相对密度是指在 20 ℃时的牛奶与同体积 4 ℃水的质量之比，正常牛乳的密度在 1.028~1.032，通过全乳相对密度法测定牛乳的相对密度值，就可以判断牛乳是否加水。相对密度的测定主要使用乳稠计，测定时，取混匀并调节温度为 10~25 ℃的试样，小心倒入容积为 250 mL 的量筒至 3/4 刻度，勿使其中产生泡沫并测量试样温度。小心将乳稠计沉入试样中到相当刻度处，然后让其自然浮动，但不能与筒内壁接触。静置 2~3 min，眼睛对准筒内生鲜乳液面的高度，读出乳稠计数值，同时测定样品的温度。根据试样的温度和乳稠计读数，查表换算成标准数值。检测时应注意相对密度受温度影响很大，必须准确测量生鲜乳试样的温度或对生鲜乳试样进行水浴控温后，方可开始相对密度的检测。

2.2 冰点

冰点是判断生鲜乳是否掺水的重要指标，其变动范围为−0.500~−0.560 ℃。当乳中掺水或其他杂质时，致使其物理状况和化学性质发生变化，牛奶冰点会发生变化。冰点的检测主要采用冰点仪，其工作原理为生鲜乳样品过冷至适当温度，当被测乳样冷却到−3 ℃时，通过瞬时释放热量使样品产生结晶，待样品温度达到平衡状态，并在 20 s 内温度回升不超过 0.5 ℃，此时的温度即为样品的冰点。检测时应注意准确吸取生鲜乳样品体积，并确保样品温度在 15~30 ℃。

3 滴定法

滴定分析法又叫容量分析法，是将已知准确浓度的标准溶液，滴加到被测溶液中（或者将被测溶液滴加到标准溶液中），直到所加的标准溶液与被测物质按化学计量关系定量反应为止，然后测量标准溶液消耗的体积，根据标准溶液的浓度和所消耗的体积，算出待测物质的含量。它是一种简便、快速和应用广泛的定量分析方法，在常量分析中有较高的准确度，但对化学反应速度慢、有色溶液、人眼辨色力差的样品不适宜滴定分析。根据标准溶液和待测组分间的反应类型的不同可分为酸碱滴定法、配位滴定法、氧化还原滴定法、沉淀滴定法四类。

滴定分析在生鲜乳检测中可用于蛋白质含量、酸度等参数检测。

3.1 蛋白质

牛乳中的蛋白质人体可消化吸收达到 95%以上，因此，牛奶中蛋白质的含量是判断牛奶品质优劣的重要指标，测定蛋白质的含量，对于评价食品的营养价值、合理开发利用食品资源、提高产品质量、优化食品配方、指导经济核算及生产过程控制均具有极重要的意义，国家标准规定生鲜乳中蛋白质含量不低于 2.8%。生鲜乳中蛋白质的测定主要为凯氏定氮法，原理为蛋白质在催化加热条件下被分解，产生的氨与硫酸结合生成硫酸铵。碱化蒸馏使氨游离，用硼酸吸收后以硫酸或盐酸标准溶液滴定，根据酸的消耗量计算氮含量，再乘以换算系数，即为蛋白质的含量。当采用自动凯氏定氮仪进行蛋白质测定时，称适量生鲜乳样品于消煮管中，加入凯氏定氮催化剂片、浓硫酸，于消煮炉上消煮至溶液澄清，取出冷却至室温后使用凯氏定氮仪进行测定。凯氏定氮法可用于所有食品的蛋白质分析，实验成本低，是测定蛋白质的经典方法，但由于测定的是总有机氮，测定值会因样品中的非蛋白氮而偏高，在操作过程中应注意将样品完全送入消化管底部，管壁上的样品用硫酸冲入底部，保证样品消化完全。

3.2　酸度

生鲜乳中原有的酸度称为自然酸度，主要是由乳中蛋白质、柠檬酸盐、磷酸盐及二氧化碳等酸性物质构成。鲜乳挤出后存放过程中，细菌繁殖，在乳酸菌的作用下，乳糖分解产生乳酸，从而使生鲜乳的酸度升高，这部分酸度为发酵酸度。自然酸度和发酵酸度之和称为总酸度，通常测定的生鲜乳的酸度即为总酸度。生鲜乳的酸度增高主要是微生物活动的结果，通常以酸度来衡量乳的新鲜程度，国家标准规定荷斯坦奶牛生鲜乳的酸度为 $12°T\sim18°T$。

生鲜乳酸度测定方法主要为酚酞指示剂法，原理为试样经过处理后，以酚酞作为指示剂，用 0.100 0 mol/L 氢氧化钠标准溶液滴定至中性，消耗氢氧化钠溶液的体积数，经计算确定试样的酸度。电位滴定仪法则是根据中和 100 g 试样至 pH 为 8.3 所消耗的 0.100 0 mol/L 氢氧化钠体积，经计算后确定其酸度。检测时应注意氢氧化钠滴定溶液的滴定浓度准确，确保在有效期内。

4　重量法

重量分析法是通过称量物质的质量来确定被测物质组分含量的一种分析方法。分析时，一般是先采用适当方法将被测组分从试样中分离出来，转化为一定的称量形式并称重，由所称得的质量计算被测组分的含量。根据被测组分的分离方法不同，重量分析法可分为沉淀法、汽化法、电解法，其中沉淀法在重量分析法中应用最为广泛。由于重量分析法直接通过称量获得分析结果，测定中不需要与标准试样或基准物质进行比较，故其准确度高，对于常量组分测定，一般相对误差为0.1%~0.2%。但方法操作烦琐、费时、周期长，不适用于微量组分分析。

重量法在生鲜乳检测中主要用于非脂乳固体、脂肪等参数的测定。

4.1　非脂乳固体

非脂乳固体是指生鲜乳中除了脂肪和水分之外的物质总称，其检测原理为先将生鲜乳样品直接干燥至恒重，即为总固体含量，减去脂肪含量即得非脂乳固体含量。总固体的测定方法为将加有石英砂或海砂的平底皿盒，在干燥箱中反复干燥至恒重，称取试样于恒重的皿内，置水浴上蒸干，在干燥箱中干燥至恒重。用总固体含量减去脂肪含量即为非脂乳固体含量。按照《食品安全国家标准 生乳》（GB 19301-2010）规定，生鲜乳的非脂乳固体含量≥8.1 g/100 g。检测时应注意使用恒温水浴干燥，避免乳中蛋白质变性。

4.2 脂肪

牛乳的脂肪极易被人体消化吸收，被认为是对人体有益的膳食脂肪来源。乳脂肪是衡量生鲜乳质量安全和品质的重要指标，我国国家标准规定合格生鲜乳中的乳脂肪含量不得低于3.1 g/100 g。

生鲜乳中常见的测定脂肪方法为碱水解法和盖勃法。

碱水解法测定生鲜乳中脂肪时，样品的碱（氨水）水解液在用无水乙醚和石油醚抽提、蒸馏或蒸发去除溶剂后，同样采用干燥、恒重、称量的方式测定脂肪含量。检测时应注意提取完全，避免造成误差。

盖勃法是用浓硫酸溶解乳中的乳糖和蛋白质等非脂成分，将乳中的酪蛋白钙盐转变成可溶性的重硫酸酪蛋白，使脂肪球膜被破坏，脂肪游离出来，再利用加热离心，使脂肪完全迅速分离，直接读取脂肪层的数值，便可知被测乳的含脂率。检测时应注意水浴水面应高于乳脂计脂肪层。

第2节　仪器分析检测技术

仪器分析技术主要包括色谱分析、光谱分析、质谱分析等，这类分析技术的实现需要借助比较特殊的仪器设备，随着新的仪器方法不断出现，其应用范围日益广泛。在生鲜乳中主要用于元素、营养物质、违禁物的测定。

1　色谱检测法

色谱分析法又称色层法或层析法，是一种高分离效能、高检测性能的分离技术，在分析化学、有机化学、生物化学等领域有着非常广泛的应用。色谱分析过程的本质是待分离物质分子在固定相和流动相之间分配平衡的过程，不同的物质在两相之间的分配会不同，这使其随流动相运动速度各不相同，随着流动相的运动，混合物中的不同组分在固定相上相互分离，可完成这种分离的仪器即色谱仪。色谱法的分类方式有很多，常见的分类方法根据流动相的不同分为气相色谱和液相色谱。

1.1 气相色谱法

气相色谱法是利用气体作流动相的一种色谱分析方法，具有效能高、灵敏度高、选择性强、分析速度快、应用广泛、操作简便等特点。适用于易挥发、热稳定物质的分析。气相色谱仪主要由气路系统、进样系统、分离系统、温控系统、检测记录系统组成。常用的检测器有氢火焰离子化检测器、热导检测器、电子捕获检测器、火焰光度检测器、热离子化检测器。

牛奶中含有丰富的蛋白质、脂肪、维生素和矿物质等营养物质，其中乳脂肪是一种优质脂肪，不仅风味较好，而且易于被人体消化吸收，多为短链和中链脂肪酸，是脂肪酸的天然来源之一，而且脂肪酸的结构合理，对一些胃肠功能紊乱的人有着极佳的食用价值，既不会导致强烈的肠胃反应又及时为身体提供了必需的脂肪酸。

气相色谱法在生鲜乳检测中主要应用于脂肪酸的分析检测，前处理过程一般为将生鲜乳试样利用碱水解法水解，用有机溶剂萃取提取其中脂肪，甲酯化后上机测定脂肪酸甲酯。

1.2 高效液相色谱检测法

高效液相色谱法是一种以液体为流动相的检测方法。采用高压输液系统，将具有不同极性的单一溶剂或不同比例的混合溶剂、缓冲液等流动相泵入装有固定相的色谱柱，在柱内各成分被分离后进入检测器进行检测，从而实现对试样的分析。液相色谱具有灵敏度高、重复性好、线性范围宽、适应范围广等特性，适用于高沸点、热稳定性差、相对分子量大（400 以上）的有机物的分离分析。根据分离机制的不同，高效液相色谱法可分为：液-液分配色谱、液-固吸附色谱、离子对色谱法、离子交换色谱法、离子色谱法、空间排阻色谱法等。

高效液相色谱技术在生鲜乳检测中应用十分广泛，可以用于检测蛋白组分、糖类物质、维生素、防腐剂、污染物等指标，常用的检测方法包含吸附色谱、离子交换色谱、离子色谱等。

1.2.1 液–固吸附色谱法

液–固吸附色谱是以固体吸附剂作固定相的液相色谱，根据物质在固定相上的吸附作用不同来进行分离的。可用于生鲜乳中黄曲霉毒素 M_1、维生素 B_2、山梨酸、三聚氰胺等指标的检测。生鲜乳样品检测前处理提取过程一般为固相萃取方法：使液体样品溶液通过吸附剂，保留其中被测物质，然后选用适当强度溶剂冲去杂质，再用少量溶剂迅速洗脱被测物质，从而达到快速分离、净化和浓缩的目的，使用高效液相色谱仪进行测定。

1.2.2 离子交换色谱法

基于离子交换树脂上可解离的离子与流动相中具有相同电荷的溶质离子进行可逆交换，根据这些离子对交换剂具有不同的亲和力而将它们分离。在生鲜乳检测中氨基酸的分析检测为离子交换色谱法，即氨基酸混合物在流动相（缓冲溶液）的推动下从装有阳离子交换树脂的色谱柱流经，各氨基酸与树脂中的交换基团交换离子。当洗脱时使用的缓冲溶液 pH 不同时，氨基酸混合物由于不同的交换能力而分离，分离出的单个氨基酸组分与茚三酮试剂发生反应，生成紫色化合物或黄色化合物，其在 570 nm、440 nm 的吸光度用可见光检测器进行检测。该方法是一种可以对各种氨基酸进行定性定量分析的方法，具有分析速度快，样品用量少，检测灵敏度高的特点。

牛乳蛋白由 20 多种氨基酸构成，不同的氨基酸比例、排列方式组成不同类别的蛋白质，它们在维持机体组织生长、更新、参与各种化学反应、提供生理活动所需要的热能等方面发挥着重要作用。乳蛋白被认为是营养价值最高的蛋白质之一，其主要原因在于它的氨基酸含量和构成比例基本上同人体所需要的数量、比例接近。

生鲜乳中氨基酸及游离氨基酸含量的分析检测样品前处理过程一般为取适量生鲜乳样品，加盐酸溶液，充氮气密封后水解，将水解液过滤、定容、浓缩、过膜后，上机测定。测定时需注意：样品进样浓度范围为 0.4~10 nmol，过高的浓度会影响分析结果，且容易堵塞反应柱。

1.2.3　离子色谱法

离子色谱法是在离子交换色谱法的基础上发展起来的液相色谱法。该方法利用离子交换树脂为固定相，电解质溶液为流动相，当样品从柱的一端随流动相经过色谱分离柱时，因各待测组分与离子交换树脂的亲和力不同，在色谱柱上移动的速度快慢不一，并随流动相从柱的另一端依次流出，达到组分分离的目的，具有操作简便、快速、灵敏度高、选择性好、可多组分测定的特点，用于无机阴离子、无机阳离子、有机酸、糖醇类、氨基糖类等物质的定性和定量分析。在生鲜乳检测中主要用于生鲜乳中硝酸盐、亚硝酸盐、硫氰酸根、氯离子、碘离子等的分析检测。

生鲜乳样品前处理过程一般为沉淀蛋白、RP 柱净化法，称取适量样品，用乙腈溶解沉降蛋白，离心过 RP 柱和滤膜，使用离子色谱仪进行测定。

2　光谱检测法

根据物质的光谱来鉴别物质及确定它的化学组成和相对含量的方法叫光谱分析，其优点是灵敏、迅速。历史上曾通过光谱分析发现了许多新元素，如铷、铯、氦等。根据波长区域不同，光谱可分为红外光谱、可见光谱和紫外光谱；根据产生的本质不同，可分为原子光谱、分子光谱；根据辐射传递的方式不同，可分为发射光谱、吸收光谱、荧光光谱、拉曼光谱；根据光谱表观形态不同，可分为线光谱、带光谱和连续光谱。本节主要介绍生鲜乳检测中常用的原子吸收光谱法、原子荧光光谱法、中红外光谱法、紫外及可见分光光度法。

2.1　原子吸收光谱法

原子吸收光谱法又称原子分光光度法，是基于物质所产生的原子蒸气对特征谱线的吸收作用来进行定量分析的一种方法。具有灵敏度高、准确度好、抗干扰能力强、适用范围广等特点，可测定 70 多种元素，可测到 10~14 g/mL 数量级，但不能多元素同时分析，且标准工作曲线的线性范围窄。

在生鲜乳检测中主要用于铅、铬、镉、硒、钾、钙、钠、镁、铜、铁、锰、锌等元素的分析检测，这对了解生鲜乳质量安全状况、开展品质特性评价具有重要作用。重金属铅、铬、镉会在人体中蓄积导致中毒，引发各种疾病，危害健康，生鲜乳在生产运输环节容易受到各种污染而导致重金属超标。牛奶所含有的硒、钾、钙、钠、镁、铜、铁、锰、锌等矿物质元素对人体有很多益处，钾可使动脉血管在高压时保持稳定，减少中风风险，牛奶中的铁、铜和卵磷脂能大大提高大脑的工作效率，牛奶中的钙能增强骨骼和牙齿，最容易被吸收，而且磷、钾、镁等多种矿物搭配也十分合理。

元素分析样品前处理过程为取适量的生鲜乳样品，加硝酸后按照微波消解仪的标准工作程序进行消解、赶酸后，定容至刻度，上机测定。

2.2　原子荧光光谱法

原子荧光光谱法是一种通过测量待测元素的原子蒸气在辐射能激发下所产生的发射强度，来测定待测元素含量的一种发射光谱分析，但使用仪器与原子吸收相近。具有灵敏度高、光谱简单等优点，由于存在荧光淬灭效应、散射光的干扰等问题，相比之下它不如原子发射光谱法和原子吸收光谱法的应用广泛。

在生鲜乳检测中它主要用于砷、汞等金属元素的分析检测。生鲜乳中砷、汞等污染主要来自环境污染，重金属具有持久性和生物积累性，在生物体内长期潜伏，形成慢性中毒，危害人体健康。

原子荧光光谱法测定生鲜乳中总汞的样品前处理过程与原子吸收光谱法基本一致，即取适量生鲜乳样品加热消解后，转移合并消解液、定容混匀备用，在使用双道原子荧光光度计测汞时应注意需在酸性介质中进行，将试样中的汞用硼氢化钾或硼氢化钠还原成原子态汞。

2.3　中红外光谱分析法

红外技术是依据某一化学成分对红外区光谱的吸收特性而进行的定量测定，所以，应用红外光谱进行检测的技术关键就是在光谱吸收和组分浓度两者之间建立一种定量的函数关系，依靠这种关系，就能从未知样品的光谱中求出样品的成分和含量。此项技术在生鲜乳检测应用最常见的是乳成分分析仪，主要针对生鲜乳中理化指标的快速检测，它采用简易的滤光片技术，具有操作简单、体积小、工作环境要求不高等优点，可快速分析乳脂、乳蛋白、乳糖、冰点、酸度、总固形物和非脂乳固体等指标。目前，利用中红外分析的傅里叶变换技术，可获得样品精细的吸收图谱，具有分析更多指标的分析能力。除传统的测试指标外，还可分析酪蛋白、尿素、总酸、密度、游离脂肪酸、乳糖、葡萄糖、果糖等，能应用于原料奶、奶油及含糖乳制品和发酵乳制品的分析。

此项技术需首先收集具有代表性的样品（其组成及其变化范围接近要分析的样品），然后采集样品的光学数据；利用标准的化学方法对样品进行化学成分测定；通过数学方法将这些光谱数据和检测的数据进行关联，一般将光谱数据进行转换（一阶或二阶导数），与化学测定值进行回归计算，然后得出定标方程，建立数学模型；在分析未知样品时，先对待测样品进行扫描，根据光谱值，利用建立的模型可以计算出待测样品的成分含量。在此过程中，标准样品集的获取和数学模型的建立直接影响预测的准确性。一般对样品集的要求是：样品数量要大、含量梯度应比较均匀，并且该样品集中的成分含量应包括以后所有待测样品成分含量的上限与下限。建立数据模型后，即可用于检测，测定样品无须前处理。

2.4　紫外及可见分光光度法

紫外及可见分光光度法是基于分子中的某些基团吸收了紫外-可见辐射光后，发生了电子能级跃迁而产生的吸收光谱，是利用物质对紫外-可见光的吸收特征和吸收强度，对物质进行定性和定量分析的一种分析方法。具有灵敏度高、准确度高、操作简便、仪器设备简单、应用广泛等特点。主要用于生鲜乳中 L-羟脯氨酸的检验，生鲜乳中本不含 L-羟脯氨酸，人为添加 L-羟脯氨酸可提高蛋白质含量，但会导致氨基酸组成不合理，不易被人体消化吸收，影响人体健康，为此开展生鲜乳中 L-羟脯氨酸的检测可判断生鲜乳是否掺假。使用分光光度法测定工作原理为试样经酸水解，游离出的 L-羟脯氨酸经氯胺 T 氧化，生成含有吡咯环的氧化物。生成物与对二甲胺基苯甲醛反应生成红色化合物，在波长 560 nm 处测定吸光度，与标准系列比较定量。

3　质谱检测法

质谱分析是现代物理与化学领域内使用的一个极为重要的工具。在众多的分析测试方法中，质谱学方法被认为是一种同时具备高特异性和高灵敏度且得到了广泛应用的普适性方法。质谱分析的基本原理是使所研究的混合物或单体形成离子，然后使形成的离子按质荷比进行分离，因此质谱仪器必须具备样品导入系统、离子源、质量分析器、检测器、数据处理系统等部分。目前质谱法多与其他技术联合使用。

3.1 电感耦合等离子质谱法

电感耦合等离子质谱法是以等离子体为离子源的一种质谱型元素分析方法，主要用于多种元素的同时测定，并可与其他色谱分离技术联用，进行元素价态分析。方法具有很高的灵敏度，适用于从痕量到微量的元素分析，尤其是痕量重金属元素的测定，但仪器价格昂贵，工作消耗大量氩气，操作成本较高。

在生鲜乳中可检测硒、钾、钙、钠、镁、铜、铁、锰、锌等微量元素和铅、铬、镉、汞等重金属元素的测定，使用的仪器为电感耦合等离子体质谱仪。测定时，样品经酸消解处理为样品溶液，经雾化由载气送入 ICP 矩管中，经过蒸发、解离、原子化和离子化等过程，转化为带电荷的粒子，经离子采集系统进入质谱仪，质谱仪根据质荷比进行分离，并根据元素质谱峰强度测定样品中相应元素的含量。检测时应注意容器不能使用玻璃容器，且样品浓度不能过高，否则会造成仪器污染。

3.2 液相色谱–质谱/质谱法

液相色谱–质谱/质谱法以液相色谱作为分离系统，质谱为检测系统，通过液相色谱分离后的各个组分依次进入质谱检测器，各组分在离子源被电离，产生带有一定电荷、质量数不同的离子，采用质量分析器按不同质荷比把离子分开，得到依质荷比顺序排列的质谱图。通过对质谱图的分析处理，可以得到样品的定性和定量结果。该方法体现了色谱和质谱优势的互补，将色谱对复杂样品的高分离能力与质谱具有高选择性、高灵敏度及能够提供相对分子质量与结构信息的优点结合起来。

在生鲜乳检测中主要用于抗生素和药物残留的测定或快速筛查后的确证。以生鲜乳中三聚氰胺的检测为例，试样用三氯乙酸溶液提取，经阳离子交换固相萃取柱净化后，用液相色谱–质谱/质谱仪测定。仪器测定的色谱参考条件为：强阳离子交换与反相 C_{18} 混合填料色谱柱，流动相为等体积的乙酸铵和乙腈充分混合，用乙酸调节至 pH=3，进样量为 10 μL，柱温为 40 ℃，流速为 0.2 mL/min。

4 荧光光电计数法

荧光光电计数法是细胞计数法的一种，主要用于生鲜乳中体细胞的检测。体细胞数是指每毫升生乳中的体细胞总数，是判断奶牛是否患有乳房炎的关键指标，与乳品质量密切相关。体细胞数越高，生乳质量越差，反之生乳质量越高，常规体细胞数检测控制对单头牛和整个奶牛场都具有非常重要的意义。

在使用荧光光电计数法检测生鲜乳体细胞时，样品在荧光光电计数体细胞仪中与染色—缓冲溶液混合后，由显微镜感应细胞内脱氧核糖核酸染色后产生荧光的染色细胞，转化为电脉冲，经放大记录，直接显示体细胞读数。

第 3 节　快速检测技术

快速检测技术是多种现代化检测方法的总称，其特点是检测时间短，检测过程方便快捷，检测方式不受地点限制，检测效果好，检测范围广以及检测成本较为低廉等。目前，生鲜乳检测主要使用的快速检测技术包括：胶体金免疫层析法、酶联免疫吸附法。

1　胶体金免疫层析法

胶体金免疫层析技术是以免疫学的高度特异性的抗原抗体反应作为反应基础，以胶体金颗粒作为显示标记物，应用层析法的反应形式。此项技术操作方便，读取结果时间短、灵敏度和特异性好，受外界影响少、成本低廉，所需样品少、产品和检测结果均易于保存、不依赖于辅助的仪器设备，而且非专业人员也可以操作，产品的适用范围广，移植能力强，广泛应用于生鲜乳中三聚氰胺、β-内酰胺酶、黄曲霉毒素 M_1、四环素、氯霉素等违禁添加物、污染物及抗生素残留的快速检测。样品无须前处理，直接按操作说明书进行测定。

2　ELISA 法

ELISA 法属于筛查方法，是一种用酶标记抗原或酶标记抗体进行的抗原抗体反应。基本原理是抗原（或抗体）与酶标记的抗体（或抗原）发生特异性反应，然后通过酶与底物产生颜色反应，进行定量或半定量测定。该方法简单、灵敏度高、特异性强，适用于生鲜乳检测中微生物和生物毒素的快速检测，但它也存在着一些缺陷，比如检测过程中样品中若存在结构类似的化合物则可能发生交叉反应，检测分子量较小或很不稳定的化合物时有一定的困难，随着酶联免疫技术的不断完善和发展，该技术将会得到进一步的发展。ELISA 法的使用需配合酶标仪完成，酶标仪实际上就是一台变相光电比色计或分光光度计，由光源系统、单色仪系统、样品室、探测器和微处理器控制系统组成。其基本工作原理与主要结构和光电比色计基本相同。

第 4 节　微生物检测技术

生鲜乳作为乳制品的源头，其全价的营养成分为微生物提供了理想的生长繁殖条件，在生鲜乳中检测到的已知微生物种类达 400 多种。目前，常检测的微生物指标有菌落总数、霉菌、酵母菌、大肠菌群、金黄色葡萄球菌、志贺氏菌、蜡样芽孢杆菌、阪崎肠杆菌、屎肠球菌、粪肠球菌、柠檬酸杆菌、克雷伯氏菌、阴沟肠杆菌等，这些有害微生物不仅影响乳品的质量安全，还严重损害消费者的身体健康。生鲜乳中微生物的检测主要是应用微生物的增菌培养、分离、生化鉴定等方法进行定性和定量检验。

1　定性检验法

定性检验法用于鉴定生鲜乳中是否存在某微生物，广泛应用于生鲜乳中沙门氏菌、志贺氏菌、金黄色葡萄球菌、蜡样芽孢杆菌等致病菌的检测。定性检验法主要包括培养基的制备、灭菌、接种、培养和鉴定等环节。方法是将样品进行稀释等处理后移植到培养基上，在一定温度、湿度、有氧或无氧条件下放置一定时间，使其生长、繁殖，以便识别、鉴定，经涂片或染色后进行菌落形态观察来判定目标微生物检出与否。

2　定量检验法

生鲜乳微生物的定量检验主要是应用 MPN 法或平板计数法来统计样品的含菌数，其中 MPN 法是基于泊松分布的一种间接计数法，应用于含量较低的微生物检测，如生鲜乳中阪崎肠杆菌、柠檬酸杆菌、克雷伯氏菌、阴沟肠杆菌的检测；平板计数法 CFU 即菌落形成单位，是指样品经过处理培养后数出平板上所生长出的菌落个数，适用于含量较高微生物检测，如生鲜乳中菌落总数、霉菌、酵母菌等的检测。微生物定量检验方法的步骤与定性检验相似，是定性检验的延伸，在结果报告时，两种定量方法稍有不同，平板计数法为计数报告，MPN 法为查表报告。

第12章　生鲜乳检测设备

随着生鲜乳检测行业快速发展，更多精密化、大型化的先进仪器设备正应用到生鲜乳检测工作实际中，提高了检测的工作效率和结果的准确性。本章紧密结合生鲜乳检测工作实际，从仪器原理、操作、维护等方面，对生鲜乳常见仪器设备进行使用讲解及经验交流，以期为实验室科学合理配置仪器、检测人员正确使用提供技术指导。生鲜乳检测常用仪器设备见附表4。

第1节　盖勃乳脂离心机

1　型号特点

乳脂离心机是专为测定乳制品脂肪而设计的，一共可以采用4种方法分析牛奶脂肪：盖勃（Gerber）法、巴布科克（Babcock）法、莫琼尼尔（Mojonnier）法、不溶度指数（Solubility）法。乳脂离心机可配多种转头以适应各种乳脂计，满足不同的乳脂测定方法。离心机自带加热功能，保证乳脂计在离心过程中温度保持在50 ℃以上，这不但能减少样品水浴加热的时间，还使测试结果更加可靠。一旦乳脂计出现破裂或其他导致不平衡因素发生，离心机会自动停止运行以起到安全保护作用。多用途乳脂离心机运行噪声低、振动小，带有上盖内部上锁功能，更加安全可靠，且造型美观、容量大、体积小、功能齐全。其性能稳定、速度可调并能自动调节平衡、温升低、使用效率高以及适用性广等优点。本节以德国 Funke Gerber 多用途乳脂离心机在生鲜乳检测中的应用为例进行介绍。

2　功能原理

盖勃乳脂离心机具有加热、恒温功能，盖勃离心机/乳脂离心机乳脂管在离心过程中温度保持在 50 ℃以上，这不但能减少样品水浴的时间还使测试结果更加可靠。

3　适用范围

该仪器用于乳及乳制品中脂肪的测定。

4　操作步骤

4.1　开机

将仪器平稳地放在工作台上，控制部分应正对操作者。接通三孔电源，而后打开恒温开关，此时恒温开关灯亮，离心机将恒温预热，达到设定恒温，表示该机可以正常工作。工作时温度将恒定在 50~60 ℃。

4.2　装配乳脂计

首先检验乳脂计是否完好，相对放入的乳脂计是否重量基本一致。

4.3　测定乳脂含量

吸收 10 mL 硫酸（90%），注入盖勃氏乳脂汁内，用 1 mL 的特别牛乳吸管吸取牛乳样品至刻度并注入乳脂汁内，再加入 1 mL 异戊醇，塞紧橡皮塞，充分摇动，使牛乳凝块溶解。将乳脂计放入 65~70 ℃的水浴锅中 5 min，将乳脂计对称放入离心机斜式离心管中，塞子部分朝下，盖好上盖。再用乳脂离心机以 1 000 r/min 转速离心 5 min 后，放置于 65~70 ℃水浴锅中；5 min 后取出擦干，按脂肪柱上刻度处的凹形面底缘读数，即为脂肪的百分数。

4.4　关机

工作完成后，拔掉电源插头。

5　注意事项

（1）该仪器是使用 220 V 单相电源的三相插座，为了安全接地端必须接地，否则造成触电的危险。

（2）在离心机工作或操作过程中，一旦乳脂计内的试样液洒落到离心机或机内离心盘及管内，都必须立即清扫干净，否则会造成各部件的腐蚀。

（3）该离心机设有温度过高保护装置，一旦温度过高会造成整机断电不能工作，只有温度降至正常工作温度时方可工作。

第2节　电子分析天平（Quintix513-1CN）

1　型号特点

电子分析天平称量精度高、准确性好，具有校准功能，操作方便、直观，允许快速称量配方中各个组分的重量，具有可跟踪性，可以轻松地称出配方中各组成的重量并放入独立的容器内，并且随时获取总称重量。电子分析天平内置程序可以统计整组不同样品的标准偏差和其他统计数据，可快速处理一系列样品快速确定每份样品是否处于特定偏差范围之内时。配有 isoCAL-温度时间触发的全自动内部校准和调整功能，以确保称重结果完全准确。电子分析天平可以使用系数来换算重量自动进行数学计算，其自带的峰值保持功能会锁定一个时间段内的读数，还可用于显示屏被大体积样品遮挡时锁定读数，能够方便地将样本与参考标准进行偏差比较。本节以赛多利斯 Quintix513-1CN 电子天平在生鲜乳检测中的应用为例进行介绍。

2　功能原理

电子分析天平采用现代电子控制技术，利用电磁力平衡原理实现称重，即测量物体时采用电磁力与被测物体重力相平衡的原理实现测量。当秤盘上的加上或除去被称物时，天平则产生不平衡状态，此时可以通过位置检测器检测到线圈在磁钢中的瞬间位移，经过电磁力自动补偿电路使其电流变化以数字方式显示出被测物体质量。

3　适用范围

该仪器用于各领域的样品精密计量。

4　操作步骤

4.1　环境要求

温度为 10~30 ℃，工作台平稳，避免振动、阳光照射和气流冲击。

4.2　调平

插上电源，开启天平后，屏上首先会显示水平调节界面，必要时对天平进行校平，调整水平脚螺旋，使水泡位于水准器中心。

4.3　自校

调平完成后，按"√"，屏上显示 isoCAL，等待自校完成后，自动显示校准报告（校准日期、时间、校准偏差、调整偏差等参数）。

4.4　称量

自校完成后，按"×"，屏上显示称量界面，天平预热 30~60 min，即可称量。

4.5　内部校准

4.5.1　水平检查

务必放稳天平，并保证称重盘中是空的。

4.5.2　归零

在称量界面，选择"0"将天平归零，点击位于显示屏左下角的"菜单"键。

4.5.3　校准设置

选择"CAL"按钮访问标定功能，出现标定天平窗口，选择"CAL-内部"。

4.5.4　自动校准

开始标定，内部砝码会被自动放到天平上。天平会在标定后立即校准。内部砝码会被自动从天平上取下。

4.5.5　查看报告

显示屏上出现报告，报告会指出标定过程中确认的偏差，并给出校准结果。关掉报告窗口，天平完成标定和校准，可正常称量。

4.6　注意事项

称量时应轻拿轻放被称样品，避免样品溢出秤盘受到腐蚀、避免天平受到撞击和振动。

4.7 量程

最大量程 510 g，最小 0.02 g， e=0.01 g，d=0.001 g。

4.8 关闭

称量结束，显示器归零，在"应用"菜单下选择关机按钮。如天平长时间不用，天平的秤盘上应保持空载。拔出电源插头。

4.9 记录

清理现场，填写仪器使用记录。

5 期间核查

5.1 核查内容

5.1.1 内校

① 天平清零；② 触按"CAL"；③ 选择内部校准；④ 如果菜单代码设定为"校准然后自动调整"，天平自动进行调整；⑤ 校准顺序完成；⑥ 内部砝码卸载。

5.1.2 外校

① 天平清零；② 触按"CAL"；③ 选择外部校准；④ 加载提示的校准砝码；⑤ 如果菜单砝码设定为"校准然后自动调整"，天平自动进行调整；⑥ 校准/调整顺序完成；⑦ 校准/调整后，带有单位的重量显示出；⑧ 卸载校准砝码。

6 维护保养

（1）称重室内放置干燥剂，最好用变色硅胶，并经常更换，保持干燥。

（2）每次称量完成后应用毛刷清除洒落在仪器各部分的样品。

（3）每月定期对仪器保洁 1 次，清理天平内部及托盘。清洁时，首先将天平的电源断开，必要时取下在天平上连接的数据电缆；用肥皂水稍潮湿过的柔软布擦洗天平（包括外壳）；擦洗时应注意不得让液体进入天平中，不得用有腐蚀性的清洁剂。

（4）不能有液体流入天平和电源适配器。

（5）不要随意打开天平和电源适配器，因为其中无任何配件是用户可以自行清洁、修理和更换的。

（6）关机后，须拔下仪器电源插头。

（7）秤盘内若有灰尘可造成称量的偏差，若观察到秤盘内有灰尘须关闭电源，取下秤盘，使用镜头纸对天平秤盘正反面进行擦拭清洁。

7　注意事项

7.1　重点环节

（1）确保仪器放在稳定、无振动的水平桌面。

（2）注意环境影响，避免阳光直射、温度波动及空气对流。

（3）经过校准的电子天平不可轻易移动，否则重新进行校准。

7.2　故障处理

7.2.1　出现"Abort"

电子天平在校准或检测中断出现"Abort"，电子天平放置的环境太差，须改善环境，重新校准。

7.2.2　参数设置不好

电子天平菜单中的参数设置不好，调入菜单后，用"RESET"功能，正确退出菜单，回到出厂设置。

7.2.3　称量读数不稳定

被称量物体的温度未与电子天平达到等温，将样品放置在电子天平旁等温。

7.2.4　菜单中的校准功能设置在非校准的其他状态如"LEST INT""URRILAL"

改善菜单中的校准功能为"FACT"或"CAL INT"，正确退出菜单后，再执行内校。

7.2.5　称重结果明显不准

（1）没有去皮归零。先去皮归零后，再称量。

（2）电子天平没有校准，或采用错误的外部砝码校准，称量前应先执行正确校准，再称量。

（3）电源超出正确的工作电压范围，采取措施，稳定电源电压。

7.2.6　电子天平开机后显示器上出现 000000 闪动

（1）未装秤盘，断电后，先装正确的秤盘，再开启电子天平。

（2）秤盘错，用符合该电子天平的正确秤盘。

（3）秤盘与防风圈相碰，应找出相碰的原因并重新正确安装。

7.2.7 电子天平 0 点漂移，上下方向漂移

（1）电子天平放置的环境太差，环境因素包括：振动、气流、温度、外部磁场，必须改善上述环境，关闭称量室的防风窗，电子天平才能正常工作。

（2）电子天平菜单中的参数设置不好，调入菜单后，用"RESET"功能，正确退出菜单，回到出厂设置。

（3）磁传感器处于未达到热平衡状态，磁传感器中磁铜在达到热平衡需一段时间，此时出现单方向漂移是正常的，预热一段时间后，会稳定下来。

7.2.8 电子天平开启后完全无显示

（1）电源插座上没有 220 V 电压，接通交流电源，天平工作电压范围为 184~264 V。

（2）交流适配器电源插头未插好，重新将电源插头牢牢插入交流适配器。

（3）交流适配器选错，选择适合我国工作的 220 V 交流适配器。

（4）交流适配器烧毁，更换 220 V 交流适配器。

第 3 节　全自动氨基酸分析仪

氨基酸分析仪是进行氨基酸分离、衍生和检测的全自动化专用分析仪器，是测定蛋白质、肽及其他药物制剂的氨基酸组成或含量的方法，广泛用于医药、食品、饲料、农业、育种、医学研究和地质考察等领域。本节以日立公司的 L-8900 全自动氨基酸分析仪在生鲜乳检测中的应用为例进行介绍。

1　型号特点

L-8900 全自动氨基酸分析仪是根据柱后衍生原理设计而成，分为水解蛋白分析系统和生理体液分析系统，符合国际标准和国际仲裁标准。为适应氨基酸分析的需要，L-8900 采用专为氨基酸分析研制的微量输液泵、检测器、反应柱、分离柱等部件，极大地提高了氨基酸分析的灵敏度、检出限和重复性，具有分析时间短、分析

速度快等特点。茚三酮反应液和缓冲液采用独立包装，与氨基酸反应前即时混合，这使得每种反应液无须制冷装置，在常温下可以保存一年，具备先进的氨氮排除技术、氮气自动鼓入技术、氮气压力控制技术、茚三酮回流保护技术。高效的光学系统采用高能量卤素灯、消相差凹面衍射光栅，光直接射入光栅的高效单色器系统，即使在很小的空间也能造就优异的光路，还有聚光及消除相差作用，满足仪器长时间测定工作的需要。新增双柱联用，加快分析速度、提高分离度；新速特殊分析柱专为饲料分析量身定做。

2 功能原理

氨基酸分析仪的基本原理为流动相（缓冲溶液）推动氨基酸混合物流经装有阳离子交换树脂的色谱柱，各氨基酸与树脂中的交换基团进行离子交换，当用不同的 pH 缓冲溶液进行洗脱时因交换能力的不同而将氨基酸混合物分离，分离出的单个氨基酸组分与茚三酮试剂反应，生成紫色化合物或黄色化合物，用可见光检测器检测其在 570 nm、440 nm 的吸光度。这些有色产物对应的吸收强度与洗脱出来的各氨基酸浓度之间的关系符合朗伯-比尔定律。据此，可对氨基酸各组分进行定性、定量分析。

3 适用范围

适用于生鲜乳中天冬氨酸、苏氨酸、丝氨酸、谷氨酸、脯氨酸、丙氨酸、缬氨酸、蛋氨酸、异亮氨酸、亮氨酸、酪氨酸、苯丙氨酸、组氨酸、赖氨酸和精氨酸的检测。

4 操作步骤

4.1 开机

开机前需先更换试剂，试剂"C1"为超纯水，试剂"B5"和试剂"R3"为5%乙醇溶液，每次开机前均需更换，其余试剂不用更换，充氮气可保存一年。

依次打开电脑、L-8900主机电源。打开氮气，调节分压至仪器气压显示"30"左右。双击桌面软件图标，进入程序。在菜单栏中点击"启动"，进入程序控制界面。点击"Cornect",仪器自动联机,大约 2 min,初始化完毕。仪器由未初始化"Uninitialized"变为空闲"Idle"状态,即为联机成功。初始化完毕后,分离柱"Column"和反应柱"Reactor"的温度逐渐上升至 50 ℃。

4.2 灌注

4.2.1 进样器排气

点击"自动进样器⬛",选择"Sampler Wash"洗针不少于 3 次。选择"Pump Wash"洗泵不少于 3 次。排出进样针和泵中多余空气。

4.2.2 灌注流动相

逆时针旋转打开"泵 1"和"泵 2"的排液阀,进入"Option"界面,分别依次设置"B1~B6""R1~R3"为 100%,流速为 1 mL/min,点击"Start",逐个进行排液灌注 3 min。此时压力显示为"0",即为正常,否则为管路或泵堵塞。结束后顺时针关闭排液阀。

4.3 平衡

4.3.1 打开"泵 1"和"泵 2"

点击"泵 1⬛",设置"泵 1"流量为 0.1 mL/min,B1 比例为 100%。点击"⬛Pump1 SW⬛"打开"泵 1"。点击"泵 2⬛",设置"泵 2"流量为 0.1 mL/min,"R3"比例为 100%。点击"⬛Pump2 SW⬛"打开"泵 2"。泵打开后,泵的背景颜色由灰色变为黄色。观察"泵 1"和"泵 2"的压力"Pressure","泵 1"压力应小于 2.5 MPa,1.7~1.8 MPa 为最佳;"泵 2"压力一般为 0.1~0.2 MPa。压力过高,证明泵堵塞,过低证明有漏液现象,需停泵查找原因。

4.3.2 打开柱温箱

点击"分离柱⬛",设置柱温为 50 ℃,设置"ON",打开柱温箱。点击"反应柱⬛",设置柱温 135 ℃,设置"ON",打开柱温箱。柱温箱打开后,背景颜色由灰色变为黄色。

4.3.3 打开钨灯

点击"钨灯⬛",设置"ON",打开钨灯。钨灯打开后,背景颜色由灰色变为黄色。

4.4　编辑方法

4.4.1　编辑程序

①Stand By 程序：依次点击"File""Method""Open"，选中"![L89_PH 4.6x60-2622(Stand-by).met]"，点击"打开"。再依次点击"![Method]""![Instrument Setup... Ctrl+Shift+F2]"，在"![Reaction Column(000▾)]"设置中选中各个柱，其余参数默认。将方法另存为"Stand-By"，文件名及路径均可自选。注意，最好不要覆盖原来的方法，建议另存方法。

②再生程序：如同"Stand By"程序，选中"![L89_PH 4.6x60-2622(RG).met]"。将方法另存为"RG"。

③分析程序：如同"Stand By"程序，选中"![L89_PH 4.6x60-2622.met]"，参数默认，将方法另存为"Analyze"。

4.4.2　编辑序列

依次点击"仪器向导"，创建序列，方法选择"Analyze"分析方法，根据样品情况填写"样品 ID""未知样品的个数""未知样品重复次数""标样和未知样品的第一个瓶号""递增量""进样体积"等参数，"标准溶液校正级别数"为"1"，点击"完成"。进入"序列编辑"界面，在序列的最前面插入两行，第一行是"升温程序（Stand-By）"，第二行是"再生程序（RG）"，两行的进样体积均为"0"，"Run Type"选择"Unknown"，"重复次数"是"1"，"样品含量"为"0"。第三行起依次是"标准溶液""空白样品"和"未知样"，"进样量"为"20 μL"，"校正级别"除标准溶液为"1"外，其余均为"0"。编辑好序列后，点击"保存序列"。

4.5　采集数据

运行序列之前，先观察泵压力是否正常，没有出现过高、过低或压力不稳等现象，开始运行序列。点击"Control""Sequence Run"，运行"Sequence Test"。

4.6　关机

数据采集完后，机器自动进入清洗程序。清洗 1 h 后，自动关泵，关灯，关柱温箱。点击"Disconnect"，断开联机状态，关闭软件、仪器、电脑和气瓶。

4.7 数据处理

4.7.1 谱图处理（积分优化）

打开离线状态"Open Offline"，打开要处理数据的采集方法，点击"File/Data/Open"，显示要处理的数据。选择第一信道"VIS1"，在色谱图上点击右键，选择"Annotations"。从可用的注解列表中选择（亮蓝色）需要显示的项目，然后点击右箭头（绿色）或双击该项目。选择"Name"和"Retention Time（保留时间）"，点击"确定"。在"Method"下，点击"Integration Events"（积分事件表），将显示下面的积分事件表。完成后，点击"flie/method/save"进行保存方法，点击"analyze"（分析或者再计算）。同样处理信道"VIS2"。

4.7.2 谱峰识别与工作曲线的建立

定义峰：在处理好的"VIS1"色谱图上，点击鼠标右键，选择"Graphical programming/Define single peak"（图形化编辑/定义单峰）。如果需要将峰添加到峰列表，设置其对应保留时间以及编写其名称。如果不需要该峰，点击"Next"，如果需要移动色谱图中的某个峰，在该峰点击鼠标。在对话框中显示的保留时间将变成所选峰的保留时间。在输入所有的峰数据后，点击"Done"。完成后，点击"flie/method/save"进行保存方法，点击"analyze"（分析或者再计算）。

校正峰：点击"Method"下的"Peak/Group Tables（峰/组分表）"，参照色谱图的保留时间，把其中未识别的峰（粉色），在表中删除相应的行。完成后，点击"flie/method/save"进行保存方法，点击"analyze"（分析或者再计算）。同样处理"VIS2通道"。

建立工作曲线：继续打开"Peak/Group Tables（峰/组分表）"，将滚动滑块向右拉。然后，在"Unit"列下，全部输入"nmol"作为单位，把"RT Updata"列下全部选择"calib"。继续向右拖动滑块，把分析信道"analysis channel"选为"VIS1"，但需要对"Pro"，选择"VIS2"。把"Fit Type"全部选择"Linear"，在"Zero"列下的复选框全部打钩做标记。把"Level1"列下的值设置为"2"。完成后，点击"flie/method/save"进行保存方法，点击"analyze"（分析或者再计算）。

在"analysis"下点击"analysis/single level calibration"，设置"calibration"值为"1"。点"start"运行。点击"Method"下的"review calibration"，可以看见自己的

工作曲线。已校准的峰显示于窗口的右上方。所显示的工作曲线是亮蓝色显示。点击其他的峰，可同样显示。

4.7.3　数据结果的处理

创建分析序列：点击"instrument wizard（设备向导）"。点击"create a sequence（创建一个序列）"，启动"序列向导"，确认所选择方法为相应的采集数据的方法，然后点击"from existing data files（根据现有数据文件）"。点击"Open file（打开文件）"，选择序列中所包含的标准品和所需要处理的数据。在选择数据文件时，选择文件名并点击"Add（添加）"。当文件列表确定后，点击"Open"，返回"序列向导"。点击"finish"，序列编辑窗口将自动打开。

在创建工作曲线时，已输入数据采集样品的校准级别，在这里把标准品的"level"值设置为1，其"run type"随即由"unknwon"变为"calibrtion"。点击"run type"列下标准品"calibrtion"后的箭头按钮，弹出"sample run type（对话框）"。选择第一行"clear all calibrtion　（清除所有校准）"，点击"OK"。确认运行类型显示为"CAL CCA"。点击"file/sequence/save as"保存序列。

处理序列：点击界面上方的"sequence process（序列处理）"。确认序列名称栏中为此前保存的序列。点击"start"，完成序列处理过程。

4.7.4　查看、打印报告

点击界面上方的"reports""view""PH（small）"，即可看到标准的简洁报告。对于有些没有按当前方法处理的数据，数据打开后，先点"analysis"，然后看其报告。即可看到当前的处理结果。点击"reports""Print"打印报告。

5　期间核查

仪器期间核查是为了保持对设备校准状态的可信度，在两次检定之间进行核查。期间核查通常在下述情况下进行：按照年核查次数进行；仪器设备导出数据异常；仪器设备故障维修或改装后；长期脱离实验室控制的仪器设备在恢复使用前；仪器设备经过运输和搬迁；使用在控制范围以外的仪器设备。通过期间核查可以保证检测数据的准确和可靠。

5.1 核查内容

仪器运行、分离度、检出限、定量及定性重复性。

5.2 运行准备

接通电源；启动主机、电脑、软件；设置参数；平衡系统；确定状态；分析测试。

5.3 检查方法

5.3.1 运行检查

仪器表面应无破损、缺陷，各个接口连接紧密，仪器运转平稳、无异常噪声。各功能按键和开关均能正常操作。

5.3.2 分离度核查

按仪器推荐的测量条件设置各项参数，启动仪器稳定后，由进样系统注入氨基酸标准溶液（一般浓度为 2~20 nmol/mL）做色谱分析，由色谱图测量的数据计算"分离度 hR"。要求"苏氨酸-丝氨酸"分离度≥85%；"甘氨酸-丙氨酸"分离度≥90%；"亮氨酸-异亮氨酸"分离度≥80%。

5.3.3 检出限核查

测量浓度为 2 nmol/20 μL 的氨基酸标准溶液 3 次，记录色谱图，由峰高平均值和基线噪声值，计算"检出限 LC"。要求检出限不大于 1 nmol（S/N=2，组氨酸）。

5.3.4 定量定性重复性核查

重复测量氨基酸标准溶液 7 次，由色谱图测量的数据计算保留时间及峰面积的重复性，用 RSD 定性（定量）表示。要求定性测量重复性误差 $RSD_7 \leqslant 1.5\%$；定量测量重复性误差 $RSD_7 \leqslant 3.0\%$。

6 维护保养

6.1 定期清洗吸样泵阀

将吸样泵止逆阀取下，放入超声波清洗池中，加 30 ℃左右的温水和几滴洗洁精，超声清洗 10~15 min，如发现仍不干净，可将阀体拆开清洗，冲洗干净后组装。

6.2 清洗吸样泵泄液管

在每次关机时，可将泄液管从阀上卸下，用玻璃注射器（50 mL 以上并选用适当型号的针头）先用去离子水注射清洗，再用 75%乙醇注射清洗。如果管路中沉积物太多，不易清洗干净，或管路已完全堵塞，可将泄液管盘起放入超声波清洗池中，40 ℃温水超声清洗 10~15 min，边清洗边用注射器反复推和抽，使管路里面的沉积物逐渐松动，最后完全清除。必要时还可配合细铜丝等工具的使用，将沉积物捅开并清洗。

6.3　分析柱再生

合理的再生能有效地清除树脂及过滤器中的残余物，以减少因树脂污染和过滤器堵塞而引起的噪声，使仪器能够经常在较低的压力下工作，降低泵的工作负载，延长分析柱的使用寿命。再生不好的柱子往往反映出压力偏高，噪声过大，图谱基线不良。

判定分析柱再生好坏的特征就是泵的工作压力，再生较好时，泵压波动较小且工作压力较低。再生的具体做法是：开机后运行"吸样泵清洗程序（4-2-0）"，然后，运行"分析柱再生程序（1-6-0；2-10-0）"。在运行此程序时应注意的是，一定要事先将缓冲液泵的泄液阀打开，约 5 min 后，再将其关闭。这样做可将缓冲管里的残留液置换出去，还可较快地使分析柱的压力降低。待试验结束关机前，再运行上述程序一次（约 30 min）。

7　注意事项

7.1　重点环节

7.1.1　氮气压力

所有试剂需充氮保存，仪器需要的氮气压力为 0.05~0.1 MPa，仪器压力显示一般控制在 25~35，压力过高会造成试剂瓶损坏，压力过低导致试剂失效，压力显示值若大于 40，仪器会报警。

7.1.2　开泵顺序

为避免堵塞，注意"泵 1"及"泵 2"的打开顺序。先开"泵 1"，再开"泵 2"。"泵 1"用溶剂 B1 100%，0.1 mL/min；"泵 2"用溶剂 R3 100%，0.1 mL/min。

7.1.3　软件程序

软件程序严禁更改设置，不能随意更改用户名和数据文件存放位置，否则会出现数据丢失现象。

7.1.4 清洗管路

注意检查仪器泵的压力是否正常；长期不用可以用 B5 清洗泵的流路。但最好只清洗泵头，即开泵时最好将排放阀打开。

7.2 故障处理

7.2.1 "泵 1"压力高

如果"泵 1"压力过高，则可能存在几种原因：可能是在线过滤器堵塞，可以将过滤器的滤芯取出，利用超声波清洗 30 min 后反相开路用缓冲液 1 冲洗，直至压力恢复正常，如果无效则要更换滤芯；可能是分析柱入口堵塞，须清洗反应柱；可能是分析柱内树脂污染，须重新填装分析柱或更换；可能是除氨柱堵塞，须清洗反应柱或重新填充除氨柱；可能是压力传感器出口过滤网被堵塞，须取出过滤网后用超声波清洗。

7.2.2 "泵 2"压力高

如果"泵 2"压力过高，则可能存在几种原因：可能是反应柱堵塞，须清洗反应柱；"泵 2"输出软管被堵塞，需利用"泵 2"走水，流量设定为 0.1 mL/min，长时间冲洗直至压力降下来，如无效则要更换输出软管；可能是压力传感器出口过滤网堵塞，须取出过滤网用超声波清洗。

7.2.3 "泵 1"和"泵 2"压力均过高

可能是反应柱堵塞，将反应柱取下放入干净的容器中并注入蒸馏水，利用超声波清洗器清洗 30 min，然后反装回原位开"泵 2"，试剂用 R3，流量视压力而设定，由小到大直至压力正常为止，最后将反应柱恢复原状（注意：反相冲洗反应柱时脱开通往流动池的管路，以防流动池堵塞）。

7.2.4 "泵 1"或"泵 2"压力低

可能是管路漏液，需查找漏液位置，拔下重新连接接头处；可能是缓冲液或茚三酮试剂瓶中吸管头的过滤器堵塞，造成不能吸液，利用超声波清洗或更换新的过滤头；可能是氮气用尽或压力不足，须更换气瓶。

7.2.5 基线漂移

可能是管路漏液，需查找漏液位置，拔下重新连接接头处；可能是分析柱被污染，需重新填充柱子或长时间用缓冲液（氢氧化钠溶液）再生；可能是缓冲液不纯，须使用优质试剂和超纯水配置缓冲液和反应液；可能是除氨柱劣化，须重新填充氨柱。

7.2.6　灵敏度降低

可能是进样量不足，需用缓冲液充分清洗进样器，防止内部有气泡产生；可能是茚三酮失效，须重新配置反应液；可能是反应柱柱温下降，须维修部件。

7.2.7　分辨率下降

可能是分析柱柱效下降，须重新填充柱子；可能是缓冲液成分配置不准确，须重新配置缓冲液；可能是分析程序设置不正确，须重新设置程序。

第 4 节　离子色谱仪

离子色谱仪属于液相色谱的一种，利用离子交换色谱柱对样品中的阴阳离子进行分析，是一台集生物液相、氨基酸分析、糖分析、反相液相色谱等功能于一身的离子色谱，应用于阴阳离子、有机酸、有机胺类、糖类、氨基酸类等的分离测定。本节以 ICS-5000+ 型离子色谱仪在生鲜乳检测中的应用为例进行介绍。

1　型号特点

Thermo ICS-5000+ 型离子色谱仪是世界上首款毛细管高压离子色谱系统，全新的模块设计具有极大的灵活性、功能更全面，分辨率更佳，分析速度更快。可完成糖类、氨基酸、抗生素、小分子药物、核酸以及蛋白质、多肽等的分离测定。具有出色的耐压性能，兼容 4 μm 离子色谱柱，极大提升了峰容量，进一步优化了分辨率。支持小粒径色谱柱分离，大大提高了分辨率，结合快速离子色谱柱，分析速度可提升 2 倍，实现高分辨率、超快速分析。毛细管色谱模式下，淋洗液发生器可以连续使用 18 个月，一年仅消耗 5.25 L 水，极大降低了试剂的消耗。时刻待机功能可节省大量时间，极大提高了分析效率，降低实验室的日常消耗。与其他型号比较，全新的模块设计具有极大的灵活性、功能更全面，操作更简便，其独特的性能将色谱分析带入一个新的更高境界，分辨率更佳，分析速度更快。通过毛细管系统以及分析系统整合组成的 ICS-5000+ 高压离子色谱系统，能应对未来潜在的挑战以及高级应用，该系统提高了工作效率，扩展了工作能力、提高了色谱性能。

2 功能原理

基于离子交换树脂上可离解的离子与流动相中具有相同电荷的溶质离子之间进行的可逆交换和分析物溶质对交换剂亲和力的差别而被分离。适用于亲水性阴、阳离子的分离。

3 适用范围

主要用于畜产品中无机离子、有机酸、糖醇类、氨基糖类、氨基酸、蛋白质等物质的检验，应用相当普遍。

4 操作步骤

4.1 开机

4.1.1 更换淋洗液

开机前要更换淋洗液瓶内全部溶液。

4.1.2 氮气准备

打开氮气瓶开关，调节使减压表指向 1~2 格 （约 7~14 psi）。调节淋洗液组织器后面的减压阀到 6~9 psi。

4.1.3 更换色谱柱和保护柱

根据具体实验需要，更换色谱柱和保护柱。

4.1.4 打开仪器电源

依次打开仪器泵、淋洗液自动发生器、色谱单元和自动进样器的电源开关、电脑，仪器开始自检。

4.1.5 打开软件

自检完成，待右下角变色龙服务器图标变灰色后，双击桌面的变色龙图标，打开软件。

4.1.6 灌注

旋松泵头上的废液阀 （逆时针），打开"控制面板""梯度泵"，设置淋洗液液位为 2 L，依次选择淋洗液瓶位置 A、B、C、D，设置 100%，打开"灌注"，流速为 3 mL/min，5 min 排气结束，灌注自动关闭。操作 2 次以上，确保完全排气。全部排气结束，拧紧废液阀。

4.2　平衡仪器

4.2.1　打开泵

根据连接的柱子设定泵流速，一般设为 1.0 mL/min，将 A、B、C、D 淋洗液比例均设为 25%，打开马达。当压力稳步升至 1 300 psi 后进行下一步操作。

4.2.2　打开 EGC（淋洗液发生器）

打开 EGC 和 CR-TC（离子捕获柱）。

4.2.3　打开检测器

电导检测器：根据具体的试验条件，在控制面板选择 CD 检测器箱，选定抑制器型号，设置电流为 176 mA，在 CD 页面设定检测池温度为 35 ℃，并开启检测池温度，打开检测器开关。电化学检测器：在控制面板选择 ED 检测器箱，依次打开池电压、选定所需波形、检测模式调为 IntAmp（积分安培法）。

4.2.4　设定柱温箱温度

阴离子检测设为 30 ℃，打开柱温开关。

4.2.5　系统平衡

待条件设置好后，在控制面板点击工具栏中的蓝色圆点图标，在弹出对话框中设置好淋洗液浓度（一般设为 30 mM），点"确定"，开始采集基线，等待仪器平衡。

4.3　运行

4.3.1　编辑程序

依次点击"文件""新建""程序文件"，选择 ICS 5000、浓度模式选择 Ramp；流速梯度中平衡设置为 4.9 min，进样之后 13 min，持续 0.100 min，4.9 min 保持不变，进样模式选择 PushFull，在"Sampler"选项输入进样量、采集时间，设置抑制器中的氢氧化物，点击"完成"，命名程序名称，保存。

4.3.2　编辑序列

依次点击"文件""新建""序列""未知样品"，设置样品和标准溶液的名称、进样次数、起始位置、进样量等参数；设置标准样品样品瓶数、进针次数、起始位置、进样量等参数，点击"完成"，命名序列名称，保存。

4.3.3　运行序列

将处理好的样品瓶按顺序放入样品盘。待系统平衡好后（信号波动小，基线稳定），停止采集基线，点蓝色圆点图标使它变成灰色。启动序列，点击"批处理"。添加要运行的序列，查看就绪检查（无红色提示即可），点"开始"，序列开始运行。

4.3.4　数据处理

序列运行完成后，在序列表中双击打开一个适宜浓度的标准样品，点击工具栏视图，进入 QNT 编辑器，设置常规量纲单位；依次设置检测参数名称、最小峰面积、开始和结束积分时间、窗口类型、峰宽度、校准类型、样品量、浓度值等参数，制作标准曲线，并保持处理方法。点击工具栏视图，打印布局，进入报告模式，输出报告。

4.4　关机

4.4.1　冲洗

测试完毕，先用高浓度氢氧化钾清洗系统 10~15 min，再用 30 mmol/L 氢氧化钾清洗 20 min；然后依次关闭控制面板上打开的各部件，最后关泵。

4.4.2　关机

确认都关闭后，断开泵、淋洗液自动发生器、色谱单元和自动进样器的电源开关，关电脑，最后关钢瓶气源。

5　期间核查

5.1　核查内容

核查淋洗液发生器、进样阀、分离方式、抑制器背景噪声、电导率、泵流量值。

5.2　运行准备

接通 ICS5000+电源；启动 Chromeleon；设置淋洗液位；检测管路连接；排气泡；设置操作参数；平衡系统；确定操作状态；分析测试。

5.3　检查方法

5.3.1　截距校正

在"Chromeleon"中打开"ICS5000+wellness"面板，在"electric conductivity cell calibration"点击"offset cal"。

5.3.2　电导率值测定

截距校正完成后在"wellness"面板中点击"slope cal"。设定电导池温度 35 ℃ 至少稳定 5 min。将泵的出口与电导池进口用至少 1 000 psi 的反相管连接，电导池出口管路直接进入废液。以 1.0 mL/min 的流速注入 0.001 mol 氯化钾校正溶液。等待电导值稳定后（至少 15 min），执行"calibration"命令。在"wellness"面板中点击 log，记录数值，电导值应是（147±2）μs，池常温应在 120~180 之间。用去离子水清洗电导池至电导读数接近于零后停泵。将管路恢复原状。

5.3.3　整体性能检查

连续测量 6 次，电导值应在（147±2）μs。

5.3.4　检查结果判定

电导值在 145~149 μs，判为合格，方可使用。如不符合，应予检修后再行检查。

5.3.5　检查周期。

检查周期为 12 个月，若更换部件或对仪器性能有怀疑者，应随时检查，并记录检查结果。

6　维护保养

6.1　高压恒流泵的维护

6.1.1　工作压力要适当

泵的工作压力不要超过规定的最高压力，否则会使高压密封环变形，产生漏液。"流量选择"开关使用时避免从 0 向 9 拨动而使柱压升高、损害柱子和高压恒流泵。

6.1.2　防止空泵运转造成的损坏

泵工作时要随时观察溶液，留心防止瓶内的流动相用完，严禁将溶液吸干。否则空泵运转磨损柱塞、密封环或缸体，最终产生漏液。过滤头要始终浸在溶液底部，要避免向上反弹而吸进气泡。更换液体时要关机操作。

6.1.3 防止固体微粒对高压恒流泵的损坏

任何固体微粒进入泵体，包括尘埃或其他任何杂质都会磨损柱塞、密封环、缸体和单向阀，可采用滤膜等除去流动相中的固体微粒。过滤器要经常更换，进液处的砂芯过滤头要经常清洗。

6.2 进样器的维护

6.2.1 进样器的清洁

在每次分析结束后，要反复冲洗进样口，防止样品的交叉污染。

6.2.2 进样速度要适当

对于手动进样器，使用时要注意进样时扳动阀的动作要迅速，以免造成超压，使流动管路泄漏或停泵；但不可过猛，以免损坏六通阀。

6.3 电抑制器的维护

6.3.1 电抑制器的更换

在更换电化学抑制器时，两根电源线严禁短路，以防止将电路烧毁，即抑制电流正、负极不能相碰，正极不能与机壳相碰。

6.3.2 电抑制器的日常维护

在通入淋洗液时，要将"电流调节"开关打开，电流一般调到 50~70 mA（如淋洗液浓度高可调到 70~95 mA），分析完毕后通去离子水 15 min 以上。仪器若长期不用，每周通水 15 min。

6.3.3 防止杂质堵塞电抑制器

电化学抑制器出口处不能堵塞，特别是电渗析抑制器，以防止将抑制器损坏或将淋洗液压至两边的电解液中，造成重复性变差。

6.4 输液系统的维护

6.4.1 防止堵塞输液系统

水样做离子色谱分析前，必须先行稀释并过滤处理后方可进样。

6.4.2 防止气泡进入输液系统

因为气泡的进入会影响分离效果和检测信号的稳定性，所以离子色谱仪输液系统不能进入气泡。纯水必须经过真空泵脱气处理，脱气效果的好坏直接关系到仪器是否正常运转，这是整个仪器操作的关键，要求现用水现脱气（如中午停机，下午开机时也要进行脱气，特别是在夏天）。

6.5　色谱柱的维护

色谱柱是离子色谱仪的核心部件之一，样品中的各种离子的分离是在色谱柱中完成的。因此，色谱柱的保养尤为重要。

6.5.1　防止气泡对色谱柱的干扰

仪器较长时间不用时，要将恒流泵进液的过滤头一直放在水中，避免在空气中干燥吸附气体，再使用的时候一定要检查整个流动管路中是否有气泡，如果有要先将气泡排除后再将色谱柱接上，防止将气泡带到色谱中。因为色谱柱中装填的树脂的颗粒是很小的，气泡进入后将影响树脂和样品中离子的交换，同时气泡也将影响基线的稳定性。

6.5.2　柱的清洁与维护

柱在任何情况下不能碰撞、弯曲或强烈振动；当柱和色谱仪连接时，阀件或管路一定要清洗干净；要注意流动相的脱气；避免使用高黏度的溶剂作为流动相；实际样品在测定时要经过预处理，严格控制进样量。

7　注意事项

7.1　重点环节

7.1.1　使用配套的保护柱和色谱柱

开展新离子检测，要使用配套的保护柱和色谱柱，如盲目使用会出现保护柱堵塞、原有色谱柱失活，甚至色谱柱完全损坏。

7.1.2　防止流动相用完

泵工作时要随时观察溶液，注意防止瓶内的流动相用完，严禁将溶液吸干。否则空泵运转磨损柱塞、密封环或缸体，最终产生漏液。过滤头要始终浸在溶液底部，要避免向上反弹而吸进气泡。更换液体时要关机操作。

7.1.3　更换淋洗液

淋洗液不可隔天使用，以免滋生细菌，影响色谱柱的使用寿命。每周更换两次泵头密封清洗液（超纯水），高度在 MIN 和 MAX 之间。

7.1.4　试验用水

试剂用水需要到达 18.2 MΩ/cm，洗脱液必须经 0.45 μm 真空脱气后才可使用。滤膜为一次性使用，每次使用前需要先过滤高纯水以将其清洗干净。因仪器使用的离子交换柱对离子非常敏感，为降低柱子损耗，实验各环节中必须使用符合要求的去离子水或超纯水。

7.1.5　更换分析柱

如果做阳离子，需更换淋洗液，抑制器、分析柱、保护柱，短接 EGC，CR–TC。安装分析柱时，为避免气泡产生应按下述顺序安装：拧开分析柱进口接头螺丝，装好配制的洗脱液，排气泡后启动 IC 泵，待有溶液从管接头流出后，把分析柱进口接头螺丝拧紧，待有溶液从分析柱出口流出时，不要急于拧上出口接头螺丝，让溶液冲洗分析柱 5 min 左右，然后再接上分析柱出口接头螺丝。

7.1.6　冲洗

每天关机前要用淋洗脱液冲洗分析柱 30 min。关机后，在电化学检测器的进口或抑制器的 ELUENT IN 口用打水工具注水 3~5 mL。将抑制器内的酸、碱和气泡排出，保持抑制器的湿润环境。

7.1.7　其他注意事项

装标准的容量瓶不可用酸泡。高压 IC 泵不可空转。样品浓度高的要稀释，浓度低的要换大的定量环，一般样品要用滤头过滤，有机物污染的样品要用 RP 柱过滤。电脑中的电源管理和屏幕保护要关闭。

7.2　故障处理

7.2.1　基线不稳

应考虑室内温度波动过大；或是超纯水是否新鲜，及时更换新制超纯水；或者与仪器预热平衡时间较短，特别是仪器较长时间间隔不使用，应预热平衡时间保持在 6 h 以上；或是流路有渗漏或者有气泡，若基线电导值一直上升，可能是抑制器的抑制电流未接通，须检查恒流源电路。

7.2.2　保留时间漂移

多因氮气供应不稳定所致，应及时检查供气情况，气压较低时，更换新气瓶。

7.2.3　重现性差

应考虑试剂与去离子水的纯度不够,或是淋洗液流量不稳定、发生变化。

7.2.4　分离度不好

应考虑样品中某一离子或多种离子浓度太高或者淋洗液浓度过高,或是色谱柱受到污染,要进行去污处理。

7.2.5　峰型拖尾

通常是保护柱较脏所致,应及时拆卸,酸泡、超声清洗后再使用,或者更换保护柱。

7.2.6　保留时间递缩

应检查淋洗液发生器中,氢氧化钠浓度是否太低,需要重新购置贮存罐。

7.2.7　平流泵故障

应考虑流路压力超过设置的过压保护值,流路压力过高或过压保护值设置得过低,都会引起平流泵过压保护而停止。

7.2.8　流路系统压力过高

需要重新校正平流泵压力零点,分段检查各流路上的压降,流路中可能有堵塞,检查各个接头,检查六通阀是否在合适的位置。

第 5 节　原子吸收光谱仪 (PinAAcle 900T)

原子吸收光谱仪是光谱分析中最主要的分析仪器之一,在无机元素微量和痕量分析中占有极为重要的地位,该仪器具有快速、准确、灵敏、性价比高等特点,在工业、农业、食品行业、材料科学、生命科学、环境保护、医药卫生等领域以及大专院校、科研院所及社会企事业单位中应用极为广泛。本节以铂金埃尔默公司的PinAAcle 900T 原子吸收光谱仪在生鲜乳检测中的应用为例进行介绍。

1　型号特点

PinAAcle 900T 实现火焰/石墨炉火焰/石墨炉一体化设计,两系统能自动切换,从火焰切换至石墨炉仅需几秒,火焰模式具有真正的实时双光束设计,可实现快速启动，并有无须校准的长期稳定性。氘灯背景校正确保在较大的波长范围内最大程度地提高灵敏度和精确度，并且通过燃烧器位置调节向导自动调整燃烧头位置（从垂直和水平方向上）。石墨炉分析在 PinAAcle 上切换到石墨炉模式，只需卸下火焰燃烧器组件。仪器可配置氘灯或纵向塞曼效应背景校正，可选择最适合的背景校正分析技术。还可实现在同一系统上分析从最简单到最复杂的各种样品基体，而不会影响性能或灵敏度，具有高通量光学系统，以及业内信噪比最高的固态检测器。此外，它还配备最先进的光纤光路设计，可有效提升光通量，改善检出限；TubeView™ 全彩色石墨炉摄像头可使自动进样器的针头校准更加便捷，也可对灰化和电离过程进行实时监控，方便方法开发。WinLab32 软件还有气流优化向导，用于获得测量特定元素的最高灵敏度。仪器的应用中添加了雾化器的选择，并有不锈钢或高灵敏度、耐腐蚀等型号可供选择。外形小巧，节省实验室空间。

2　功能原理

仪器从光源辐射出具有待测元素特征谱线的光，通过试样蒸气时被蒸气中待测元素基态原子所吸收，用辐射特征谱线光被减弱的程度来测定试样中待测元素的含量。

3　适用范围

适用于生鲜乳中锂、钠、钾、镁、钙、钡、铬、锰、铁、铜、钠、银、锌、锗、镉、铅、硒等多种元素的检测。

4　操作步骤

4.1　火焰法

4.1.1　开机

（1）氩气准备：打开氩气瓶，检查氩气压力，减压阀压力位于 350~400 KPa。打开乙炔气瓶，检查乙炔压力，保证主表压力>0.6 MPa（指使用后的压力，使用前应比 0.6 MPa 大很多），次级表压力位于 90~100 KPa。检查乙炔是否漏气。

（2）冷水循环：打开冷却循环水机，若长时间未开，需添加水至水位线。

（3）开排风：打开墙壁上的空气开关。

（4）电源：打开电脑电源，打开主机电源，等主机初始化完毕后（约 1~2 min），双击图标 Winlab 32 AA，打开软件。

4.1.2　编辑方法（以 Cu 为例）

4.1.2.1　参数设置

点击"Method""New Method"。在"Element"选中"Cu"，点击"OK"。在"Signal Type"一般选择"AA"，复杂样品选择"AA-BG"，其余参数默认。点击"Settings"，修改重复次数为 1，其余参数默认。点击"Calibration"，选择"Linear Through Zero"。点击"Standard Concentrations"，输入空白溶液、标准溶液及浓度。方法中的其余参数按照默认的即可。

4.1.2.2　保存方法

编辑完后，点击"Edit"，检查方法。若无误保存方法，在"Name"处输入方法的名字，点击"OK"。

4.1.2.3　编辑样品表

点击"Saminfo"，输入样品名称，保存样品表。

4.1.3　点灯

点击"Lamps"（假设 Cu 灯放在 3 号位），"On/Off"指点亮/熄灭灯，"Lamp 3"，将 Cu 灯点亮且将仪器波长设置到 324.8 nm 处。选择"Background Corrector"，将灯扣背景的氘灯打开。

4.1.4　点火及其准备

4.1.4.1　打开空压机

检查空气压力是否为 450~500 KPa。

4.1.4.2　检查水封

检查水封是否达到水位线，若不够，需要加水。

4.1.4.3　检查安全锁

点击"Flame"，检查安全互锁装置是否好。

4.1.4.4　点火

点击火焰开关"On"，点燃火焰，检查火焰的高度及颜色是否有异常。

4.1.5 测量

4.1.5.1 分析前准备

点击"Manual",设置参数信息。保存数据:在"Name"处输入结果的文件名,点击"OK"保存结果。

4.1.5.2 分析标样空白

吸入空白,选择"Calib Blank1",分析空白。

4.1.5.3 分析标准溶液

吸入标样,选择"Calib Std1",分析标样 1,依次分析其余标样,标样分析完后,点击"Calib"查看标准曲线。

4.1.5.4 分析试剂空白

吸入试样空白,选择"Reagent Blank",分析试样空白。

4.1.5.5 分析试样

吸入试样 1,选择"No:1""Sample 1",分析试样 1,依次分析其余试样。

4.1.6 打印

用鼠标点击需要打印的窗口,点击"File""Print""Active Window"即可打印。

4.1.7 关机

放入纯水冲洗管路。拔出进样管后,点击"Off"熄灭火焰。关闭乙炔气瓶,点击"Bleed Gases"释放管道内的剩余气体。关闭软件,关闭主机电源。拔下空压机的插头,将空压机底部的放气钮顺时针放气放水。

4.2 石墨炉法

4.2.1 开机

(1)氩气准备:打开氩气瓶,检查氩气压力,减压阀压力位于 350~400 KPa。打开乙炔气瓶,检查乙炔压力,保证主表压力>0.6 MPa(指使用后的压力,使用前应比 0.6 MPa 大很多),次级表压力位于 90~100 KPa。检查乙炔是否漏气。

(2)冷水循环:打开冷却循环水机,若长时间未开,需添加水至水位线。

(3)开排风:打开墙壁上的空气开关。

(4)电源:打开电脑电源,打开主机电源,等主机初始化完毕后(约 1~2 min),

双击图标 Winlab 32 AA，打开软件。

4.2.2　编辑方法（以 Cu 为例）

4.2.2.1　参数设置

点击"Method""New Method"。在"Element"选中"Cu"，点击"OK"。在"Signal Type"一般选择"AA"，复杂样品选择"AA-BG"，其余默认。点击"Settings"，修改重复次数为 1，其余参数默认。点击"Sampler"，Step 1、2 是干燥，Step 3 是灰化，Step 4 是原子化，Step 5 是清洗。Step 3 和 Step 4 一般要根据实际出峰情况进行更改。

点击"Autosampler"，输入进样体积"20 uL"：稀释液位置"81"，一般稀释液加入 10 uL。点击"Calibration"，在"Equation"中一般选择"Nonlinear Through Zero"。

点击"Standard Concentrations"，输入空白、标准及浓度。方法中的其余参数按照默认的即可。

4.2.2.2　保存方法

方法编辑完后，点击"Edit"，若方法正确，在"Name"处输入方法的名字，点击"OK"。点击"Saminfo"，输入样品名称及 A/S 位置，保存样品表。

4.2.3　点灯

点击"Lamps"（假设 Cu 灯放在 3 号位），"On/Off"指点亮/熄灭灯，"Lamp 3"将 Cu 灯点亮且将仪器波长设置到 324.8 nm 处。

4.2.4　调整石墨炉进样针位置

4.2.4.1　调整位置

点击"Furnace""Furnace On/Off"，按照方法中的温度程序空烧一次石墨管；Cleanout：按照设置的温度空烧石墨管，点击 Start 开始空烧，再点击 Start 停止空烧（空烧时间最好不要超过 10 s）；Open/Close：打开关闭石墨炉；Condition Tube：老化石墨管；Align Tip：调整针位置；Flush Sampler：清洗管路。

4.2.4.2　安装石墨管

点击"Open/Close"，打开石墨炉，安装石墨管。安装石墨管时检查石墨管的安装左右，有凸起的一边靠左。安装好后再次点击"Open/Close"，关闭石墨炉。

针对新石墨管，点击"Condition Tube"老化新石墨管，老化时间约 5 min。

4.2.4.3　调节进样针位置

（1）进样针的石墨管中位置：调整进样针在石墨管入口处居中，针尖距石墨管底部为 2 mm（2/3 处）。粗调：点击"Align Tip"，选择"Align the autosampler tip in the graphite tube"，点击"Next"，按照提示调整针的位置，调整完后点击"Finish"保存。细调：点击"Align Tip"，选择"Check autosampler tip alignment in the graphite tube"，点击"Next"，检查位置是否合适。如果合适，点击"Finish"，不合适，调整后点击"Finish"。（只要动过 AS-900，最好检查一下位置是否有变动，如有变动，进行调整。）

（2）进样针吸样的位置：点击"Align Tip"，选择"Set the depth of the autosampler tip in the sampling cup"，点击"Next"，按照提示调整针的位置，调整完后点击"Finish"保存。

4.2.5　测量

4.2.5.1　准备工作

检查是否选择了相应的样品托盘，分 88 个和 148 个两种。检查时点击"Options"再点击菜单"Funace Autosamper"，选择相应的 88 还是 148 托盘。检查管路中有无气泡，如有，点击"Flush Sampler"冲洗管路。

4.2.5.2　保存数据

点击"Auto"，保存数据。

4.2.5.3　分析结果

点击"Analyze"，进入分析选择界面查看分析结果和标准曲线。

4.2.6　打印

用鼠标点击需要打印的窗口，点击"File""Print""Active Window"即可打印。

4.2.7　关机

关灯，关闭软件，关闭电脑电源，关主机电源，关闭氩气，拔下空压机的插头，将空压机放气放水。

5　期间核查

5.1　核查内容

核查基线稳定性、灵敏度、检出限、精密度。

5.2　检查方法

5.2.1　基线稳定性

在 0.2 nm 光谱带宽下，按照测铜的最佳火焰条件，点燃乙炔/空气火焰，吸喷 2 次去离子水，10 min 后，用"瞬时"测量方式，或时间常数不大于 0.5 s，波长 324.7 nm，记录 15 min 内零点漂移（以起始点为基准计算）和瞬时噪声（峰−峰值）。零点漂移吸光度不超过±0.008/15 min，瞬时噪声吸光度≤0.006。

5.2.2　灵敏度

将仪器各参数调至正常工作状态，用空白溶液调零，用 0.0、0.5、1.0、3.0 μg/mL 铜标准溶液，对每个浓度点分别进行 3 次吸光度测定，取 3 次测定的平均值后，按线性回归法求出工作曲线的斜率（b），即为仪器测定铜的灵敏度（S）。

5.2.3　检出限

在与 5.2.2 同样的仪器条件下，对空白溶液进行 11 次吸光度测量，计算标准偏差（SD），计算出检出限，检出限≤0.02 μg/mL。

5.2.4　精密度

在与 5.2.3 同样的仪器条件下，选择 1.0 μg/mL 铜标准溶液进行 7 次测定，求出其相对标准偏差（RSD），即为仪器测铜的精密度，精密度≤1.5%。

6　维护保养

（1）应保持空心阴极灯灯窗清洁，不小心被沾污时，可用酒精棉擦拭。

（2）定期检查供气管路是否漏气。检查时可在可疑处涂一些肥皂水，看是否有气泡产生，千万不能用明火检查漏气。

（3）定期对燃烧头狭缝处的沉积物进行清理。

（4）经常保持雾室内清洁、排液通畅。测定结束后应继续喷水 5~10 min，将其中残存的试样溶液冲洗出去，防止样品中的无机盐类结晶堵塞雾化器。

（5）定期检查排废液管，出现裂缝或损坏应及时更换。

（6）燃烧器缝口积存盐类，会使火焰分叉，影响测定结果。遇到这种情况应熄灭火焰，用滤纸插入缝口擦拭，也可以用刀片插入缝口轻轻刮除，必要时可用水冲洗。

（7）石墨炉炉头应根据使用次数定期进行清洁，将石墨管取出，用吸耳球吹出内部的沉积物或石墨管残渣，并用棉签蘸取少量无水乙醇擦拭内壁。

（8）长期不使用的仪器应保持其干燥，潮湿季节应定期通电。

（9）不要用手触摸外光路的透镜。当透镜有灰尘时，可以用洗耳球吹去，也可以用软毛刷扫净，必要时可用镜头纸擦净。

（10）冷循环水保持3个月换1次，应使用二级水质标准以上水。

7 注意事项

7.1 重点环节

（1）开机时应先开总电源再开灯电源，然后开气源，进行气体流量调节，并点火。关机应先关乙炔气，再关空压机，且应在熄火之后再关电源。应时常注意各气体的输出压力。

（2）在空气压缩机的送气管道上，应安装气水分离器，经常排放气水分离器中集存的冷凝水。冷凝水进入仪器管道会引起喷雾不稳定，进入雾化器会直接影响测定结果。

（3）空心阴极灯需要在允许使用的工作电流范围内使用，不用时关闭空心阴极灯，以延长灯的使用寿命，但长时间不用的空心阴极灯需要每隔一段时间在一定的工作电流下点亮30 min以上，以避免其使用性能降低。仪器不能正常联机可能由于数据线松动或断路等造成接触不良，电脑或操作软件问题。

（4）长期使用的仪器，因内部积尘太多有时会导致电路故障；必要时，可用洗耳球吹净或用毛刷刷净。处理积尘时务必切断电源。

（5）单色器内的光栅和反射镜多为表面有镀层的器件，受潮容易霉变，故应保持单色器的密封和干燥。不要轻易打开单色器。

7.2 故障及其原因

（1）金属雾化器的进样毛细管堵塞：可用软细金属丝疏通。对玻璃雾化器的进样毛细管堵塞，可用洗耳球从前端吹出堵塞物，也可以用洗耳球从进样端抽气，同时从喷嘴处吹水，洗出堵塞物。

（2）波长扫描无能量：元素空心阴极灯安装错误；光斑没对准备光孔；仪器受震动或被挪动；负高压太低。

（3）扫描能量负高值压偏高：元素灯偏离最佳位置；光路聚光透镜受污；元素灯老化。

（4）点击"点火"/无高压放电打火：空气无压力；乙炔未开启；废液液位低；乙炔泄漏。

（5）无吸光度：标液配置出错；燃烧头位置偏离；没有产生雾化效果；仪器信号处理本身问题。

（6）吸光能量不稳定 /标样曲线无法达到 0.995/测量重现性不好：所用的测量水质纯度达不到测量要求；标样配制出错；乙炔不纯；雾化器雾化效果不佳；雾化器发生堵塞，吸样慢或不能不吸样；燃烧头发生堵塞；供应电压不稳定；空气或乙炔的压力不足或漏气；样品中含有结晶体。

（7）测试基线不稳定、噪声大：仪器能量低，倍增管负压高；波长不准确；元素灯发射不稳定。

（8）标准曲线弯曲：光源灯失气；工作电流过大；废液流动不畅；样品浓度高。

（9）分析结果偏高：溶液固体未溶解；背景吸收假象；空白未校正；标液过期。

（10）分析结果偏低：试样挥发不完全；标液配制不当；试样浓度太高；试样被污染。

（11）测量值偏离实际值：样品前处理不当；标准配置出错。

（12）仪器产生回火：废液管没有水封；违反操作规程；仪器漏气。

第 6 节　乳品成分分析仪

乳品成分分析仪是一种用于液态乳制品多参数快速的新型仪器，基于可靠的傅里叶变换红外（FTIR）技术准确高速地对各类乳制品样品中近百种参数进行快速定量检测，可以用于乳制品研究开发、乳品生产过程的半成本控制（降低原料成本）和成品质量控制。本节以福斯公司 Foss Milkoscan FT1 型乳品成分分析仪在生鲜乳检测中的应用为例进行介绍。

1 型号特点

乳品成分分析仪是一种基于可靠傅里叶变换红外（FTIR）技术用于液态乳制品多参数快速分析仪，与传统的单项乳品成分检测仪器相比，它在使用上有很大的灵活性。乳品成分分析仪自备自动调零、清洗和样品预热系统，可以高通量连续处理各类乳制品样品，非常精确地对液态乳中脂肪、蛋白质、乳糖、总固体含量、非脂乳固体、自由脂肪酸、柠檬酸、密度、蔗糖、电导率、酸度、总糖、尿素、酪蛋白、冰点等近百种参数进行快速检测，即时输出定量检测结果。除了需检测组分的测定以外，还可以记录样品的红外全扫描谱图。Foss Milkoscan FT1 型乳品成分分析仪相较于之前的乳品成分分析仪，改进光学系统，有效提高了检测结果的准确性和重复性，软件系统可追溯测试结果，易于文件验证预测性能和超限样品检测，内置电导率传感器直接测定 FPD，有效避免了掺水带来的牛奶质量的下降。可以转移现有 MilkoScan FT 120 的所有定标数据，避免重复定标的费用。对系统流路进行了特别设计，可兼容高黏度的未稀释样品，配备专用清洗调零试剂包，降低使用成本，提高样品制备效率。

2 功能原理

乳品成分分析仪是一种基于可靠傅里叶变换红外（FTIR）技术用于液态乳制品分析仪，从类型上属于傅里叶变换红外光谱仪，主要由迈克尔逊干涉仪和计算机组件组成。所有不溶解的物质都会产生浊度，该类型仪器结合热程序检测乳制品中各种感热和感光的物质。通过浊度测量，可以得到诸如脂肪、蛋白质。非脂乳固体等参数的含量，脂肪和非脂乳固体是从物理的热效应得出的。样品通过进样器蠕动泵吸入检测通道，先以超声波脉冲技术，多声波准确获取乳汁中的大粒子脂肪、蛋白质、乳糖等宏量元素数据，再通过中红外光谱透射对样品中的不同大粒子物质进行检测，同时利用红外光谱超高倍的透视特性，对乳制品样品中矿物质、能量、总干物质等微量元素进行的测量，通过数据处理和输出软件对检测结果进行即时输出。

3　适用范围

3.1　检测产品类型

适用于牛奶、奶油、浓缩奶、婴儿配方奶、乳清产品、发酵奶、甜奶、冰激凌等奶制品的检测。

3.2　不同类型样品检测参数

（1）牛奶模型：脂肪，蛋白，乳糖，总固，非脂乳固体，冰点，总酸度，游离脂肪酸，密度，尿素，酪蛋白等。

（2）奶油模型：脂肪，蛋白，乳糖，总固，非脂乳固体等。

（3）浓缩奶模型：脂肪，总固，非脂乳固体等。

（4）婴儿配方奶模型：脂肪，总固，非脂乳固体。

（5）可选的定标模型包：乳清产品，发酵奶产品，甜奶和冰激凌产品。

4　操作

4.1　检查

检查仪器前一次使用记录，检查仪器电源和数据线连接情况，检查调零液和清洗液瓶内液体是否充足。

4.2　开机

打开仪器主机，预热至少 2 h。

4.3　自检

打开与主机连接的电脑，双击"Msc_FT1"软件，等待仪器主机与软件建立连接，并完成自检，按照提示选择是否对以往数据进行备份。进入"Msc_FT1"软件后，观察界面右下角的"日志"一栏，是否出现温度报警信息，如一切正常，则正常使用仪器。

4.4　排气

打开软件上方"维护"菜单，选择"排气"选项，按弹出框内提示，在进样口位置放置 1 个装有 50 mL 调零液的样品管，点击"确定"按键，对仪器进行使用前排气，以便得到较好的调零结果。

4.5 调零

点击"调零",对仪器进行调零,要求至少重复调零 2 次并且调零结果符合要求(结果绝对值≤0.02)。如果调零结果不理想,可以进行过夜浸泡清洗或执行"维护"中"标准化"程序之后再试。

4.6 检测

选择需要的校正曲线(一般为最近一次仪器核查所生成的校正曲线),依次进行样品检测。

4.7 清洗 1

样品检测完毕,执行"清洗"程序,至少 3 次或按需增加次数。

4.8 调零

"清洗"程序结束后,再次执行"调零"程序,要求与"4.5 调零"项一致。

4.9 清洗 2

使用清洗液或纯水冲洗进样器针头,擦拭干净。

4.10 关机

关闭软件,然后依次关闭电脑和主机。

4.11 整理

填写使用记录,清理实验台,关闭实验室电源。

5 仪器核查

5.1 准确性核查

需要先制备一系列(n≥8)特定参数浓度已知的生鲜乳校准样品,特定参数的选择根据自身需要(首选经常检测的参数如蛋白质、脂肪、乳糖等)设定,再使用国家标准方法对校准样品中的各参数浓度进行准确定量,然后使用乳品成分分析仪对该系列校准样品的对应特定参数进行检测,将乳品成分分析仪的检测结果与国家标准方法的检测结果分别进行曲线拟合,得到某一参数的曲线斜率和截距,由软件对斜率和截距进行校正后,得到一条用于乳品成分分析仪的校正曲线,用于乳品成分分析仪的快速检测。如出现不符合准确性核查要求的核查结果,软件会在校准界面反红显示,需要对仪器进行过夜浸泡或"维护"中的"标准化"操作后重新核查。

5.2　运行准备

5.2.1　检查

对仪器进行使用前检查，要求参见"4.1 检查"项。

5.2.2　开机

打开仪器主机，要求参见"4.2 开机"项。

5.2.3　自检

进行仪器自检和启动"Msc_FT1"软件，要求参见"4.3 自检"项。

5.3　仪器核查

5.3.1　排气

执行"排气"程序，要求参见"4.4 排气"项。

5.3.2　调零

执行"调零"程序，要求参见"4.5 调零"项。

5.3.3　检测 1

点击"系统"，选择"高级用户"，输入密码：Msc_FT1，进入"产品"，复制一个新的产品。

5.3.4　检测 2

将"产品"选择为"Zero Setting"，点击"维护"，进入"标准化"，按照软件提示放入标准化液（FTIR Equalizer），进程结束后保存（此步骤根据实际情况，可以省略）。

5.3.5　检测 3

点击"分析"，选择刚才新建的产品，开始检测校准样品 cal-01~cal-n（n≥8）。

5.3.6　定标 1

建立"样品组"，添加新的样品组，对样品组进行重命名，在对应样品组内选择添加所需定标的检测参数，保存样品组。

5.3.7　定标 2

选择"产品"，进入"校准"界面，下拉菜单中选择样品组和样本组及参照组，输入"理化参比值"，进行"预测"，点击"斜率和截距"，然后"调整斜率和截距"，要求 Correlation（R 值）≥0.95，准确度 current>proposed，"保存"校准结果。

5.3.8 清洗 1

检测完毕，执行"清洗"，至少 3 次或按需增加次数。

5.3.9 调零

执行"调零"2 次，要求参见"4.5"项。

5.3.10 清洗 2

使用清洗液或纯水冲洗进样器针头，擦拭干净。

5.3.11 关机

关闭软件后，依次关闭电脑和主机。

5.3.12 整理

填写使用记录和核查记录，清理实验台，关闭实验室电源。

5.3.13 核查期限

根据样品数量或者仪器使用情况，此期间核查定期进行。

6 维护保养

6.1 仪器配套试剂

6.1.1 强力清洗试剂包（FossClean Kit）

包括 2 瓶 50 mL 的 FossClean 溶液（为与其他液体相区别，其为橘黄色）；和 1 瓶 10 g 的 FossClean Buffer 药粉（白色），2 只塑料药匙。保存条件：5 ℃冷藏保存。

6.1.2 清洗试剂（FOSS Msc Wash）

保存条件：避光，室温。

6.1.3 调零试剂（FOSS Msc Zero）

保存条件：避光，室温。

6.2 仪器试剂的配制

6.2.1 清洗液

取 1 袋 FOSS Msc Wash 加入蒸馏水中，充分溶解后，加蒸馏水定容至 5 L，混匀。

保存条件：气密，避光，室温。

6.2.2　调零液

取 1 袋 FOSS Msc Zero 加入蒸馏水中，加蒸馏水定容至 5 L，混匀。

保存条件：气密，避光，室温。

6.2.3　强力清洗液

取 0.5 g FossClean Buffer 药粉（1 满塑料药匙）溶于略少于 500 mL 去离子水或蒸馏水中，取 FossClean 溶液（橘黄色）10 mL 加入上述溶液中再加入去离子水或蒸馏水定容到 500 mL 混匀。此强力清洗液须在 5 ℃冷藏保存，有效使用期限不超过 7 天。强力清洗液的使用方法：① 使用前将一次使用用量的强力清洗液预热到大约 40 ℃；② 仪器清洗 3 次，进行至少 2 次符合要求的调零，要求调零结果；③ 将预热好的强力清洗液放于取样管下；④ 点击菜单分析项下的过夜浸泡选项将橘黄色溶液吸入仪器的流路系统，并使强力清洗液保存在仪器内浸泡一个晚上（可以在做了过夜浸泡后 30 min 关闭 MSC_FT1 软件）；⑤ 过夜浸泡（至少 16 h）结束后清洗液冲洗 3 次，再调零至少 2 次，要求调零结果符合要求。

6.3　日常维护

（1）仪器内外部日常清洁，仪器外接电源运行检查。

（2）外配溶液定期更新，废液桶使用后立即清理。

（3）定期进行仪器的运行检查，开机自检及数据备份工作。

（4）定期进行仪器核查。

7　常见问题

7.1　无法正常开机

关闭仪器开关后，检查仪器电源接口是否连接完，能否正常供电，仪器外接 UPS 电源工作是否正常，然后按规程开机重试。如上述方法均无效，则联系仪器维修工程师进行故障排查和维修。

7.2　MSC_FT1 软件自检不通过

检查仪器是否正常开机，仪器与电脑数据线是否松动，10 s 后，重新打开仪器主机及电脑电源，重启 MSC_FT1 软件。

7.3 Missing sample/Scan length

仪器的测量点丢失或动镜移动异常，通常发生在自检异常的情况下，需要关闭 MSC_FT1 软件和仪器后，等待几分钟，重新启动仪器和 MSC_FT1 软件，再次调试。

7.4 Arccom

仪器 ARC 网络传送错误，关闭 MSC_FT1 软件和仪器后，检查仪器共轴制丝和蠕点，重新启动仪器和 MSC_FT1 软件，再次调试。

7.5 Alignment

仪器的观察室内有气体，无法正常分析检测结果，需要再次清洗和调试仪器，如果因样品黏度过高引起故障，需要在样品中添加消泡剂。

7.6 H-pumpoverload

仪器泵电流太高，导致泵正常运行受限，需要联系厂家仪器工程师进行故障排查和维修。

7.7 H-pump empty

仪器泵电流太低，或泵内有空气（常见于因样品黏度过大，进样速度不适合导致空气进入泵内部），需要对泵电流进行检查，或对仪器进行重复清洗后，再次调试。

7.8 H-pump stroke time out

仪器高压泵内部有空气或高压泵的马达处于数字输出测试状态，需要打开泵马达进行循环除气后，再次调试。

7.9 Rinse empty/Zero empty

仪器的清洗液/调零液瓶空，需要按需要添加清洗液/调零液。

7.10 waste full

仪器废液桶满，需要清空废液桶。

7.11 empty bottle

样品瓶内样品液位过低，无法吸入样品，需要更换或补充样品。

7.12 Cuvette temperature high/ Gavotte temperature low/ IR −box temperature high / IR −box temperature low / Cabinet temperature high / Cabinet temperature low / Homoghead temperature high / Homoghead temperature low / Source house

temperature high / Source house temperature low / Cabinet temperature low / Heater unit temperature low / Heater unit temperature high

仪器各腔室的温度偏高/温度偏低，需要延长仪器预热时间，如无法解决则需重新启动仪器及软件。

第 7 节　电感耦合等离子体质谱仪

电感耦合等离子体质谱仪是一种同时测定样本中多种元素含量的仪器设备，具有极好的灵敏度和高效的样品分析能力，广泛应用于农产品生产过程质量控制、核工业、地质、医药及生理分析、法医鉴定、环境监测、半导体行业等领域。本节以 PE Nexion300 电感耦合等离子体质谱仪在生鲜乳检验中的应用为例进行介绍。

1　型号特点

PE Nexion300 电感耦合等离子体质谱仪的稳定性、灵活性非常好，划时代的三锥和三重四极杆组合，真正实现了质谱真空腔内整体（含离子透镜和气体池）的免维护。具有 3 种操作模式（标准、碰撞、反应），通用池具有的排气和充气阀门，可实现 10 s 内快速切换。具有 PlasmaLokTM 技术的动态平衡射频发生器，炬管无须调整位置即可点火，射频发生器系统风冷，线圈气冷，两者都不需要循环水机的冷却，采用了长寿命机械泵油–全氟聚醚（PFPE），高温性能稳定，大大减少了有毒有害废油的排放，采用了全新设计的机械泵，该机械泵的工作噪声控制在了 59 dBA 以下。全彩色观察窗设计，有智能化的全中文操作软件。

2　功能原理

根据被测元素通过一定形式进入高频等离子体中，在高温下电离成离子，产生的离子经过离子光学透镜聚焦后进入四极杆质谱分析器按照质荷比分离，既可以按照质荷比进行半定量分析，也可以按照特定质荷比的离子数目进行定量分析。

3 适用范围

适用于生鲜乳中钾、钠、钙、镁、铜、铁、锰、锌、硒、铅、镉、铬、砷、汞等多种元素的检测。

4 仪器操作

4.1 开机

打开氩气，检查气瓶总量，若总量低于 3.5 KPa 时需要换气瓶。调节分压表头，使分压压力达到 0.7~0.8 MPa。如使用碰撞模式，需打开氦气，调节分压表头，使分压压力达到 0.1~0.2 KPa。打开排风，使用风力测速器测试，确保风速达到 7~8 m/s。打开稳压电源或 UPS 电源，打开计算机，打开仪器主机，先开 "INSTRUMENT" 开关，等待主机自检完成（大约 2 min）后再开 "RF" 开关。可以在抽真空后点炬前再打开 "RF" 开关。双击电脑屏幕上 "Syngistix for ICP-MS"，完成联机。确保仪器图标上没有红色标识，即为联机正常。

4.2 开启真空

点击 "Instument"，选择 "Main" 菜单下的 "Vacuum"，点击 "start"，仪器开始抽真空，出现 "Ready" 即可。为了保证较好的检测结果，建议持续抽真空使 "Vacuum Pressure" 达到 6.6×10^{-6} Torr（1 Torr=1 mmHg）以下。

4.3 编辑方法

编辑方法建议在点炬之前完成，可以最大程度节省氩气。下面以标准模式定量分析为例介绍。

4.3.1 新建方法

4.3.1.1 选择元素

点击 "Method"，再点击 "File" 下面的 "New"。选择 "Quantitative Analysis"，点击 "OK"。在 "Timing" 中，"Sweeps/Reading" 扫描次数一般填写 20 次，"replicates" 重复次数一般填写 3 次，在 "Analyte" 下的方格中点击右键出现元素周期表，选择需要测试的元素质量数和内标元素（一般选取灵敏度最高、干扰最小的质量数，如不确定可以选择两个分子量）。选择所有待测元素，在 "Edit" 下，点击 "Define Group"。选择内标元素，在 "Edit" 下，点击 "Set Internal Std"。

4.3.1.2　设置浓度

点击"Calibration"，点击右键修改"Sample Units"和"Standard Units"。并依次在"Std1""Std2""Std3"等填写混标中元素对应的浓度，内标元素不填写浓度。设置单位为"ppm"或"ppb"。

4.3.1.3　保存方法

点击"File"，点击"Save As"，输入方法名称，保存。

4.4　点炬

4.4.1　开冷却循环水

打开循环水机电源，等待 5 min，左边是压力，点炬前压力约为 72 psi，点炬后压力约为 55 psi，右边是温度，一般设置为 16~20 ℃。

4.4.2　检查排液

确认蠕动泵管完好并且连接正常，如果出现明显的磨损，或者破裂则需要更换泵管。安好蠕动泵夹，将进样管放入超纯水中，在软件中选择"Devices"，点击"Fast"，转动泵，检查进排液是否正常，可通过调节泵夹上的螺钉调节泵管松紧度，正常后点击"Stop"停泵。

4.4.3　点炬

点炬前查看"Vacuum Pressure"，小于 $6.6×10^{-6}$ Torr 为好，在"Instrument"中"Main"界面，点击"Plasma"栏中的"Start"，仪器 60 s 自动完成点炬。点炬完成后，将进样管分别放入超纯水和1%的硝酸溶液中冲洗 5 min。

4.5　调谐

4.5.1　优化炬管位置

鼠标右键点击"Torch Alignment"，选择"Quick Optimize"开始进行优化。测试完后，检查"Daily"报告，"Intensity">40 000，出现"Pass"，即可进行下一项；出现"Fail",需重新优化。

4.5.2　优化雾化气流量

鼠标右键点击"Nebulizer Gas Flow STD/KED（NEB）"，选择"Quick Optimize"开始进行优化。测试完后，检查"Daily"报告，"CeO/Ce"<0.025，出现"Pass"，即可进行下一项；出现"Fail",需重新优化。

4.5.3 优化离子镜电压

鼠标右键点击"AutoLens STD/DRC",选择"Quick Optimize"开始进行优化。此项一般不做,若"优化炬管位置"时未通过,则需要优化,如果优化失败需要清洗锥管。

4.5.4 性能检查

鼠标右键点击"STD Performance",选择"Quick Optimize"开始进行优化。测试完后,检查"Daily"报告,一般"Be">2 000,"In">40 000,"U">30 000,"Ce++"<0.05,报告出现"Pass",即为通过。

4.5.5 保存参数

优化完后保存优化参数,点击"Conditions",点击"File""Save"。

4.6 测试

4.6.1 调用方法

在开始检测之前,须先设置好样品检测结果存放位置和使用方法,否则会出现找不到数据或数据丢失现象。点击"Review",选择"Method",点击"Load",选择测试所用的仪器方法,点击"Save";选择"Dataset",点击"New",数据保存文件夹名称;选择"Report Template",点击"Load",选择报告模板"Quant Summary.rop",点击"OK"。

4.6.2 测试

4.6.2.1 分析空白

将进样管依次放入超纯水、1%硝酸溶液中,进入"Sample"界面,勾选中"Write to Dataset After Each Analysis"。点击"Manual",点击"Analyze Blank",测试空白溶液。

4.6.2.2 分析标准溶液

将进样管按浓度从小到大的顺序依次放入标准溶液,点击"Analyze Standard",测试标准溶液。进入"Reporter"界面观察标准曲线线性,如线性不好,重做曲线;如线性达到要求,开始分析样品。

4.6.2.3 分析样品

将进样管依次放入样品,输入样品名称,点击"Analyze"。

4.7　处理数据

4.7.1　调用数据

在离线模式下，进入"Dataset"界面，打开"Load"数据，同时打开所用仪器方法，点击"OK"。选中所有数据，点击"Reprocess"，进入"Review"界面中，观察处理结果。

4.7.2　打印报告

进入"Reporter"界面，选择"Current Sample"，在文件菜单中选择"Print"进行打印。标准曲线图谱在图谱中右键，选择"Print"进行打印。

4.8　熄炬

待完成分析工作后，将进样毛细管依次放入1%的硝酸、超纯水中冲洗5 min，取出空转2 min，保证管路中的水全部排出。在"Instrument"中"Main"界面，"Plasma"栏中点击"Stop"熄灭炬。熄炬后将泵管夹松开，仪器进入待机状态。

4.9　关机

确认仪器处于待机状态，点击"Instrument"中"Main"，界面中的"Vacuum"栏中点击"Stop"，泄压真空系统，点击"Instrument"，选择"Diagnostics"里面的"Basic"，查看确保"Turbo Pump Speed"项低于9 Hz，以保证分子泵停下来。退出软件，关闭仪器，先关闭"RFG"电源开关，再关"Instrument"电源开关。关闭其他电源，依次关闭水循环机、真空泵、排风机、氩气和稳压电源或不间断电源。

5　期间核查

5.1　核查内容

核查仪器运行、检出限、重复性和稳定性。

5.2　核查方法

5.2.1　检查仪器运行

按仪器设备操作规程对设备通"电"运行；检查气路系统是否可靠密封、不泄漏、报警器能否正常工作；检查仪器各相应功能键是否正常工作；检查仪器加热系统是否有残留物；按仪器操作规程进行质量轴的调谐，参数应符合要求。

5.2.2 检查检出限

在仪器处于正常工作状态下，吸喷系列标准溶液，制作工作曲线，连续 10 次测量空白样品，以 10 次空白值标准偏差的 3 倍对应的浓度计算检出限，公式如下所示。

$$DL = \frac{3 \times S}{b}$$

式中，S 为 10 次测量空白样品的标准偏差；b 为相应元素的线性斜率。

5.2.3 检查重复性

在仪器处于正常工作状态下，用铜的标准溶液建立工作曲线，连续 10 次测量其中一个浓度的标准溶液，计算其相对标准偏差（RSD），重复性不大于 1.5%。

5.2.4 检查稳定性

在仪器处于正常工作状态下，用铜的标准溶液建立工作曲线，连续 10 次测量标准溶液。在不少于 2 h 内，每隔 15 min 以上测定一次，重复测定 6 次，计算其相对标准偏差（RSD）。短期稳定性≤3.0%，长期稳定性≤5.0%。

6 维护保养

6.1 维护炬管组件

维护和更换炬管前必须断开"RFG"开关，检查工作线圈的匝间距离是否一致，检查与炬管同心度。检查各个密封圈有无漏气、破损。检查中心管 1 和炬管内侧 2 之间的距离是否约 2 mm。装配好后使用 "Alignment Tool"检查炬管的位置是否合适。

6.2 检查锥

需要经常检查样品锥和截取锥有无堵塞或固态沉积物，是否有进样孔变形、裂纹、磨损、O 形圈变形，表面是否粗糙，孔四周是否锐利清晰。如经常使用，至少每个月检查并清洗一次。

6.3 清洗锥

用棉签蘸取 2%硝酸擦拭样品锥表面，去除表面沉积物；取下 O 形圈，浸入中性实验室用洗涤剂，超声清洗 10~15 min；去离子水清洗；彻底干燥。如果上述方法不能奏效可以把锥孔部分浸入 1%硝酸和 1%盐酸超声 5 min，再用去离子水清洗，彻底干燥。如确认无法继续使用后选择更换。

6.4　雾化器维护

石英玻璃雾化器不耐氢氟酸，并且要注意防堵。

6.5　真空泵的保养

定期检查（3 个月）真空泵油量变化，如需要可增加；每年至少更换一次泵油，以保证真空机械泵的正常运行。

6.6　空气过滤网

定期清洗，必要时更换。

6.7　更换冷却循环水

每月更换水冷却循环机冷却水、清洁滤网。每一年需要更换一次冷却液。

6.8　氩气过滤器

指示剂变色后，需要更换。如已使用很长时间，可根据实验室情况考虑更换。

6.9　矩管检查

每季度检查矩管是否有固体沉积，如果有固体沉积，则需要清洗矩管，将矩管用稀硝酸浸泡。如果"background"值变大，则需要用 2%稀硝酸擦拭锥的表面，清洗完用去离子水冲洗，冲洗前将 O 形圈取下。

7　注意事项

7.1　温湿度控制

开机前需要先开空调，使室内气温保持在 15~30 ℃，气温变化率每小时不得超过 2.8 ℃，推荐最佳室温为（20±2）℃，相对湿度在 20%~80%之间，不能冷凝，最佳湿度为 35%~50%。

7.2　氩气使用量

高纯氩气纯度需达到 99.999%以上，压力要达到 0.7~0.8 MPa，调节减压阀流量大小使仪器背部面板上压力计达到 6.895×10^5 Pa，否则可能会导致点炬困难或者点炬后等离子体不稳定而出现熄炬现象，也可能带来比较高的空白。在正常工作环境下，一瓶 40 L 氩气可用 4~5 h，氩气用完会导致仪器在测样过程中熄炬，需要重新点炬调谐和校准曲线，导致气体、调谐液、标准品和时间大量浪费，同时也会降低仪器部件的使用寿命。因此，建议仪器使用过程中保证有 2 瓶或 2 瓶以上氩气串联，防止在做样过程中氩气用完导致熄炬。

7.3　排风流速

炬箱和射频发生器排风口的排风流速控制在 9~12 m/s。风速太低，会使热量不能及时排出，进而导致点炬失败或熄炬；风速太高，会使气体被抽走，进而导致点炬失败或者测试过程炬焰不稳定而熄炬。

7.4　冷却温度

外部循环冷却水机，需要设置适当的水压和温度。当压力过低时，冷却效果降低，可能导致点炬失败或熄炬；当压力过高时，容易导致连接处漏液或冲击仪器内部阀门，通常水压设置为（379.21±13.79）kPa。温度太高，冷却效果差，可能导致熄炬；温度太低，容易导致测试精密度下降，温度要在 10~30 ℃，一般设置为与环境温度一致。

7.5　真空度

在点火前必须将真空度维持在 $7.98×10^{-4}$ Pa 以内。真空度过小，仪器会提示错误，点不着火，一般仪器开机后，至少抽真空达到 4 h，如果检测样品多，检测完样品后，可以熄火不关机。

7.6　样品浓度

仪器测量的最佳范围是"ppb"级的，如遇到"ppm"级的高浓度样品，须稀释后上机测试，否则高浓度的样品会造成污染，导致长时间清洗进样系统，对未知的样品，先稀释 1 万倍后再上机测试。试剂必须使用超纯水和高纯度的酸。

7.7　线圈位置

每次点炬前必须检查线圈的两个位置，如果线圈变形，则需要更换或者用复位器进行复位，否则会烧坏炬管。每次更换炬管或者改变线圈位置后必须进行日常性能优化并注意开关机顺序。若长时间不用则需要关闭质谱仪。应先放真空"VACUUM STOP"，等至少 10 min 后关闭仪器 （或从"DIAGNOSTIC VACUUM SERVICE TURBO PUMP SPEED RB"降至"0 Hz"不再波动后才能关机），否则容易损坏涡轮泵。

7.8　点炬要求

为防止点炬时气体阀门打开后气体流动形成的负压将更多水汽带入炬管中，点炬时不要将进样管插入溶液中，这样可使点炬区域处在更好的氩气氛围，更顺利地点炬。

7.9　分装调谐液

测样之前需利用"Smart Tune"进行优化，通常采用含 1 μg/L 的铍、铈、铁、铟、锂、镁、铅、铀调谐液，建议每次将调谐液倒出部分进行调谐，防止污染原液，导致调谐不通过。

8　常见故障处理

（1）软件无法触发真空启动。检查机械泵连接正常，查看仪器的真空触发开关，发现面板上开关并没有复位（复位时开关两头为水平），将真空开关复位后，软件正常触发真空启动。

（2）系统报错"反应池气体 A 流量在范围之外'Cell gas A flow outside range'"。考虑参数设置有问题，将动能歧视模式下的"Cell A"流量改为"0"，或者对进行复位校准。

（3）炬焰点着后，马上熄灭，系统报错"等离子体不能持续（Plasma could not be sestained）"。依次检查供气系统、排风系统、进样系统均正常，发现工程师在装机时，将"等离子气流量"设为 15 L/min，而"电感耦合等离子体射频功率"设为 1 000 W，其他参数不变。将"电感耦合等离子体射频功率"调到 1 300 W 后，点炬正常，调谐优化正常。射频功率高些，所产生的高频电流也会强些，电流产生的强磁场引发自由电子和氩气原子的碰撞，产生更多的电子和离子，最终形成更加稳定的高温等离子体。

（4）进样系统维护后，测试过程熄火，系统报错"涡轮泵马达电流在范围外（Turbo pump motor current outside range）"。发 现 "涡轮泵真实电流（Turbo pump current RB）"在测试过程达到 4.0 Amps 导致熄火。原因可能有：分子涡轮泵故障、刚开机真空度达不到、真空系统漏气等，如是真空系统漏气，尝试将采样锥、截取锥、超锥、密封圈拆下重装。

（5）在测试样品过程中突然熄炬，系统报错"射频发生器栅电流高（RFG grid current high）"。依次检查排液是否正常、炬管是否进水、进样液滴是否存在颗粒、锥接口的问题等，尝试重新拆装锥。

（6）点炬后熄炬，系统报错"等离子体不能持续，射频发生器栅电流高（Plasma could not be sustained；RFG grid current high）"。依次排查样品是否存颗粒、炬管是否进水、氩气纯度和压力是否满足要求，如未发现问题。进一步考虑为超锥密封圈、炬管等离子体气和辅助气入口处 O 形圈变形，导致需要在特定方位角度才能确保密闭性，重新安装进样系统（含雾化器、雾化室、炬管、锥）。建议平时应该注意接口处密封性检查，必要时及时更换相关 O 形圈。

（7）点炬后约 20 min 熄灭且同样情况反复出现、在气体流量优化时熄火，仪器报警"等离子体不能持续（Plasma could not be sustained）"。检查风量、氩气纯度压力、进样系统，如果均正常，须更换炬管。

（8）系统报错"与仪器无通信（No Communication with instrument）"。重启仪器，重启电脑。

（9）关机 1 个月后，真空机械泵无法启动工作，系统报错"初级泵电机电压在范围之外（Roughing pump motor voltage outside range）"。原因可能是由于环境温度偏低，导致泵油黏度过大；开关保护功能，尝试将红绿开关拨回绿色。

第 8 节　体细胞测定仪

体细胞测定仪是利用流式细胞术（Flow cytonletry，FCM）测量液相中悬浮细胞或微粒的一种现代分析技术，FCM 可在细胞保持完整的情况下，精确、快速地对鞘流中的单个细胞进行分子水平的多参数定性、定量分析，在生物学、临床医学、免疫学、生理学、病理学等众多研究领域广泛应用。本节以福斯公司 Fossomatic FC 型体细胞测定仪在生鲜乳检测领域应用为例进行介绍。

1 型号特点

体细胞测定仪属于流式细胞仪，是一种可对高速直线流动的细胞或生物微粒进行快速定量测定和分析的仪器，主要包括样品的液流技术、细胞的计数和分选技术，计算机对数据的采集和分析技术等。最早的流式细胞仪雏形诞生于 1934 年，Moldavan 提出使悬浮的单个血红细胞流过玻璃毛细管，在亮视野下用显微镜进行细胞计数并用光电记录装置测量的设想。1953 年 Crosland-Taylor 根据牛顿流体在圆形管中流动规律设计了流动室。其后经过了多位科学家的不断改进，设计了光电检测设备和细胞分选装置，完成了计算机与流式细胞仪的物理连接及多参数数据记录和分析，开创了细胞的免疫荧光染色及检测技术，流式细胞仪逐渐在医疗、农业等多行业广泛运用。Fossomatic FC 型体细胞测定仪是由福斯在 2010 年之后推出的新一代流式细胞仪，具有大容量、高通量的特点。仪器测量范围最高可达 1 000 万个细胞/mL，每小时样品分析通量≥100 个样品，满足用户快速得到可靠的 DHI（奶牛牛群改良）结果的需求，仪器检测结果重现性高（CV<3% 500~1 500 k SCC/mL；CV <4% 300~499 k SCC/mL；CV <6% 100~299 k SCC/mL），使用中带精度重现性优于其他同类型产品（CV<2% 500~1 500 k SCC/mL；CV<2.5% 300~499 k SCC/mL；CV<3.5% 100~299 k SCC/mL），交叉残留污染率<0.4%，可满足大部分乳产品中体细胞数的检测需求。Fossomatic FC 型体细胞测定仪采用独特的试剂概念，一方面可确保简便、安全和极为快速的试剂处理，大大减少对操作员的依赖性，另一方面仪器采取的试剂的内部过滤程序，可大大降低试剂的消耗和排放量，可降低环境污染的风险。此外，Fossomatic FC 型体细胞测定仪具有高兼容性，可与 Foss FT 系列多款仪器联用，能够满足用户个性化的检测需求。

2　功能原理

Fossomatic FC 是一种流式细胞仪。流式细胞仪主要由 4 部分组成：流动室和液流系统、激光和光学系统、光电管和检测系统、计算机和数据分析系统，这 4 个部分共同完成了信号的产生、转换和输出任务。流式细胞仪工作时，首先通过流动泵，在压力作用下，将外接溶液（载流溶液和稀释溶液）不断泵入流动室，待测样本溶液由进样系统输入仪器管路后，与外接溶液混合形成一股稳定的连续液流（混合样本溶液），保证此混合样本溶液稳定地处于液流轴线上，通过特殊的机械处理将细胞分离，再经特定 DNA 染色介质将细胞染色后，混合样本溶液通过仪器内高精度的注射器注入流动池，此混合样本溶液中的细胞将以单个细胞形式直线通过激光照射测量区，调节激光发射器使其垂直照射在液流线上，样本混合溶液中的染色细胞可以激发出特定荧光信号，通过光电转换器将此荧光信号转换成电信号，通过PC 监控器对电子脉冲进行计数后，可以由仪器配套的数据分析软件进行结果的分析计算和数据输出，完成对样本溶液中体细胞数的测定。

3　适用范围

　　该仪器通过对体细胞计数而对牛奶中的体细胞数进行准确的定性、定量分析，适用于部分乳产品中体细胞数的测定。

4　操作步骤

4.1　用前检查

　　检查仪器状态，包括仪器外观、仪器自身电源及外接电源、仪器线路连接状态等，确保仪器正常运行。

4.1.1　检查仪器外接溶液

　　仪器外接溶液包括清洗溶液和稀释溶液两种，其中清洗溶液主要用于仪器检测过程中的载流液和清洗液，稀释溶液主要用于仪器检测过程中对样品进行稀释。仪器开机使用前须检查这两种外接溶液的剩余量，防止液面过低导致仪器报错。如果余量不够或超使用时限，需要更换新的清洗溶液和稀释溶液。检查外接溶液余量可根据样品数量进行，如果待检样品数量较多（≥100 批），则需对清洗溶液和稀释溶液用量进行估算后添加，如果样品检测数量（<100 批）较少，则可观察溶剂剩余溶液桶液面，按需适量补充即可（溶液液面需至少高于溶剂桶取液器吸入口 3~5 cm）。

4.1.2　检查仪器外接废液桶

　　每次使用完仪器应定期清理废液桶，防止废液桶因为液面没过排废液管口出现反吸现象，污染仪器管路。仪器自配两个废液桶，大废液桶（主要为样品和清洗溶液）和小废液桶（主要为染色剂、稀释溶液和样品），其中大废液桶中溶液可直接通过普通排污处理，小废液桶中溶液因为含有染色液，必须集中处理或按照规定程序处理（含染色液废液处置程序见 6.3）。

4.2　仪器开机

依次启动仪器主机电源和与之连接的电脑电源，进入 Windows 界面。

4.3　仪器自检

双击 Windows 桌面上的"Foss Integrator"软件，等待备份提醒窗口弹出后，按照备份需要选择"ok"或"cancel"，待备份完成或取消后，在"Foss Integrator"软件界面的"Password"项下输入"1"（此项内容由仪器工程师安装软件时设置），待仪器自检完成后进入软件界面。

4.4　启动仪器

在软件界面点击右上角"Start"按钮，在弹出对话框中选择"Ok"，状态栏中显示字符从"Stop"转换至"Stop>>Stand by"，等待仪器自动准备，至状态栏中显示转变为"Stand by"，即仪器启动完毕，可正常使用。

4.5　样品检测

在软件左侧列表"New job"项下拉菜单中选择"Analysis"，在软件弹出对话框中依次设置"Name（检测序列名称）"和"Total（检测样本数量）"，并选择"Collection date"（检测时间），然后执行"Start now"，将待检样品放置在自动进样器托架上，在弹出的标示有样品检测序号的提示对话框中选择"ok"，待样品自动进样完毕后系统再次弹出提示对话框，更换下一个待测样本，在弹出的标示有样品检测序号的提示对话框中选择"Ok"，重复上述操作进行序列样品检测。

4.6　清洗 1

样品检测完成后，点击"FMFC pipette back-flush"（清洗进样及管路程序），按照弹出的提示框中的指示，在进样器针头下方放置干净的空烧杯，在提示框中选择"Ok"，仪器会自动执行进样针清洗程序，待清洗程序结束重复执行清洗程序 2~3 次，取下烧杯。

4.7　清洗 2

点击"FMFC flow cell flush"（清洗流动室程序），按照弹出的提示框中的指示，在进样器针头下方放置装有温度 40~50 ℃ FOSS Msc Wash 溶液的溶剂瓶，在提示框中选择"Ok"，仪器会自动执行流动室清洗程序（每次程序自动清洗两次），待清洗程序结束重复执行清洗程序 1 次，取下溶剂瓶。

4.8 关闭仪器

在软件界面点击右上角"Stop"按钮，在弹出对话框中选择"Ok"，状态栏中显示字符从"Stand by"转换至"Stand by>>Stop"，等待仪器自动执行关闭程序，至状态栏中显示转变为"Stop"，即仪器自动关闭，可正常关闭软件和电源。

4.9 关机

关闭"Foss Integrator"软件，关闭电脑和仪器主机电源。

4.10 整理

填写使用记录，清理实验台，关闭实验室电源。

5 仪器核查

5.1 核查内容

5.1.1 仪器空白背景核查

使用 FOSS Msc Wash 溶液作为空白样品，按照常规样品检测流程，将空白样品检测输出结果与规定值进行比较，对仪器空白背景进行核查。

5.1.2 仪器准确性核查

使用 Foss 原厂配置的"FM Adjustment Sample"溶液作为校准样品，按照常规样品检测流程，将校准样品检测输出结果与"FM Adjustment Sample"（原厂配置）标示值进行比较，对仪器准确性进行核查。

5.2 仪器运行前检查

5.2.1 仪器状态检查

检查仪器前一次使用记录，仪器状态是否正常，仪器外接电源及数据连接是否正常。

5.2.2 外接溶液检查

检查清洗溶液和稀释溶液的配置时间及剩余量，按需要更换或补充清洗溶液和稀释溶液。

5.2.3 废液桶检查

检查仪器废液桶状态，按需清理废液桶。

5.3　仪器核查

5.3.1　仪器准备

按照 4.2~4.4 启动仪器，准备进行检测。

5.3.2　核查检测

将空白样品和校准样品按照 4.5 进行检测，每个样品至少平行测定 5 次。检测完毕后按照 4.6~4.7 对仪器进行清洗维护。

5.3.3　关闭仪器和电源

按照 4.8~4.9 关闭仪器和电源。

5.3.4　整理

填写使用记录和核查记录，清理实验台，关闭实验室电源。

5.4　核查结果判定

5.4.1　仪器空白背景核查

将 FOSS Msc Wash 溶液作为空白样品进行检测，如果仪器输出的空白样品检测结果 "Cell 值" <5，则仪器空白背景检测通过，如果输出的检测结果 ≥5，则仪器空白背景核查结果为不通过，需要按照 4.6 和 4.7 重新执行仪器清洗程序，然后更换新的空白样品重新检测，直至仪器空白背景核查通过。

5.4.2　仪器准确性核查

将仪器输出的检测结果与 Foss 原厂配置的 "FM Adjustment Sample" 校准样品溶液标示 "Cell 值"（即瓶身所示 "count/mL" 值）和 "Pha mean channel Number" 进行比对，如果输出的检测结果大于或等于 "Cell 值"，则核查结果为通过，如果输出检测结果小于 "Cell 值"，则核查结果为不通过，需要对 "FM Adjustment Sample"（原厂配置）进行重新检测。

5.5　核查周期

根据检测样品数量或仪器使用情况，对仪器至少每 6 个月核查 1 次或按需核查。

6　维护保养

6.1　仪器试剂

染色液（Dye），缓冲溶液（Fossomatic Buffer），清洗溶液（Fossomatic Clean），

洗涤溶液（FOSS Msc Wash）。

6.2 溶液的配制

6.2.1 基础液（Stock solution）的配制

取 500 mL Fossomatic Clean 缓慢加入加热至 60 ℃的蒸馏水中，边加边搅拌，防止溶液出现沉淀，冷却至室温后，定容至 5 L。保存条件：气密，避光，室温（温度<25 ℃下可保存 16 周）。

6.2.2 稀释溶液（Buffer/diluents）的配制

将一袋（354 g）Fossomatic Buffer，先溶解于 1 L 的基础液中，再注入适量蒸馏水，可在 40~60 ℃水浴内加速溶解，最后加入蒸馏水定容到 10 L，混匀 。保存条件：气密，避光，室温（最长可保存 3 周）。

6.2.3 清洗溶液（Rinsing/sheath Liquid/Blank solution）的配制

将 250 mL 基础液溶于蒸馏水中，定容到 50 L，再加入 5 g 氯化钠，混匀。保存条件：气密，避光，室温（最长可保存 3 周）。

6.2.4 FOSS Msc Wash 溶液的配制

取 1 袋 FOSS Msc Wash 加入蒸馏水中，充分溶解后，加蒸馏水定容至 5 L，混匀。保存条件：气密，避光，室温。

6.3 日常维护

（1）仪器内外部日常清洁，仪器外接电源运行检查。

（2）各种外配溶液定期或按需更新，溶剂过滤器过滤片定期或按需清洗。废液桶定期或按需清理，外接溶液管路按需清洗或更换。

（3）定期进行仪器的运行检查，开机自检及数据备份工作。

（4）定期进行仪器核查。

（5）含染色剂（Dye）废液的处理方法。染色剂主要有效成分为溴化乙锭（Ethidium bromide，EtBr，后文中简称 EB），作为非放射性的 Marker，来识别和显示核酸条带。EB 是一种深红色不易挥发的晶体，微溶于水，当被紫外线照射时能发出红褐色的荧光。EB 是一种高效的显色剂，但它的高危险性要求特殊的安全管理和回收流程，关于不同类型的 EB 物品的处理方法，可参阅表 4-12-8-1。

表 4-12-8-1　废弃 EB 处理指南

废液	描述	废弃处理方法
缓冲液	EB 浓度较低（<0.5 mg/L）	在排入下水道之前，缓冲液应先用过滤器或"茶包"处理。确定缓冲液中在紫外灯下无荧光方可下排
储备溶液，氯化铯溶液	EB 浓度较高（1~10 mg/mL）	浓度较高，使得处理 EB 的过滤和吸收方法都无法适用。将这些储液交由相关部门专业人员处理
处理用过的过滤器和"茶包"	EB 在过滤/吸收过程污染	将已用的过滤器和茶包明确标记。用过的过滤器和茶包交由相关部门处理
凝胶	EB 浓度低（3~5 mg/L）	先将凝胶晾干，装入指定的袋子中做好标记后，再交由相关部门处理
污染的物件	手套，清理洒落 EB 用过的材料，以及实验室中污染 EB 的物品	破碎的玻璃和锐器必须放入坚固的容器，其他材料可摆放整齐后装入袋中做好标记，交由相关部门处理
晶体及粉末	含有较纯或浓缩过的 EB	交由相关部门处理

7　常见问题

7.1　仪器无法正常开机

解决方法：关闭仪器，检查仪器电源接口是否连接正常，电源是否正常供电，仪器外接 UPS 电源工作是否正常。如一切正常，则等待 10s 后，仪器及电脑重新开机。

7.2　"Foss Integrator"软件自检不通过

解决方法：检查仪器是否正常开机，仪器与电脑数据线是否松动，10 s 后，仪器及电脑重新开机，重启软件。

7.3　"Foss Integrator"软件内部错误/ARC net 通信故障/DSC 代码载入/Buffer 注射器运动错误/DSP 错误/测量注射器运动错误/DSP 超时

解决方法：关闭仪器，10 s 后重新开机，重启软件。

7.4　无法从软件下载到设置数据

解决方法：重启软件。

7.5　Diluent/Buffer/Rinse/Sheath 桶空

解决方法：装满/更换 Buffer/Rinse/Sheath 溶液。

7.6 低浓度废液桶满/高浓度废液桶满/混合腔传感器故障/低浓度废液腔满/高浓度废液腔满/只检测到低浓度废液腔上部传感器/只检测到高浓度废液腔上部传感器

解决方法：倒空废液桶后清洁传感器。

7.7 Rinse 液温度低/Sheath 液温度低/吸样加热器温度低/吸样加热器温度高/培养单元温度低/培养单元温度高

解决方法：停机模式转换待机模式的正常报警，转换完毕会自动消除。

7.8 Rinse 液压力高/Sheath 液压力高

解决方法：执行 De-air sheath liquid 过滤器程序。

7.9 浓缩染色液装置未锁定

解决方法：混合杯保持试剂 10 min，如新试剂袋在 10 min 内未安装成功，则仪器转为待机，重新安装新试剂袋，装置可自动锁定。

7.10 浓缩染色液空

解决方法：更换新的染色剂袋。

7.11 混合腔空

解决方法：更换或添加稀释液，或安装新的染色剂袋，仪器会自动开始分析。

7.12 样品吸入错误

解决方法：检查进样样品管溶液液位，如进样样品管液位正常则执行吸样管反冲洗程序；如果进样溶液体积不足，可以调节吸样量或更换样品。

7.13 DC 值超标

解决办法：执行 Flowcell Flush 清洗。

7.14 Rinse /Sheath 取样器故障

解决方法：重新放置 Rinse /Sheath 吸样管，保证吸样口完全浸没在液面以下。

7.15 浓缩染色剂单元关闭

解决办法：打开染色剂接口。

7.16 光强度低

解决办法：设置当前灯强度为 100%。

7.17　机箱温度高

解决办法：室温过高，检查室温是否高于 25 ℃，采取适当降温措施。

7.18　检测器禁用高压电

解决办法：在 Simple IO 里选择 high voltage 高压电。

7.19　LED 有效性测试

解决办法：选择"Diagnostic"（诊断），执行"LED test"。

第 9 节　β-内酰胺酶测量分析仪

β-内酰胺酶测量分析仪用于智能型的自动微生物、菌落计数分析、抑菌圈测量，以及抗生素药敏效价分析、β-内酰胺酶检测分析等。本节以 ZY-400A β-内酰胺酶测量分析仪在生鲜乳检测中的应用为例进行介绍。

1　型号特点

ZY-400A β-内酰胺酶测量分析仪是专门为测量乳及乳制品中舒巴坦敏感 β-内酰胺酶（金玉兰酶）类物质量身定做的全自动测量分析仪器。测量分辨率 0.010 5 mm，重复测量精度 ≤0.02 mm，台间测量差异 ≤0.5%，效价重复测量精度 ≤0.5%。采用 CCD 扫描技术及进口关键器件，质量稳定，自动化程序高，操作简便；智能识别钢管位置及抑菌圈大小；智能识别药敏纸片文字并进行抑菌圈归类统计分析；可依据纯水对照中（A）、（B）、（D）管产生抑菌圈直径自动判断结果是否成立；可根据样品中（A）、（B）管产生的抑菌圈直径自动产生阳性或阴性报告；具有无效报告自动预警功能，使报告更全面、可靠；可生成符合"GLP/GMP"要求的报告，遵循原始数据及记录的完整性，为实验室认证提供全面数据支持；方便的文件管理功能，可以任意调取历史数据，实现真正实验室数字化管理。

2　功能原理

应用"CCD"扫描技术，通过光电转换、"AD 变换"，将抑菌圈图像显示于屏幕，用曲线积分方法求得抑菌圈面积，再由微机自动对数据进行统计学分析，结果在屏幕上以表格形式呈现。

3 适用范围

主要用于生鲜乳中舒巴坦敏感 β-内酰胺酶类物质测定。

4 操作步骤

4.1 开机

打开仪器、电脑、打印机电源，打开"程序"子菜单，进入"北京先驱威锋技术开发公司"，点击"乳及乳制品 β-内酰胺酶检测系统程序"命令。

4.2 建立、打开文件

启动菜单栏"文件"下的子菜单"新建"或选择"文件"/"打开"，新建文件或打开已有的文件后，进入新的界面。

4.3 抑菌圈的测量

如果想对抑菌圈进行测量，点击"常用工具栏"中的按钮，或点击"滤镜"中的"扫描"命令，直接进入"获取影像"对话框（快捷键"F5"）。

4.3.1 测量

调整好测量窗口，按"扫描"按钮，测量完毕后系统自动将所得到的图像及抑菌圈信息传递到实验报告中，按"关闭"按钮，查看报告。

4.3.2 手工计算图像

在"原始图像"或"目标图像"下点击"常用工具栏"中的按钮或点击"影像"菜单中的"识别"来计算抑菌圈的大小（快捷键"F6"）。用屏幕左下端的"位置按钮"选择所需要查看的图像。

4.4 试验结果

4.4.1 试验结果

图像扫描后，点击"试验结果"，可以对数据进行浏览、修改等处理。

4.4.2 保存

点击工具栏中的按钮，或选择"文件"菜单中的"保存"命令，打开"另存为"对话框，键入文件名，点击"保存"按钮。

4.4.3　打印实验报告

点击"文件"菜单中的"打印"对数据进行打印。

5　核查程序

5.1　横纵校准

以校准过的抑菌圈测量仪专用标准板进行校准，在 6 个测量位置分别测量标准板，分别求取"S1，S2，T1，T2"的平均值，按以下公式进行计算。

$$\sum_{n=1}\left(\frac{cS_n}{\overline{oS_n}}+\frac{cT_n}{\overline{oT_n}}\right)/4\times100\%$$

5.2　精度测试

5.2.1　六点精度检测

用同一个标准板分别放入测量池中的 6 个位置，进行扫描，扫描后得到的同一个抑菌圈的 6 次测量数据，最大值与最小值的差应在 0.08 之内。

5.2.2　重复精度检测

把标准板放入测量池中的同一个位置，扫描 6 次，扫描后得到的同一个抑菌圈的 6 次测量数据，最大值与最小值差应在 0.03 之内。

5.3　验证周期

验证周期为 6 个月，仪器搬动、修理或发现测量结果可疑时，应及时重新校准。

6　维护保养

（1）定期开机，完成仪器自检。

（2）每次关机后，用微湿的布擦拭清理扫描仪，切勿使用清洁剂。

7　注意事项

（1）使用仪器必须保证工作环境的温度、湿度在技术指标所要求的范围以内。

（2）仪器使用时应注意保证环境清洁、干燥。

（3）使用前必须将测量仪下方的锁具打开。

（4）工作时须按正常顺序开关测量仪。

（5）检品必须准确放在测量池中，其底部必须全部放在测量池中并擦去平皿底面上的水珠，否则会降低测量精度。

（6）仪器前方指示灯如不停闪烁超过 25 次而不停止，应关闭测量仪电源，并与经销商联系维修。

第 5 篇

畜禽肉品质检测技术指南

第 13 章　畜禽肉品质检测概述

仓廪实,天下安。我国自古以来就是个农业大国,粮食是一切发展的基础保障。党的十八大以来,确立了国家粮食安全战略。党的二十大报告指出,要全方位夯实粮食安全根基。随着传统"粮食"边界的拓展,"肉也是粮食"理念逐渐深入人心,畜禽肉成为"国之大者"的重要组成部分。此外,随着我国居民膳食质量稳步提高,蛋白质和脂肪供能比增加,居民肉蛋奶的摄入量持续上升。据国家统计局公布数据,2021 年我国全年猪牛羊禽肉产量 8 887 万 t,比上年增长 16.3%,其中,猪肉产量 5 296 万 t,增长 28.8%;牛肉产量 698 万 t,增长 3.7%;羊肉产量 514 万 t,增长 4.4%;禽肉产量 2 380 万 t,增长 0.8%。

农业现代化已被列为 2035 年基本实现社会主义现代化远景目标之一,畜牧业在农业生产中的比重以及畜牧业的现代化水平是农业现代化的重要衡量标志。畜牧业"承农启工",不仅能够带动种植业、饲料加工业的发展,还具有推动畜产品加工业、交通运输业等发展的作用。农业农村部将 2018 年定为"农业质量年",标志着我国农业发展进入了由增产导向转向提质导向、由数量优先转向质量优先的新时代。2020 年,国务院办公厅发布《关于促进畜牧业高质量发展的意见》,提出要坚持绿色发展,不断增强畜牧业质量效益和竞争力。近年来,人民对农产品的需求已实现从关注安全向聚焦品质的巨大转变,对畜禽肉的要求不断提高,不但要吃到放心安全的肉,更要吃品质优、营养丰富的肉产品。高质量的畜禽肉已成为畜牧业高质量发展和满足人民美好生活需要的标志。

畜禽肉品质评价分析对保护地域特色品牌效应、加快"三品一标"认证及"名特优新"农产品认证、推动畜牧业高质量发展有重要意义。目前,我国畜产品尤其是地方优势畜禽肉的品质分析存在检测内容局限、特征品质挖掘不足、特征指标认定模糊、综合品质评价体系未建成等问题，严重制约了畜禽肉的高质量生产和优质优价。随着新兴检测技术的发展，畜禽肉品质评价由常规的理化品质检测扩展到风味、滋味、质地、微观组织结构等特征品质挖掘和评价上，构建了大量形式多样的品质评价模式，实现了由定性到定量的巨大飞跃。此外，品质检测技术也由单一、烦琐向高通量、便捷转变，检测范围不断扩展，检测效率不断提升。目前，畜禽肉品质检测主要从外观品质、营养品质、安全品质、加工品质这 4 个角度进行检测分析。

外观品质一般是指外观和感官特征，以嗅觉、视觉、触觉为主，包括气味、色泽（肉色、脂肪颜色）、杂质、组织状态（弹性、紧密度），是影响消费者购买行为的重要指标。为了明确畜产品尤其是分割肉的外观品质要求，国家出台了相应的标准对畜禽肉感官品质进行规范，包括《肉与肉制品感官评定规范》（GB/T 22210）、《分割鲜、冻猪瘦肉》（GB/T 9959.2）、《鲜、冻分割牛肉》（GB/T 17238）、《鲜、冻胴体羊肉》（GB/T 9961）、《食品安全国家标准鲜（冻）畜、禽产品》（GB 2707）等。此外，还可以通过仪器方法对外观品质进行定量分析，比如使用色差计测定肉品的色泽、电子鼻模拟人的嗅觉、电子舌模拟人的味觉等。目前，对畜禽肉外观品质的研究以仪器方法为主，感官评价方法为辅，二者结合来综合评价肉品的外观品质，"仪器+感官"的方式是畜禽肉外观品质检测技术的发展趋势。

营养品质是判断食品是否符合人体摄入需求的重要指标，多集中在蛋白质和脂肪含量、氨基酸和脂肪酸含量及占比、元素含量及种类上等。对畜产品中营养品质的检测，有助于掌握特定畜禽肉的营养价值，从而对其营养品质进行科学评价。目前，已有成熟、配套的国家标准对其检测技术要求进行规范，包括《食品安全国家标准 食品中蛋白质的测定》（GB 5009.5）、《食品安全国家标准 食品中脂肪的测定》（GB 5009.6）、《食品安全国家标准 食品中氨基酸的测定》（GB 5009.124）、《食品安全国家标准 食品中脂肪酸的测定》（GB 5009.168）、《食品安全国家标准 食品中多元素的测定》（GB 5009.268）等。

安全品质，可分为卫生安全和质量安全两种。畜禽肉的卫生安全指标包括微生物和污染物指标，质量安全指标包括农、兽药残留和注水肉等。微生物指标是检验畜禽肉卫生安全的主要方式，其中，菌落总数代表了畜禽肉中微生物的污染程度，大肠杆菌是排泄物污染指示菌，致病菌会造成食用者食物中毒。在微生物的作用下，畜禽肉的 pH 也会发生变化。pH 是食用品质的晴雨表，也是肉颜色、嫩度、风味、持水性、货架期等的指示性研究指标。对畜禽肉的 pH 进行测定，能够对其安全性、可食性进行评价，同时，通过与其他品质指标的相关性分析，可用于品质形成、生理变化机制和品质改良等分析研究。污染物指标也是肉品安全中需要关注的重点，污染物是指食品生产、加工、包装、贮存、运输、销售直至食用等过程中产生的或由环境污染带入的、非有意加入的化学性危害物质，包括铅、镉、汞、砷、亚硝酸盐、硝酸盐等物质。污染物对人体伤害极大，过量摄入会导致人中毒甚至死亡。农药和兽药残留是畜禽肉质量安全的重要指标。由于利益导向，养殖户存在非法使用药物、滥用抗生素和药物添加剂、不遵守休药期、超标使用兽药等行为，导致农、兽药残留成为目前畜产品质量安全中的重要风险隐患。畜产品中的农、兽药残留会通过食物链进入人体中，造成过敏、中毒、致癌等严重后果，长期摄入和蓄积还会引起人体的耐药性，进而导致严重的流行病和公共卫生安全问题。近年来，由于注水肉事件频发，肉中的水分含量也成为值得关注的畜产品质量安全品质之一。注水肉是指违反食品安全法规、损害消费者权益、降低肉类口感质量的行为，这种劣质肉还存在卫生安全问题。因此，2021 年，国家下发了《屠宰环节质量安全风险监测计划》，重点对屠宰环节肉的水分含量进行了监测，这表明畜禽肉中水分含量的检测也是畜产品质量安全监测中的重要组成部分。

加工品质主要包括肉的质地、剪切力、嫩度、风味、保水性和水分活度等，可用来判断肉的加工适应性，从而有针对性地进行加工和品质改良。质地品质中的黏性、弹性、内聚性等指标可用来明确肉品适合的工业化加工手段和家庭式的烹饪方式，如牛排、肉肠、肉干等不同加工肉制品和煎、炒、炖、炸等不同烹饪方式。除了传统感官评定分析方法外，还可借助质构仪进行全质构检测分析（TPA），检测数据结合统计学科学量化分析，能够多维度解析畜禽肉间的质地品质差异。剪切力的测定可用来判断肉的嫩度，而嫩度是消费者重点关注的品质指标，对生产加工有重要的指导意义，可按照《肉嫩度的测定　剪切力测定法》（NY/T 1180—2006）进行测定。挥发性风味物质是判断畜禽肉及肉制品加工优势、贮藏品质等的重要指标，通过检测分析挥发性风味物质组成及含量，可实现不同产地、品种、部位、贮藏期畜禽肉的快速、智能识别，能够为优势特色畜禽肉的品牌建设和保护提供技术支撑。气相色谱–质谱联用技术（GC–MS）是量化畜禽肉中挥发性风味物质的主要检测分析技术，已被广泛应用于畜禽肉及肉制品风味分析研究中。保水性是判断肉品加工损耗的指标，包括滴水损失、离心损失、蒸煮损失、熟肉率等。滴水损失是指在不施加任何外力而只受重力作用的条件下肉在测定时的液体损失量，离心损失是指肉品在离心力作用下的质量损失，蒸煮损失是指肉品在蒸煮前后的质量损失，熟肉率是指肉品熟制后与熟制前的质量比值。保水性的检测标准有《肉的食用品质客观评价方法》（NY/T 2793）、《畜禽肉质的测定》（NY/T 1333）等。水分活度是指肉中水分存在的状态，即水分与畜禽肉的结合程度，水分活度值越高结合程度越低，水分活度值越低结合程度越高。水分在肉中呈现三种状态：结合水、不易流动水和自由水，其中，不易流动水和自由水是影响水分活度的主要原因，反映水分能够被微生物利用的程度，会对肉的色泽、风味、成分、保质期等品质的稳定性产生影响。畜禽肉中水分活度的检测标准为《食品安全国家标准 食品水分活度的测定》（GB 5009.238）。

第 14 章　畜禽肉品质检测分析技术

畜禽肉品质检测分析技术的发展，让畜禽肉实现由常规检测到品质评价的重大转变，在保证畜产品质量安全的基础上，挖掘畜禽肉优质品质特征，表征畜禽肉品质形成机理，对保证畜产品优质优价，推动畜牧业高质量发展有重要意义。畜禽肉品质检测分析技术可根据"四维品质"分为外观品质分析技术、营养品质分析技术、安全品质分析技术、加工品质分析技术。

第 1 节　外观品质分析技术

1　感官评定法

感官评定是指凭借人体的自身感觉器官，包括眼、鼻、口（包括唇和舌）和手等对畜禽肉的品质进行评价。除了消费者的经验判断外，国家标准《肉与肉制品感官评定规范》（GB/T 22210）对畜禽肉感官评定提出了更为严格要求，包括感官评定实验室、评定人员、样品的要求以及感官评定程序。热鲜肉、冷却肉的感官评定程序为：冷冻状态的样品需先在冻结状态下检查，然后采用室温自然解冻方式进行解冻，待样品中心温度达到 2~3℃时制样，在冻结状态下观察冷却肉表面的变色及脱水程度、有无霉斑、光泽等，然后按照各畜禽种类的感官评定标准，对色泽、组织状态、气味、杂质等指标对照评分标准打分或做好详细记录。

畜禽肉的感官评定法只需对所有样本的体积、质量、形状、部位修整一致，前处理较为简单。此外，热鲜肉、冷却肉应在样品到达的当天立即进行评定。

2 大理石花纹评定法

大理石花纹是指背最长肌横截面中脂肪的含量和分布情况，反映背最长肌中肌内脂肪的含量和分布的指标。一般用于评价牛肉的品质等级，大理石花纹越多，表示含人体所需脂肪酸越丰富，牛肉嫩度越好，牛肉品质越高端。大理石花纹主要依据《牛肉等级规格》（NY/T 676）中的牛肉大理石纹评级图谱，通过感官评价的方法进行评定。具体为：胴体分割 0.5 h 后，在 660 lux 白炽灯照明的条件下，选取第 5 肋至第 7 肋间，或第 11 肋至第 13 肋间背最长肌横切面，按照大理石等级图谱评定背最长肌横截面处等级，以大理石花纹丰富程度为标准分为 5、4、3、2、1 共 5 个等级。大理石花纹的感官评定方法由于依托于人的感官，具有一定的主观性，因此，有大量科学研究集中在用仪器设备取代人工的方法进行更为客观精确的判断，包括基于机器视觉、计算机图像的评价预测模型和手机评价系统等。

3 电子感官评价法

感官评价能够较完整地描述畜禽肉的感官特征，是畜禽肉综合品质评价的重要方法，畜禽肉的感官品质一般包括外观、气味、滋味，由于人的感官评价会因个体喜好的偏差带来误差，更加客观、科学的电子感官评价法发展成熟起来，成为畜产品品质分析的热点，常用的分析仪器有分光测色计（色差计）、电子鼻、味觉分析系统（电子舌）。分光测色计（色差计）是测定畜禽肉色泽的仪器，色泽是影响产品消费者接受度和市场价值度的重要品质属性之一，测定结果以 L* 值（亮暗）、a* 值（红绿）、b* 值（黄蓝）表示；电子鼻、味觉分析系统（电子舌）是模拟人体嗅觉和味觉的仪器，具有安全、快速、无疲劳的优点，可以代替感官评定人员对畜禽肉风味和滋味进行评定，通过描绘风味和滋味轮廓，建立图谱库和大数据库，结合统计学分析，可用于鉴定肉品的新鲜度和纯度、定量分析肉制品添加成分、快速鉴别肉品种和掺假等，实现畜禽肉品质的智能识别和无损评价。

电子感官评价法中样品的检验流程一般为样品前处理—仪器分析—数据分析。畜产品样品前处理较为简单，色差计为非破坏性的，设备调试完成后可直接进行测定；用于电子舌、电子鼻测定的肉样，需要利用物理均质法将其制成均匀的肉糜。数据分析一般可在仪器自带的软件上完成，操作简单。

第 2 节　营养品质分析技术

畜禽肉营养品质分析技术主要是对畜禽肉营养组成成分的含量和分布等进行检测，包括蛋白质、氨基酸、脂肪、脂肪酸、维生素、元素等内容。对畜禽肉进行营养品质分析，有助于把握特定品种、部位、饲养条件下畜禽肉营养成分总体情况，对特征性、优异性指标挖掘和产品品牌创建有重要意义。

1　凯氏定氮法

凯氏定氮法是用来测定畜禽肉中蛋白质含量的方法，其原理是畜禽肉中的蛋白质在加热催化条件下被分解，产生的氨与硫酸结合生成硫酸铵，碱化蒸馏使氨游离，用硼酸吸收后以硫酸或盐酸标准滴定溶液滴定，根据酸的消耗量计算氮含量，再乘以换算系数，即为蛋白质的含量。测定方法为：称取肉样 2~5 g 于消化管中，依次加入 0.4 g 硫酸铜、6 g 硫酸钾及 20 mL 硫酸，加热消化至液体呈蓝绿色并澄清透明后取出，冷却至室温，使用凯氏定氮仪进行测定。

2　茚三酮比色法

茚三酮比色法是测定畜禽肉中酸水解氨基酸含量的方法，可测定天冬氨酸、苏氨酸、丝氨酸、谷氨酸、脯氨酸、甘氨酸、丙氨酸、缬氨酸、蛋氨酸、异亮氨酸、亮氨酸、酪氨酸、苯丙氨酸、组氨酸、赖氨酸和精氨酸共 16 种氨基酸。其原理是畜禽肉中的蛋白质经盐酸水解成为游离氨基酸，经离子交换柱分离后，与茚三酮溶液产生颜色反应，再通过可见光分光光度检测器测定氨基酸含量。测定方法为：准确称取一定量肉糜（精确至 0.000 1 g）于水解管中（试样中蛋白质含量在 10~20 mg 范围内），然后在水解管内加 10~15 mL 6 mol/L 的盐酸溶液，抽真空后充入氮气封口，放在（110±1）℃的电热鼓风恒温箱或水解炉内水解 22 h，冷却后定容到 50 mL，取 1.0 mL 在 40~50 ℃下减压干燥、蒸干。将 1.0~2.0 mL pH 2.2 柠檬酸钠缓冲溶液加入干燥后的试管内溶解、振荡混匀，过 0.22 μm 滤膜后供氨基酸分析仪（茚三酮柱后衍生离子交换色谱仪）测定。

3 索氏提取法

索氏提取法是测定畜禽肉中游离态脂肪含量的方法。其原理是脂肪易溶于有机溶剂，样品经无水乙醚或石油醚等溶剂抽提后，蒸发除去溶剂，干燥后得到游离态脂肪，称重进行定量。称取 2~5 g 肉糜转移至滤纸筒内，然后放入抽提筒，使无水乙醚或石油醚不断回流抽提，取下接收瓶，回收无水乙醚或石油醚，待接收瓶内溶剂剩余 1~2 mL 时水浴蒸干，再于（100±5）℃干燥 1 h，放干燥器内冷却 0.5 h 后称量，重复以上操作直至样品恒重（直至两次称量的差不超过 2 mg）。

4 酸水解法

酸水解法与索氏提取法不同，是测定畜禽肉中游离态脂肪及结合态脂肪总量的方法。其原理是试样经盐酸水解后用无水乙醚或石油醚提取，除去溶剂即得游离态和结合态脂肪的总含量。测定方法为：称取肉糜 3~5 g（精确至 0.001 g）置于 250 mL 锥形瓶中加入 50 mL 2 mol/L 盐酸溶液和数粒玻璃细珠，盖上表面皿，于电热板上加热至微沸，保持 1 h，每 10 min 旋转摇动 1 次，取下后加入 150 mL 热水，混匀，过滤，锥形瓶和表面皿用热水洗净一并过滤，沉淀用热水洗至中性，将沉淀和滤纸置于大表面皿上，于（100±5）℃干燥箱内干燥 1 h。干燥后的肉样放入滤纸筒内，然后进行抽提，步骤如 3 所述。

5 气相色谱法

气相色谱（GC）是分离复杂样品中的化合物的化学分析仪器，样品具有不同的物理和化学性质，在色谱柱的作用下，会与特定的柱填充物（固定相）相互作用而被气流（载气，流动相）以不同的速率带动，当化合物从柱的末端流出时，它们被检测器检测到，产生相应的信号并被转化为电信号输出，从而实现定量。气相色谱法具有衍生物稳定、柱效高、运行成本低等优点，在畜禽肉检测领域应用广泛，可用于农药、兽药残留检测，肉制品添加剂检测，畜禽肉营养物质如氨基酸、脂肪酸、维生素等物质的测定等。

由于样品组分复杂，存在杂质多、待测物分离难和极性强等问题，因此，通常在 GC 分析前需要对样品进行衍生化，降低待测物极性，同时避免受到样品复杂基质干扰，满足检测的需要。GC 衍生化主要有硅烷化、烷基化（包括酯化）、酰基化等，如在畜禽肉中脂肪酸的测定中，脂肪在碱性条件下皂化和甲酯化，生成脂肪酸甲酯，然后经毛细管柱气相色谱分析，外标法定量测定脂肪酸的含量。

6　电感耦合等离子体质谱法

电感耦合等离子体质谱法（ICP-MS）是测定畜禽肉中多元素的方法，适用于畜禽肉中硼、钠、镁、铝、钾、钙、钛、钒、铬、锰、铁、钴、镍、铜、锌、砷、硒、锶、钼、镉、锡、锑、钡、汞、铊、铅的测定。其原理是试样经消解后，由 ICP-MS 测定，以元素特定质量数（质荷比，m/z）定性，采用外标法，以待测元素质谱信号与内标元素质谱信号的强度比与待测元素的浓度成正比进行定量分析。测定方法为：肉样经均质为肉糜后进行消解，可根据肉样中待测元素的含量水平和检测水平要求选择相应的消解方法及消解容器，包括微波消解和压力罐消解，其中，微波消解法得到的检测结果有较高的准确性，且操作简单、效率较高，是较常用的消解方式。称取样品 0.2~0.5 g 于微波消解内罐中，加入 5~10 mL 硝酸，加盖放置 1 h 或过夜后用微波消解仪消解，冷却后取出，缓慢打开罐盖排气，用水冲洗内盖，将消解罐放在控温电热板上或超声水浴箱中，于 100 ℃加热 30 min 或超声脱气 2~5 min，用水定容至 25 mL 或 50 mL，混匀后用 ICP-MS 测定各待测元素含量。

7　电感耦合等离子体发射光谱法

电感耦合等离子体发射光谱法（ICP-OES）可用于畜禽肉中铝、硼、钡、钙、铜、铁、钾、镁、锰、钠、镍、磷、锶、钛、钒、锌的测定。其原理是样品经消解后，由电感耦合等离子体发射光谱仪测定，以元素的特征谱线波长定性，待测元素谱线信号强度与元素浓度成正比进行定量分析。

样品前处理和消解方式同上 ICP-MS 所述，此外，该方法的消解方式还有干式消解和湿法消解，干式消解是指将样品放入灰化炉，经炭化、灰化后，水分及挥发物质以气态逸出，样品中有机物以二氧化碳、水和氮的氧化物散失，最终留下的为无机物，该方法有机物被破坏彻底、操作简单，适用于大批量样品的分析测定；湿法消化法是指样品在强酸、强氧化剂并加热的条件下消煮，去除样品中的有机质，无机盐和金属离子则留在溶液中，整个过程由于加热温度较低，金属含量损失小。

第3节　安全品质分析技术

安全品质是畜禽肉等食品最基础的品质，畜禽肉在分割、储运、加工过程中，受环境或人为因素的影响，存在一定的质量安全风险，包括致病微生物超标、重金属超标、农兽药残留、注水肉、腐败变质等问题，这些隐患可通过国家检测标准进行检测和规范。本节重点对微生物检测技术、水分含量检测技术和 pH 测定法进行介绍。

1　微生物检测技术

畜禽肉微生物检测技术主要对畜禽肉中的有害和有潜在风险的微生物进行定量，判断其可食用性和安全性。常见的微生物检测方法有平板计数法和最可能数法，平板计数法适用于菌群含量较高的样品计数，最可能数法适用于菌群含量较低的样品计数。

1.1　平板计数法

平板计数法是计算培养基上长出来的菌落数，可用于畜禽肉中污染程度的测定。其原理是将待测样品制成均匀的梯度稀释液，尽量使微生物细胞分散成单个细胞，然后取一定稀释度的稀释液接种于有培养基的平板中进行培养，统计由单个细胞生长繁殖形成的菌落数目，即可计算出样品中的含菌数。平板计数法在实际应用时，除了菌落总数计数外，还可根据所检测微生物的特性，选择有针对性的培养基和指示剂进行培养，最后根据生长出的菌落数目进行计数，比如在大肠菌群计数时，大肠菌群会在结晶紫中性红胆盐琼脂（VRBA）固体培养基中发酵乳糖产酸，在指示剂的作用下形成可计数的红色或紫色、带有或不带有沉淀环的菌落，通过统计红色或紫色的菌落数，即可实现大肠菌群计数。

菌落总数小于 100 CFU 时，按"四舍五入"原则修约，以整数报告；菌落总数大于或等于 100 CFU 时，第 3 位数字采用"四舍五入"原则修约后，采用两位有效数字，后面用 0 代替位数，也可用 10 的指数形式来表示，按"四舍五入"原则修约后，采用两位有效数字；若空白对照上有菌落生长，则此次检验结果无效；称重取样以 CFU/g 为单位报告，体积取样以 CFU/mL 为单位报告。

1.2　MPN 法

MPN 法是基于泊松分布的一种间接计数方法，是统计学和微生物学结合的一种定量检测法，适用于特定生理类群的测定。其原理是待测样品经系列稀释并培养后，根据其未生长的最低稀释度与生长的最高稀释度，应用统计学概率论推算出待测样品中微生物菌群的最大可能数。在实际应用中可计算系列稀释度样品管中阳性管数，并检索 MPN 表，查找样品单位体积中细菌数的近似值，再乘以数量指标第一位数的稀释倍数，即为样品中的含菌数。

2　水分含量检测技术

水分是影响畜禽肉质量安全的重要指标，畜禽肉中的水分含量是指畜禽肉中水分占总重量的百分比，一般来说，水分含量越高，越易滋生细菌和致病菌，其质量稳定性越差。此外，水分含量测定也是判断注水肉的重要手段，畜禽肉水分限量为：猪肉水分含量≤76.0%，牛肉和鸡肉水分含量≤77.0%，羊肉水分含量≤78.0%。畜禽肉中的水分含量检测技术有直接干燥法和红外线干燥法。

2.1　直接干燥法

直接干燥法是测定畜禽肉中水分含量的方法，水分含量是判断注水肉和预测肉品保质期的重要检测指标，测定畜禽肉中的水分含量，对保障畜产品质量安全有重要意义。其原理是利用畜禽肉中水分的物理性质，在 101.3 kPa（一个大气压）、温度（103±2）℃下采用挥发方法测定样品中干燥减湿的质量，包括吸湿水、部分结晶水和该条件下能挥发的物质，再通过干燥前后称量数值的变化计算出水分的含量。测定方法为：样品剔除脂肪、筋、腱，取其肌肉均质后检测，检测前需要将称量器皿、玻璃棒、10 g 左右砂放置于干燥箱中进行恒重（103±2）℃，然后取 5 g 样品置于称量器皿中，与砂混合均匀后移至恒温干燥箱中干燥 4 h，冷却后称重，然后再烘干 1 h 冷却后称重，直至连续两次质量差小于 2 mg，记录干燥前后称量数值的变化计算水分含量。

2.2 红外线干燥法

红外干燥法也是测定畜禽肉中水分含量的一种方法，由于红外线穿透性强，水分干燥效率高、干燥均匀，是畜禽肉水分含量测定和注水肉检测中常用的快速测定方法。其原理是用红外线加热将水分从样品中去除，再用干燥前后的质量差计算出水分含量。测定方法为：设定干燥加热温度为 105 ℃，加热时间为自动，打开样品室罩，取样品置于近红外水分分析仪的水平架上并归零，将样品均匀铺在样品盘上，置于样品室后盖上样品室罩，加热干燥完成后读取数字显示屏上的水分含量值，在配有打印机的条件下可自动打印水分含量及测定条件等信息。由于畜禽肉组织较为紧密，为保证测定准确性、节约检测时间，畜禽肉样品需均质成肉糜状后，均匀地平铺在样品盘上进行测定。水分含量计算结果用两次平行测定的算术平均值表示，保留 3 位有效数字。

3 pH 测定法

畜禽肉的 pH 用 pH 计来测定，其原理是：利用玻璃电极作为指示电极，甘汞电极或银−氯化银电极作为参比电极，当试样或试样溶液中氢离子浓度发生变化时，指示电极和参比电极之间的电动势也随着发生变化而产生直流电势（即电位差），通过前置放大器输入到 A/D 转换器，以达到 pH 测量的目的。测定方法为：肉样在温度小于 25℃均质后，加入 10 倍于待测试样质量的氯化钾溶液再次均质，取一定量能够浸没或埋置电极的试样，将电极插入试样中，将 pH 计的温度补偿系统调至试样温度 [若 pH 计不带温度补偿系统，应保证待测试样的温度在（20±2）℃范围内]。采用适合于所用 pH 计的步骤进行测定，读数显示稳定以后，直接读数，精确至 0.01。同一个制备试样至少要进行两次测定，在重复性条件下获得的两次独立测定结果的 pH 绝对差值不得超过0.1。

第 4 节 加工品质分析技术

畜禽肉的加工品质分析技术是对畜禽肉的加工和食用特性进行分析的方法，比如畜禽肉质地、组织结构、色泽、风味、保水性等，是对畜禽肉特征品质挖掘的重点研究技术，由新兴的分析仪器和方法组成，已成为畜禽肉品质检测和品质特征挖掘的热点。本节重点对质构法、风味检测分析技术、保水性检测分析技术、水分活度检测分析技术进行了介绍。

1　质构法

质构指由畜禽肉成分和组织结构所决定的物理性质，用力、形变和时间来表示客观检测结果，可用来解释畜禽肉的组织结构特性和加工过程中的物性变化。质构法是为畜禽肉物性品质差异分析和品质改良提供数据参考的重要手段，现在多借助质构分析仪来客观表征。质构仪在使用时需要根据不同检测样本的形态和测试要求，匹配不同的探头，比如圆盘挤压探头可用于肉丸等的挤压实验，常用全质构分析，检测样品的弹性、抗压强度、破裂强度、黏附性、内聚性等；咬断力检测探头模拟人体门牙咬切畜禽肉及肉制品，检测肉的咬断力；小型楔形固定夹具适合纤维、肉片等样品的拉伸实验；轻型单刀复合剪切探头适合小力量样品剪切实验。质构法对样品的前处理要求较低，对畜产品来说，只需要按照操作台的大小，切割成合适面积的样品即可，修整完样品后将其放置于质构仪操作台面上就可进行质构分析。

畜禽肉的嫩度品质可用质构法来测定，畜禽肉的嫩度是消费者最关注的品质之一，嫩度的高低决定畜禽肉的市场消费等级和加工适应性，其原理是用质构仪测定出的剪切力来代表嫩度，作用力越大，嫩度越小。

2　风味检测分析技术

畜禽肉中的风味物质由挥发性有机物（VOCs）组成，风味物质的检测对指导产品生产、提高产品质量意义重大。挥发性有机物一般指常温下沸点在 50~260 ℃的有机化合物，可以分为酯类、醛类、酮类、烷类、芳烃类、烯类、卤烃类等。目前，畜禽肉中风味物质的定性、定量技术有气相色谱-质谱联用（GC-MS）、气相离子迁移谱（GC-IMS）、气相色谱-嗅闻技术联用（GC-O-MS）等。其中，GC-MS 是最常用的分析手段，具有气相色谱强分离能力和质谱高鉴别能力的优势。其原理是：样品挥发性物质经富集后在 GC 中被气化，由于吸附剂对每个组分的吸附力不同，各挥发性物质在色谱柱的作用下分离，先后从毛细管柱端流出进入 MS，被离子源电子流轰击成离子化，总离子流检测器对各组分进行检测，得到每个色谱峰的离子流信号，即色谱图。通过检索数据库进行定性，可利用内标法定量。

样品中挥发性风味物质的富集是前处理的主要目的，前富集方法主要有固相萃取（SPE）、固相微萃取（SPME）、顶空固相微萃取（HS-SPME）、热脱附法（TD）等。其中，SPE 是一种基于液-固吸附平衡、无溶剂且对环境友好的前处理方法，包括活化、上样、清洗、洗脱 4 个步骤，吸附材料主要有聚合材料、新型功能材料和纳米材料等；SPME 是集采样、萃取、浓缩和进样于一体的无溶剂样品微萃取技术，克服了固相萃取回收率低、吸附剂孔道易堵塞的缺点，具有操作简单、携带方便、适用范围广等优点；HS-SPME 在操作时不用与样品接触，将外层的涂层纤维置于样品顶部进行提取，被测组分首先从固相中扩散穿透到气相中，然后再由气相转移到萃取固定相（涂层）中，采样富集后，可直接在 GC-MS 进样，具有简单、无溶剂、选择性好等优点，在畜产品挥发性风味成分的研究中广泛使用；此外，热脱附法（TD）采用低温富集-快速升温解析模式，可与 GC-MS 联用分析，具有灵敏度高、检测限低的特点，能够更加全面地反映样品挥发性物质信息，成为畜禽肉风味物质测定中风味前富集的新趋势。

3　保水性检测分析技术

保水性又称持水性、系水性，是指当肉受外力作用时，如加压、切碎、加热、冷冻、解冻、腌制等加工或贮藏条件下保持其原有水分与添加水分的能力。保水性对畜禽肉嫩度、质量损失和肉制品加工适宜性、适口性有重要意义。畜禽肉及肉制品中保水性测定，能够掌握畜禽宰后肉各阶段水分保持状态，为指导畜禽生鲜肉、热鲜肉的生产、销售和贮藏，研究肉制品加工改良和工业化生产提供重要参考。畜禽肉的保水性检测分析技术有滴水损失测定方法、离心损失测定方法、蒸煮损失测定方法和熟肉率测定方法等。

3.1　滴水损失测定方法

滴水损失是指在不施加任何外力而只受重力作用的条件下，肉在测定时的液体损失量。其测定方法为：在屠宰后 45~60 min 内取样，切取倒数第 3~4 肋间处眼肌，将肉样切成 2 cm 厚的肉片，修成长 5 cm、宽 3 cm 的长条，称重，用细铁丝钩住肉样的一端，使肉样垂直向下，悬挂于塑料袋中（肉样不得与塑料袋壁接触），扎紧袋口后吊挂于冰箱中（0~4 ℃），24 h 后取出用滤纸吸去肉样表面的水分，称重，前后质量差与测定前肉样质量的比值即为滴水损失，以百分比形式表示。

3.2　离心损失测定方法

离心损失是指肉品在离心力作用下的质量损失。其测定方法为：取宰后成熟胴体中取厚度为 5 cm 的背最长肌一段，修去肌肉表面脂肪，切取 2 cm 厚的肉片，取肉中心部位 10 g 左右，立即置于感量为 0.001 g 天平上称重，称重后用棉布将肉样包裹好，放入 50 mL 的聚碳酸酯试管（内有吸收棉），于 4 ℃，以转速 9 000 r/min 离心 10 min，取出样品，剥去棉布，称肉样重。离心前后质量差与离心前肉样质量的比值即为离心损失，以百分比形式表示。

3.3　蒸煮损失测定方法

蒸煮损失是指肉品在蒸煮前后的重量损失。其测定方法为：将肉样放置室温下（22±2）℃平衡 0.5 h，将肉块放入塑料蒸煮袋中，将温度计探头由上而下插入肉块中心，记录肉块的初始温度，将蒸煮袋口用夹子夹住，将包装的肉块放入 72.0 ℃水浴中，水浴高度应完全浸没肉块为宜，袋口不得浸入水中。当肉块中心温度达到 70.0 ℃时，记录加热时间，并立即取出肉样，将其放入流水中冷却 30 min，水不得浸入包装袋内，然后将其放在 −1.5~7.0 ℃冷库或冰箱中过夜（约 12 h）。肉块蒸煮前后的重量损失占其原重量的百分比即为蒸煮损失。

3.4　熟肉率测定方法

熟肉率是指肉品熟制后与熟制前的重量比值。其测定方法为：取腰大肌中段 300~500 g，去除腰大肌肌膜和附着脂肪，用感量为 0.1 g 的天平称重，将腰大肌置于铝蒸锅的蒸屉上，用沸水在 1 500 W 的电炉上蒸煮 30 min，取出后于 0~4 ℃冷却后 2 h 后，称重，蒸煮后与蒸煮前肉样重量的比值即为熟肉率，以百分比形式表示。

4　水分活度检测分析技术

水分活度是指在一个密闭的测量空间中样品和气体平衡后，气体中的相对湿度。其原理是在密闭、恒温的水分活度仪测量舱内，试样中的水分扩散平衡，测量舱内的传感器或数字化探头显示出的响应值（相对湿度对应的数值）即为样品的水分活度。测定方法为：称取约 1 g（精确至 0.01 g）样品迅速放入样品皿中，封闭测量仓，在温度 20~25 ℃、相对湿度 50%~80%的条件下测定，每间隔 5 min 记录水分活度仪的响应值，当相邻两次响应值之差小于 0.005 aw 时，即为测定值。需要注意，在仪器充分平衡后，同一样品重复测定 3 次。

畜禽肉中水分活度测定的样品前处理需注意，样品至少要取 200 g，在室温 18~25 ℃、湿度 50%~80%的条件下，迅速切成约小于 3 mm×3 mm×3 mm 的小块，不得使用组织捣碎机，混匀后置于密闭的玻璃容器内。

第15章　畜禽肉检测设备

基于畜禽肉四维品质检测内容和关键检测技术，本章重点以畜禽肉品质表征效果好的 8 种新兴先进分析仪器为介绍对象，从仪器的型号特点、功能原理、适用范围、操作规程、维护保养、注意事项等方面予以介绍，为畜产品品质分析实验室搭建、仪器使用和维护保养提供参考。畜禽肉品质检测分析常用仪器设备见附表5。

第 1 节　分光测色计

分光测色计又称色差计，是一种客观、便捷、用于测定样品颜色的仪器，可数字化、定量化地表达颜色。本节以 Konica Minolta CM-700d 为例，介绍分光测色计在畜禽肉品质检测分析中的应用。

1　型号特点

分光测色计（Konica Minolta CM-700）具有结构紧凑、便携、精度高的特点，仪器配有彩色 LCD 显示屏和蓝牙无线通信功能，可通过显示屏上的菜单按钮直接操作，也可外部连接电脑进行检测。

2　功能原理

仪器锥形测量探头适用于表面平整或弯曲弧度的样品，仪器中的滤光片具有模拟与人眼感色灵敏度相当的分光特性，能够自动比较样板与畜禽肉样品之间的颜色差异，输出CIE L、a、b 3 组数据和比色后的 △E、△L、△a、△b 4 组色差数据。

测量数据可通过无线蓝牙功能与计算机或者移动打印机连接进行通信传输。

3 适用范围

广泛应用于畜禽肉中反射目标色的颜色和色差测量，可实现畜禽肉加工工艺优化、贮藏期品质变化规律研究、大数据建模、快速无损评价分析等。

4 仪器操作

4.1 开机

将仪器电源开关打到"|"位置，即可打开电源。

4.2 设置状态

按"MENU"（菜单）按钮，打开"Language"（语言）界面，设置显示语言；打开"Cond"界面，选择所需注册号（01~08），编辑所需模式和状态设置，包括"Mode"（模式）、"Wait Time"（等待时间）、"Auto Ave"（自动平均）、"Manual Ave"（手动平均）、"Disp. Type"（显示类型）、"Color Space"（色空间）、"Equation"（色差公式）、"Color Index"（色度指标）、"Observer"（标准观察者）、"Illuminant 1"（光源 1）、"Illuminant 2"（光源 2），设置完成后返回"Cond"界面，可在此界面按下"MENU"（菜单）选择"Edit Name"（命名）为状态命名，按下"SAVE/SEL"（保存/选择）按钮，返回"Option"（选项）界面。

4.3 安装目标罩

使用符合所选棱镜位置和测量条件要求的目标罩。将目标罩安放在样品测量口，使目标罩外缘切口与仪器上的定位标志的起始点成一条线，然后握住目标罩的外缘，顺箭头（顺时针）方向旋转，直到其外缘切口与仪器上的"〇"标记在一条直线上，然后牢牢固定目标罩。

4.4 零校正

如果测量条件有很大改变或使用了防尘罩或 φ8 mm 目标罩（含玻璃镜片），则必须在执行白板校正之前先完成零校正。

4.4.1 零校正准备

在"Calibration"（校正）界面（检查界面顶部显示的状态图标，确定透镜位置

（MAV/SAV）图标是否适合测量面积选择开关的设置和所用目标罩的类型，如不同则按下"CAL"（校正）按钮。使用十字交叉键的按钮将光标移至"Zero Cal"（零校正），将样品测量口对着半空，确保在样品测量口周围 1 m 范围内没有反射物体（手、桌子、墙等），使用零校正盒"CM-A182"可以保证零校正的正确执行。

4.4.2　执行零校正

确认（测量准备就绪）图标显示在屏幕上，或者就绪灯"Ready"变成绿色，按下测量按钮，即可开始执行零校正。每执行一次"SCI"和"SCE"测量，氙灯就闪光 5 次，零校正过程中，屏幕上会显示闪光的次数。零校正完成后，屏幕返回"Calibration"（校正）界面。

4.5　白板校正，每次打开电源后需执行白板校正

4.5.1　白板校正准备

打开"Calibration"（校正）界面，检查界面顶部显示的状态图标，以确定透镜位置（MAV/SAV）图标是否适合测量面积选择开关的设置和所用目标罩的类型，如不同则按下"CAL"（校正）按钮。使用十字交叉键按钮将光标移至"White Cal"（白板校正），正确套上白色校正板，白色校正板和仪器的配对编号相同。

4.5.2　执行白板校正

确认（测量准备就绪）图标显示在屏幕上，或者就绪灯"Ready"变成绿色，然后按下测量按钮，开始执行白板校正。每进行一次"SCI"和"SCE"测量，氙灯就闪光 5 次。白板校正期间，屏幕上显示闪光的次数。零校正完成后，屏幕返回"Calibration"（校正）界面。

4.6　样品测量

按下"SAMPLE"（样品）按钮，将仪器的测量口放在样品上，确保屏幕上显示有（测量就绪）图标或就绪"Ready"指示灯显示为绿色，然后按下测量按钮，对样品进行测量。结果将显示在屏幕上（系统将根据样品测量的先后顺序自动为样品数据分配一个编号），显示内容还包含测量模式和条件。

4.7　数据处理

"Print"（打印），打印已测数据；"Delete"（删除），删除已测数据；"Edit Name"（编辑 ID），命名已测数据；"List"（列表），在列表中指定各个样品数据

序号的字段；"Auto Target"（自动目标色），自动选择测量用的具有最小色差的目标色；"Delete All"（全部删除），删除全部已测数据。

4.8 连接外部设备

通过 USB 电缆 IF-A17 将该仪器与电脑连接，或采用蓝牙技术将其与电脑或打印机配对，即可传输或打印数据。连接仪器和电脑时，须在电脑上安装色彩数据软件"SpectraMagic"NX CM-S100 w，与电脑连接时仪器会自动进入通信模式，液晶显示屏显示"Communication"（正在通信），测量和控制按钮被禁用，如果从电脑向仪器发送一条指令启动测量按钮，即可使用测量按钮进行测量，测量数据保存在电脑中。

4.9 关机

将电源开关打在"〇"处，即可关闭电源，将目标罩存放于避光、封闭环境中，防止周围的光线过分照射。

清理现场，填写使用记录。

5 维护保养

（1）仪器长时间工作时，显示值可能随环境的变化而改变。因此，为了确保测量的准确性，需经常进行白板校正。

（2）白色校正板必须与配对编号相同的仪器一起使用，尽量在 23 ℃下校正和测量。

（3）不要刮伤或弄脏白色校正板，不用时，需将白色校正板倒置，防止周围的光线过分照射。

（4）不要用手触摸、刮擦或弄脏目标罩的内表面。不用时，应将目标罩存放于避光、封闭的环境中，防止周围的光线过分照射。

（5）如果仪器沾有污渍，应该用干燥的干净软布清洁仪器。严禁使用稀释剂或苯等溶剂清洁仪器。

（6）如果白色校正板沾有污渍，应该用干燥的干净软布清洁，如果灰尘难以去除，将软布用商用拭镜液润湿，再擦拭白色校正板，然后用沾水的软布将拭镜液抹去并等待其风干。

（7）当不用时，确保将电源开关设为"OFF"（"O"）。

（8）可使用交流适配器（AC-A305）或 AA 碱性电池或镍氢充电电池供电。但不得使用该交流适配器给安装于仪器内的镍氢充电电池进行充电。

（9）如果仪器崩溃、目标罩的内表面或者积分球的内部沾有污渍，不得自行拆开或修理仪器，须与专业工程师联系修理。

6　注意事项

（1）应在周围温度介于 5~40 ℃之间、相对湿度为 80% 或以下（温度为 35 ℃时）、无冷凝的环境下进行操作。

（2）不得在有尘土、烟雾或化学气体和强烈磁场的环境下使用，否则会导致仪器性能退化甚至系统崩溃。

（3）将仪器倒置使用时，切勿使脏物或灰尘进入样品测量口。

（4）如果样品测量口内有灰尘进入，则会降低测量的精确度，因此，仪器不用时，须套上白色校正板，防止灰尘通过样品测量口进入积分球。

（5）如在两个星期以上不准备使用，须取出电池。否则电池会发生漏液而损坏仪器。

第 2 节　电子鼻

电子鼻是模仿人体嗅觉机理的仿生检测设备，具有检测周期短、样品处理简单、检测灵敏度高、结果可靠等优点，能够从气味方面识别样品的风味信息。本节以德国 AIRSENSE 公司 AIRSENSE PEN3 电子鼻为例，介绍其在畜禽肉品质检测中的应用。

1　型号特点

电子鼻（AIRSENSE PEN3）可用数据更加客观和科学地描绘畜禽肉的风味轮廓，仪器共配备了 10 种对化学成分灵敏的传感器，传感器的电阻随着不同气体成分的变化而变化，与顶空进样技术联用，实现对不同样品风味轮廓电信号的差异分析，进而对样品进行区别判定。

2　功能原理

传感器阵列主要由对化学成分灵敏的传感器组成，这些类型的传感器随着不同的气体成分而改变电阻率，从传感器得到的信号与当前所测的气体成分相关并且可以用储存的模式识别，进而达到鉴别和区分畜禽肉样品的目的。

3 适用范围

畜禽肉特征香气成分鉴别、品种辨别、产地溯源等快速识别和加工贮藏稳定性研究等。

4 仪器操作

4.1 组装仪器

将电子鼻主机、电源线、活性炭过滤器、进样管、进样针和补气针等从便携式手提箱中取出并正确连接（也可在野外单机使用即不连接电脑，连接上进样管安上进样针后开机，按前面板上的按钮可开始或停止，屏幕可以直接显示仪器状态、测试过程，数据可保存后在实验室电脑"Winmuster"软件上进行处理）。

4.2 打开电源

预热 1 min，直到电子鼻主机屏幕显示"standby"状态，预热完成。

4.3 连接设备

打开电脑上的"Winmuster"软件，点击"Options"，在"Search Devices"中选择搜索到的电子鼻设备，此时电子鼻与电脑连接成功。

4.4 设置参数

依次点击"Options""device""setting"，根据实验要求，设置等待时间、清洗时间、进样时间和测试流量等方法参数。

4.5 运行仪器

依次点击"Measurement""start""single measurement"，开始单样品测试，或点击工具栏的"开始"快捷键图标，电子鼻开始运行。

4.6 测试样品

在电子鼻清洗结束，屏幕会提示"54321"倒计时，当出现"1"时，将进样针和补气针同时插入前处理好的样品瓶中进行顶空进样，在进样临结束前，屏幕会再次提示"54321"倒计时，当出现"1"的时候，同时拔出进样针和补气针，进样结束。

4.7　保存数据

进样结束后，点击"File""Measurement""save"或点击工具栏的"保存"快捷键图标，输入名称、设置保存路径，对数据进行保存。

4.8　连续进样

如需连续进样，点击"Measurement"选择"Automatic Measurement"，添加要进样的样品名称和序号，勾选"Continuous measuring"，设置保存路径，点击"开始"，连续进行 4.5 的操作。

4.9　数据分析

4.9.1　编辑模板

点击"File""Pattern""Edit"，点击"add"添加测试数据，"within Range from 1 to 1"选择数据点（即测试时间段），点击"Pattern Name"输入样品名称，点击"add"添加数据文件，点击"Apply"确认，提示已添加的数据信息，模板窗口点击"OK"，生成模板。

4.9.2　数据分析

点击"Analysis""Analysis"进行数据分析，点击窗口中的不同分析方法"Eu Kr Ma DF PL PC Lo LD PL"，对检测数据进行分析，分析图谱可点击"print"导出。

4.9.3　关机

实验结束后关闭软件和电脑，将仪器组装部件拆卸后放回便携箱中。

清理现场，填写使用记录。

5　维护保养

（1）每次使用样品瓶后都需洗净、晾干，防止样品残留，影响风味测定结果。

（2）仪器所配备的活性炭过滤器，需每半年更换一次，以保证过滤纯净空气。

（3）机器内部有两层滤膜，每年更换一次，需联系专业工程师进行操作。

6　注意事项

（1）测试液体样品时，进样管严禁伸入液面以下。

（2）进样针禁止插入样品内部。

（3）测试粉末状样品时，必须安装过滤膜。

（4）仪器后方的 "zero gas 2" 进气口必须安装上有效的活性炭过滤器之后才可以开机。

（5）为了保证结果间的可比性，必须确保样品本身的规格、顶空体积、静置时间、温度等影响气体浓度和挥发性的条件一致。

第 3 节　味觉分析系统

味觉分析系统是一种新兴的仿生设备，可以避免生理味觉的主观影响和缺陷，无偏地测量畜禽肉的滋味，被广泛应用各种畜禽肉的滋味品质的检测中。本节以日本 Insent 公司 SA-402B 为例，介绍味觉分析系统在畜禽肉品质检测中的应用。

1　型号特点

味觉分析系统（SA-402B）又称电子舌，采用了与人舌头味觉细胞工作原理类似的人工脂膜传感器技术，可以客观数字化地评价畜禽肉等样品基本味觉感官指标。对畜禽肉的味觉指标进行分析，可从味觉角度对肉品进行评价定义。检测指标有样品的苦味、涩味、酸味、咸味、鲜味、甜味、苦的回味、涩的回味和鲜的回味（丰富度）。

2　功能原理

SA-402B 味觉分析系统由主机、传感器、操作电脑组成。传感器由味觉传感器、陶瓷参比电极和温度传感器组成，味觉传感器薄膜的电势是根据和参比电极相变化检测出的，数据处理部分将传感器发出的模拟电子信号转化为数字信号，然后将信号转移至仪器的 CPU 中进行数据处理。味觉传感器主要分为 3 种类型：正电荷膜、混合膜和负电荷膜。

3　适用范围

可对畜禽肉及肉制品种类、加工工艺、储藏方式、储藏年限、原料差别、是否掺假等方面进行快速识别和分析研究。

4　仪器操作

4.1　活化味觉传感器

当传感器没有内部液时，在使用前，需进行传感器的预活化，整个过程需戴手套操作。

4.1.1　内部液注入传感器

从传感器探针主体部逆时针旋转取下针插型电极端，将 200 μL 内部液（internal solution）注射到传感器中，确保完全充满电极芯，内部液浸没脂膜。轻轻地拍打传感器以赶走气泡，然后将带电极芯的电极端装入传感器中，顺时针旋紧。

4.1.2　活化传感器

取基准液（reference solution）于烧杯中，将传感器立即放入且确保浸没深度达到 10 mm，每个烧杯只能放置一根传感器，手握和放入烧杯时确保电极总是向上，防止气泡进入到脂膜和"Ag/AgCl"电极中，用保鲜膜盖住烧杯，防止挥发，在 20~30 ℃的环境下活化 24 h。

4.2　活化陶瓷参比电极

当传感器没有内部液时，在使用前，需进行传感器的预活化，整个过程需戴手套操作。

4.2.1　内部液注入电极

从玻璃管拔出插针型电极端，当安装过紧时，可轻轻左右拧松再拔，吸取内部液到距玻璃管顶端 5 mm 处，然后将针插型电极端插进管中，轻轻拍打玻璃管以赶走气泡。

4.2.2　活化电极

倒"KCl solution"（3.33 mol）溶液于烧杯中，将参比电极立即放入且确保浸没深度达到 15 mm，每个烧杯只能放置 1 根传感器，手握和放入烧杯时确保电极总是向上，防止气泡进入到脂膜和"Ag/AgCl"电极中，用保鲜膜盖住烧杯，防止挥发，在 20~30℃的环境下活化 24 h。

4.3　连接传感器头

当味觉传感器和陶瓷参比电极活化完成后，将其连接到相应的传感器头上，味觉传感器的特制槽标记为 1~8 号，参比电极的特制槽标记为"R"。

4.4 连接机器手臂

将传感器头安装在机器手臂，对准连接口之后，顺时针拧最上面的螺环部位，达到合适位置时，会发出清脆的一声，此时传感器头完全和手臂连接上。

4.5 开机

打开电脑及电子舌主机开关，启动"Taste Sensing System application"程序，选择"Measurement"进入测试界面。

4.6 设置条件

在"General setting"基本设置中，选择测量循环（一般设置为 4 次）及输入数据文件名称；在"Sample"样品信息中，选择样品数量（最多为 10 个）、输入样品名称及样品名列表文件名。

4.7 检查传感器

在"Sensor"中，点击"Browse"选择对应传感器集合，可通过"Mount sensors"和"Remove sensors"来上下移动电子舌的机械臂；当传感器输出不稳定时可点击"Sensor check"执行传感器检测，查看传感器是否安装正确，样品和测试所需的溶液是否放置合理，没有问题后点击"Exit"退出。

4.8 执行传感器检测

点击"Start"仪器自动开始进行传感器检测，检查所有传感器的输出是否在允许范围内。检测完成后，如果传感器检测结果均为"蓝色"，则传感器正常，如果检测结果显示为"红色"，则对应的传感器有问题应更换，结束后点击"Exit"退出。

4.9 开始运行

点击"Select a method file"，打开"file""open"，选择对应测试方法；点击"measurement"，按照弹出的对话框放置样品、参比溶液、清洗溶液，在核对全部信息后点击"Exit"，最后点击"Start"开始实验，测试完成后，点击"Exit"退出。

4.10 移除传感器

在传感器设置面板上，点击"Remove sensors"，在机械臂会抬起后将传感器连接头从臂上拧下，然后将传感器从传感器连接头上取下，点击"Exit"退出。

4.11 数据分析

启动"Taste analysis application"程序，点击"Delete sample/sensor"可删除样

品或传感器；点击"link file"可对数据合并链接（如有需要）；点击"Data correction"或"Interpolating addition process"可对数据进行修正；点击"Transformation for tastes information"可进行味觉值的转化；点击"Graph"中"Radar chart"或"2D Scatter plot"可查看示意图；点击"Multivariate analysis"可进行"Regression analysis"回归分析和"Princpal components analysis"主成分分析。

4.12　关机

先关闭软件，再关闭电子舌主机，最后关闭电脑主机。

清理现场，填写使用记录。

5　维护保养

5.1　味觉传感器的维护

样品可能残留在味觉传感器上造成污染，需要清洗后保存。

5.2　传感器清洗

如在测试后近两周内仍需使用，需先用去离子水清洗脂质膜和探针的背面，清洗时不可和脂质膜接触或施加压力，否则会损坏传感器，洗后脂质膜需用不起绒毛的纸巾轻轻擦拭去除水分，探针用不起绒毛的纸巾擦干。最后分别保存在盛有基准液（reference solution）的杯子中，为防止传感器发霉，至少 3 天换 1 次活化液。

5.3　传感器保存

如果味觉传感器两周或更长时间不使用时，需将它储存在干燥的环境中。在对味觉传感器进行脱水的过程中，需全程佩戴手套操作。先从传感器探针中拔下针插型电极端，倒出内部液，用洗瓶或注射器注射离子水来清洗探针内部，重复操作 3 次，完全去除内部液后，用去离子水洗干净脂质膜的表面、探针的背面以及针插型电极端的"Ag/AgCl"电极，清洗完毕后用不起绒毛的纸巾擦干传感器探针（不包括脂膜）和电极末端，待探针的内外部都完全干燥后，将传感器储存在凉爽干燥的地方。

5.4　陶瓷参比电极的维护

样品可能残留在玻璃管上造成污染，在测试后需用去离子水清洗玻璃管。

5.5　参比电极保存

如在测试后近两周内仍需使用时，需用"KCl solution"（3.33 mol）进行浸泡，在浸泡时可用保鲜膜包裹电极末端，防止金属腐蚀；如果味觉传感器两周或更长时间不使用时，需将它储存在干燥的环境中，先从玻璃管中拔下针插型电极末端，倒出玻璃管中的内部液，将玻璃管浸泡在10%的硫酸或10%的硝酸中12 h，或超声清洗30 min，待彻底清洗干净后擦干玻璃管，自然风干。

6 注意事项

（1）为了避免污染，每次操作传感器和电极时都需要佩戴一次性手套。

（2）操作传感器和电极时，电极头须一直保持向上，避免因倒置使电极针与传感器膜之间产生气泡，造成结果输出异常。

（3）预处理时，传感器不可以放置在冰箱中，环境中的水分可能会使传感器电极头生锈。

（4）活化时，传感器和参比电极都需要单根分别放置在不同的烧杯中。

（5）必须将转接头取下安装好传感器后，再将其安装到机械臂上。

（6）必须正确放置正、负极清洗溶液，否则会导致传感器失活。

（7）不同属性的味觉传感器要分别用不同的参比电极，不可混用。

（8）参比电极、传感器的内部液在添加、更换、风干时应保持同样的状态，以确保输出稳定。

（9）不可用强清洗液来清洗玻璃管，否则会导致玻璃管被腐蚀。

（10）干燥时确保无内部液的残留，否则陶瓷参比电极会因为KCl在连接处结晶而不稳定。

第4节　水分分析仪

水分分析仪是依据红外加热的原理开发的快速、准确测定水分含量的仪器，能够克服传统检测方法的操作烦琐、结果波动大等缺点。本节以德国赛多利斯Sartorius MA160为例，介绍水分分析仪在畜禽肉品质检测中的应用。

1　型号特点

　　水分分析仪（Sartorius MA160）是使用热解重量分析法（红外干燥）来快速、可靠地测定液体、浆体以及固体物质中水分含量的仪器，由加热模块、加热元件、一次性样品盘、温度传感器等组成，同时，配备了外接打印机，可在水分分析后打印测试报告。

2　功能原理

　　本仪器是利用红外加热来测定样品水分含量的仪器，红外线会穿透畜禽肉样品，红外线到达样品内部后，会直接对样品进行加热，避免样品在传统加热模式下由于加热散发出的挥发性成分产生的重量损失，保证结果的准确性。

3　适用范围

　　使用热解重量分析法快速、准确地测定畜禽肉中的水分含量，可用于注水肉检测和水分分析研究等。

4　仪器操作

4.1　开机

　　开机后仪器默认语言为英文，点开主菜单上"设置"按钮设置语言为中文，返回后让仪器预热 30 min。

4.2　查看和更改方法参数

　　选择位于显示屏主屏幕底部的菜单键，在菜单中选择按钮，从方法菜单中选择所需的方法，查看当前方法，选择参数进行更改，点击"√"后确认，更新完毕后返回，保存更改。

4.3　样品要求

　　测量时佩戴手套，在测量前将样品保存在密闭、防水的容器中，确保样品具有代表性且分布均匀。

4.4　水分测试

　　在主屏幕上选择"开始"，或打开盖子，屏幕上会显示下一步。

（1）将空的样品盘放到分析仪上，并且可根据需要放上一个或两个过滤器。过滤器的数量取决于在当前方法的参数设定中设置了几个过滤器。合上盖子，水分分析仪会自动去皮。

（2）将样品缓慢放到样品盘或过滤器上，样品的量到达设定好的范围后，目标数值显示会变为绿色（当在方法参数中激活"起始重量"选项时）。

（3）合上盖子，水分分析仪会自动启动。测量过程中，如果未在菜单中关闭分析仪上的过程状态灯，则该状态灯会闪烁，水分分析过程中，显示屏上会显示当前测量值和进度。（如果设定了目标数值，则会以柱状图的形式显示测量过程。这样会标记目标数值，并显示公差限制，如果没有设定目标数值，则会以曲线图的形式显示测量过程。）

（4）水分分析结束后，显示屏上会显示样品的水分含量。分析仪上的过程状态灯会闪烁3次，然后熄灭，根据需要查看和打印报告。如需退出测量，选择"OK"（确定）。

4.5 关机

打开盖子，用样品钳从水分分析仪上取下样品盘，合上盖子，关闭仪器电源。样品待冷却后妥善处置。

清理现场，填写使用记录。

5 维护保养

5.1 清洁控制面板

将显示屏切换至待机模式，以避免在清洁期间修改操作设置。

5.2 清洁外壳

清洁前，须断开分析仪电源和所有数据线，不得打开分析仪外壳，外壳内包含的部件不能随意清洁、维修或更换，同时，须确保没有液体或灰尘进入分析仪。从分析仪中取出一次性样品盘和盘托，切勿使用包含溶剂或研磨剂成分的清洁剂，用不脱毛的抹布和温和清洁剂（比如，异丙醇）清洁外壳外部，然后用软布将分析仪擦干。

5.3 清理加热元件

加热模块内部零件以及样品室零件的温度可能极高，须等待加热模块完全冷却后才能进行清理。

5.3.1　解锁加热模块

完全打开加热模块，拉动加热元件背后的解锁把手以解锁加热元件。

5.3.2　清洗加热模块

向上拉动加热模块，将其拉出导轨，用乙醇等弱溶剂清洁加热元件和温度传感器。如有必要，拉动抽气机格栅，将其拉出加热模块，然后清洗加热模块和格栅。

5.3.3　安装

清洁完毕后，以相反顺序重新组装加热模块，并重新安装分析仪，需将加热模块在分析仪上扣入定位。

5.4　清理样品室零件

样品室零件温度可能极高，须等待样品室底部完全冷却后再进行清理。

（1）取下样品室底部。用一枚合适的硬币解锁"锁套（卡销）"。

（2）取下"锁套（卡销）"，并取下样品室底部，小心清洗。

（3）清洁后，用"锁套（卡销）"将样品室底部重新安装到分析仪上。

6　注意事项

（1）将冷的设备带到暖得多的地方时，会在冷设备表面形成露珠。因此，将设备从电源断开后，让设备在新环境中适应大约 2 h，然后才能再次连接电源。

（2）不得将任何易燃物质放置到分析仪上、下或背面，防止加热装置周围区域温度上升引发火灾。

（3）样品盘不可重复使用，如清洗后，残留的清洁剂会在下一次水分分析过程中挥发影响测定结果准确性，因此，只能使用仪器配备的一次性样品盘（内径 90 mm）。

第 5 节　水分活度仪

水分活度仪是采用镜面冷凝露点方法，快速获得畜禽肉中水分活度值的仪器。水分活度值等于在一个密闭的测量空间中样品和气体平衡后，气体中的相对湿度。本节以 AquaLab Pre 为例，介绍水分活度仪在畜禽肉品质检测中的应用。

1 型号特点

水分活度仪（AquaLab Pre）可快速、准确测量水分活度，读数时间小于 5 min，读数准确性为 ±0.01 aw。水分活度是对系统中水的能量状态的测量，该仪器可用于预测与微生物生长、化学和生物化学反应速率以及物理性质相关的产品的安全性和稳定性。

2 功能原理

将样品放在一个密闭空间的样品杯中，样品上方有传感器模块，模块中有一个风扇、露点传感器和温度传感器以及红外温度计。露点传感器测量空气的露点温度，红外温度计测量样品的温度，通过这些温度的测量，可以计算出气体的相对湿度，也就是相同温度下露点温度饱和蒸气压和水的饱和蒸气压比值。当样品的水分活度和气体的相对湿度达到平衡后，测量气体的相对湿度也就得到了样品的水分活度，风扇的作用是加快水分的平衡以及控制露点传感器的边界层传导性。

3 适用范围

可测量全量程范围的水分活度（0.05~1.00 aw），可用于畜禽肉贮藏稳定性研究等。

4 操作规程

4.1 开机

开机后仪器需要预热大约 15 min。

4.2 准备样品

所测样品需要混合均匀，具有代表性。样品需放置在一次性样品杯中，如果可能的话需要完全覆盖底部，样品不超过半杯，过多的样品会污染传感器。确保样品杯的边缘和外部保持干净，用干净的纸擦去样品杯边缘的多余样品。如果样品需要多次测量，需要盖上盖子防止水分的迁移变化。

4.3 样品测定

4.3.1 放置样品

仪器的旋钮转到"Open or Load"位置，打开样品仓，把样品放到样品仓里，小心关上仪器样品仓，测量液体时注意防止液体溅出，否则会污染样品仓。

4.3.2 开始测定

转动旋钮到"Read"位置，这时样品仓被密封。屏幕上会显示仪器开始读数循环（读数时间的长短取决于样品温度和样品仓温度的差别，或者是样品本身的性质）。读数会一直循环直到连续的 3 次读数变化小于 0.000 5，当仪器完成了读数循环，在屏幕上会显示水分活度值，伴随 LED 闪烁以及蜂鸣声。

4.4 关机

测量结束后需将样品取出，关闭电源。

清理现场，填写使用记录。

5 维护保养

（1）样品测量完毕后禁止将样品留在仪器里，如果仪器被搬动样品可能会溅出污染仪器的样品仓。

（2）样品放入仪器后不要挪动仪器，仪器挪动可能会导致样品洒出并污染样品仓。

（3）当测量液体样品的时候，注意不要拉动仪器样品仓太快，以免液体洒出。

（4）如果样品的温度高于样品仓温度 4℃或以上，仪器会显示"the sample too hot"，需要对样品进行降温。

（5）如果样品正在测量，在仪器的右上角如果有三角符号出现，这表示镜面清洁度低，需要进行清洁。

（6）如果样品的水分活度小于 0.03 aw，仪器会显示小于 0.03 的信息，并且会伴随 LED 闪烁，提示样品太干，很难对样品进行准确的测量。

（7）若读数很慢或者不一致，可能是样品仓变脏或样品温度和仪器设定的温度差别太大，仪器里风扇的叶片也可能损坏或者弯曲，需要清洁或更换部件。

（8）若标准溶液读数太高或太低无法调整，且线性补偿调整也无济于事，有可能是测量样品温度的热电偶或样品仓里的镜面比较脏，需要清洁仪器。

6 注意事项

（1）为了确保正确操作以及结果一致性，需要把仪器放置在一个干净、环境温度稳定、位置水平的地方，避开空调以及加热箱、窗户等位置。

（2）为了有更好的性能，仪器使用前须预热 15 min。

（3）一旦发生仪器漂移或者读数不稳定现象，在样品测试前必须对仪器性能进行校准。

（4）校准时，一旦发生仪器漂移或者读数不稳定现象，在样品测试前必须对仪器性能进行校准。

① 选择校准液。选择一个与被测样品水分活度接近的校准溶液，把小瓶中的标准溶液倒入样品杯，并放置在仪器的样品仓中。确保标准溶液的温度尽可能与仪器设置的温度接近。

② 测定校准液。将样品推入仪器内，然后逆时针旋转旋钮 90°到读数位置，开始读数。连续读两次数据，两次读数的结果误差需要在标准值的±0.01 以内。如果样品的温度不是 25 ℃，需换算正确的水分活度值。

③ 如果读数与标准值相差±0.01 以内，选另一个与被测样品接近的水分活度标准溶液。准备 1 个样品杯来测量第 2 个校准溶液，读数两次的结果需要与标准值相差±0.01 以内。

④ 如果第 1 个标准溶液的读数误差不在±0.01 以内，则样品仓有可能受到污染，需对仪器进行清洁；如果两个标准溶液的读数有任何一个不在误差范围内，都有可能是因为样品仓受到污染，在清洁仪器后重新做校准步骤；如果第 1 个标准溶液的读数始终超出误差范围，则需要做线性校正。需要把标准溶液的读数校正到正确的数值。

第 6 节　核磁共振成像分析仪

低场核磁共振技术是基于原子核磁特性的一种波谱技术，具有对样品结构性质无损伤性、易于量化、几乎不需要分离、允许识别新化合物并且不需要化学衍生等优势，广泛应用于畜禽肉贮藏、复水及品质监控等方面。本节以纽迈分析仪器公司 NM120-040H-1 为例，介绍核磁共振成像分析仪在畜禽肉品质检测中的应用。

1　型号特点

核磁共振成像分析仪（NM120-040H-1）具有分析和成像功能，适合水/油定量测试、水/油空间分布（成像可视化）、不同状态水的含量分析与动力学研究。

2　功能原理

仪器由不同模块组成，集弛豫分析和磁共振成像于一体。将畜禽肉样品放入磁场中之后，通过发射一定频率的射频脉冲，使 H 质子发生共振，H 质子吸收射频脉冲能量。当射频脉冲结束之后，H 质子会将所吸收的射频能量释放出来，这也就是核磁共振信号。由于不同样品能量释放的速度快慢不同，可通过这些信号规律研究样品内部性质。

3　适用范围

可用于畜禽肉中含油含水率检测、水分相态及定量分析、水油体系中水分/油脂分布、迁移、运动性研究，肉的冻结点、未冻水含量检测等。

4　仪器操作

4.1　开启温控开关

需提前 4~8 h 开启，开启后磁体会自动升温至设定温度，待显示温度稳定在（32±0.03）℃且数值不跳变时即可进行下一步。

4.2　开机

开启工控机（电脑主机，黑色的机柜），再依次开启谱仪开关（蓝色）、射频开关（RF Power）、梯度开关（Gradient Power）。

4.3　T2 测试

4.3.1　仪器校正

双击桌面上的纽迈核磁共振分析测量软件，进入主界面，点击数据采集，点击参数设置选项，出现参数设置窗口，将校准液体放入探头中，在参数面板上的序列名称选项下拉框中选择"Q-FID"序列。

（1）对标准液采样：点击菜单栏中"🕸"，进行单次采样，右侧有 3 条曲线出现后，点击菜单栏中"⊜"，停止采样。

（2）SF、90°矫正：点击菜单栏中"🐜"，软件将自动寻找中心频率即主频和偏移频率(每隔 4 h 校正一次)，点击菜单栏中"ᐟᒷ"，弹出自动寻找脉宽参数设置对话框，一般是默认值，点击"确定"，软件自动寻找 90°脉宽（P1）和 180°脉宽（P2），结果为一个波峰和一个波谷。（SF 矫正需每隔 4 h 进行一次，90°矫正一天进行一次。）

4.3.2 样品参数设置

（1）添加序列：放入要待测的其中一个样品，点击参数面板上左下角红色加号，新增一个样品的序列名称，序列选项下拉框中选择"CPMG"序列，队列名称手动输入进行命名，点击"确认"。

（2）设置合适的采样频率和射频延时参数：一般液体样品采样频率选为 100 Hz，射频延时为 0.08 s；固体样品采样频率为 200 Hz 及以上，射频延时为 0.02 s。

（3）设置合适的采样等待时间值，回波时间值，回波个数值，保证整个样品信号完全弛豫完且有一小段平的拖尾。

（4）设置前放档位值：根据样品信号量大小调节前放档位的值，值越大，信号越大，但是注意不要让信号饱和溢出（含水较高的样一般建议用 0~1；含水较低及很干的样品建议用 2~3）。

（5）调节累加次数的值：为改善采样信号的信噪比，调节到样品的纵坐标信号大于 2 000 及以上（一般液体样品用 4 或 8 次；新鲜或含水较大的固体样品用 8 或 16 次；粉末或较为干燥的样品用 16、32 或 64 次；NS 越大，信噪比越好，但采样时间越长）。先使用经验参数进行采样，再根据采样信号的纵坐标进行 NS 的调节，根据信号线的长度进行回波时间及回波个数的微调，使得样品信号能完全平缓下来且有一段平的拖尾。

4.3.3 样品测试

将样品放入探头中，在重命名栏中输入待测试样品名称等信息，点击进行采样，采样结束后，数据自动保存到数据库。

4.3.4 连续测样

放入下一个待测样品，重复 4.3.3 步骤。

4.3.5 数据反演

所有样品测试结束后，关闭采样数据的界面进入数据查询的界面，选中需要反演的数据，点击屏幕右上角的反演选项，进行数据反演。

4.3.6 导出数据

反演结束后，退出反演结果界面，进入数据查询界面，选中需要的数据，点击屏幕右上角的数据导出选项，将数据导出存储到所需要的目标文件夹中。

4.4 含油、含水率测定

4.4.1 仪器校正

双击"核磁共振含油含水率测试软件"图标，点击参数设置按钮，会出现参数设置窗口，选择仪器合适的磁体线圈，放入标准油样，选择"FID"序列，设置合适的"SW，RG1，DRG1，PRG，RFD"，可以采用出厂时默认参数；设置合适的"TW"值，标准油样设置"TW"为2000 ms，设置完成后开启射频单元电源。

（1）对标准油样采样：点击"⊛"，进行单次采样，大约采样10 s，点击"⊜"，停止采样。

（2）SF、90°矫正：点击"⚒"，软件将自动寻找中心频率即SF1+O1，点击"⌐⁹⁰"，会弹出参数设置对话框，可以用默认值，点击确定采集，软件会自动寻找90°脉宽（P1）和180°脉宽（P2），结果呈现为一个波峰和一个波谷。如出现多个波峰、波谷或者只有一个波峰无波谷、只有波谷无波峰时，需要调整起始或者结束脉宽。找到脉宽后，软件会自动把寻找到P1和P2值记录在数据库中，无须额外保存；设置"NS"为2，设置"TW"为1 000 ms。

4.4.2 样品参数设置

（1）设置"TW"：将实际测试的样品放入磁体中，点击"⊛"开始采样；结束后，记录信号模最大值；将"TW"增加500 ms，再次点击"⊛"，并记录模的最大值；比较当前值和前一次的值；如果当值比前一次的值要大，重复上面步骤，直到变化范围小于1%，或者达到模最大值。此时对应的"TW"就是恰当的"TW"时间。注意：如果T1时间较短，可以将"TW"开始的时间设置短一点，例如100 ms，时间间隔也短一些，例如100 ms。

（2）新建队列：点击新建队列"◉"，输入队列名称，选择队列类型为"GSEG-CPM"，输入合适的"SW，RFD，RG1，DRG1和DRG1"。将设置"TW"找到的合适的"TW"输入，设置"DL1、DL2、NECH1=1（不能改变）、NECH2≥1"；注意："DL1+DL2=3.5 ms"，并且"DL1"要尽量地小，一般可以设为100~150 us。

（3）调节"NS"值：为改善采样信号的信噪比，设置好参数后，保存参数，再关闭，回到主界面。

4.4.3 样品测试

（1）定标：准备好与待测样品相匹配的标样，点击主界面菜单栏"含油含水率测量"中"定标"选项，进入定标界面。输入标样名称—选择标样数量—选择定标模式（含量定标/质量定标）—选择参数列队（上面已经编辑好的"SEG-CPMG"参数列队）—测试对象（根据标样类型选择油，水），点击"开始"定标。

（2）绘制定标线：根据提示放入空试管，采样结束，弹出对话框；放入标样，输入标样中油（水）的百分含量和质量值；依次将所有标样都测完后，会自动出现定标线。注意：如果在上述定标过程中，如果标样数量不够，可以点击"添加标样点"按钮，添加标样点的个数；如果个别标样点偏离定标曲线，可以去掉其相应序号前面的小勾，使其不计入本次定标曲线。

（3）设置采样参数：定标完成后，点击窗口左上角"测量"按钮，进入测量界面，点击"含油含水率测量"中的"测量"，选择样品类型（根据样品所需的测试的是含油率/含水率/含油含水率选择：油/水/油+水）—选择参考标样—输入样品名称—样品质量；注意：如果样品类型为油+水，则参考油标样、参考水标样的采样参数必须保持一致。

（4）样品测试：点击开始测量，采样结束后，会显示油（水）或含油含水的百分比。

（5）查询数据：可按需要选择查询种类，选择好后点击开始查询，给出所有符合查询条件的记录，可将结果导出到"EXCEL"文件并保存。

4.5 成像测定

4.5.1 校正设备

将标准油样放入磁体腔内，点击"⏳ Prescan"，系统自动开始调节参数校正设备，且完成后自动停止。

4.5.2 预扫描样品

点击"Auto Shimming"中的"View"，观察信号界面是否出现3个峰，将标准油样取出，放入待测试样品，点击"📍 Scout"开始预扫描，完成后自动停止，在定位像显示区显示预扫描图像。

4.5.3　设置成像参数

"Location"界面中选择需要的成像方位""，其中"Sagital"为矢状面，"Coronal"为冠状面，"Axial"为横截面，可分别获得样品的矢状面成像、冠状面成像和横截面成像，并可在此界面中调节扫描层的层位置、层数、层厚及层间距。

4.5.4　确定加权成像种类

设置"TR"及"TE"参数，其中质子密度像为长"TR"短"TE"，"T1"加权像（突出短弛豫信号，抑制长弛豫信号）为短"TR"短"TE"，"T2"加权像（突出短弛豫信号，抑制长弛豫信号）为长"TR"长"TE"。

4.5.5　确定重复累加次数

在"Sequence Parameter"界面中确定重复累加次数"Average"（信号较弱时，则需要设置较大如 8、16、32 次等，信号较强时则可设置小一些，如 4、8 次等）。

4.5.6　测试样品

点击""开始采样，完成后自动停止，得到图像。

4.5.7　保存数据

点击""保存采样数据，存储结果有 2 种，"Dicom"格式和"FID"格式数据，将存储的数据导入到图像处理软件中，进行数据处理。

4.5.8　关机

使用完毕后关闭测试软件—关闭梯度开关（"Gradient Power"）—关闭射频开关（"RF Power"）—关闭谱仪开关（蓝色）—关闭计算机，如经常使用设备，温控开关（"TC Power"）按钮可一直保持为开状态，而若长时间不使用仪器（一两周甚至更长），则需关掉温控开关，断开电源。

清理现场，填写使用记录。

5　维护保养

（1）设备使用前，确认电源正常，接地正常，无漏电或漏水现象。

（2）设备运行时各项开关及指示灯正常，磁体恒定加热温度正常稳定。

（3）T2 测试样品在试管内的高度控制在 3 cm 以内。

（4）使用完毕后，确认各系统关闭，长期不使用时需要时可切断电源。

（5）实验结束后，注意样品测试口防尘，并清洁现场。

6 注意事项

（1）实验室环境温度保持在 20~26 ℃，最高不要超过 28 ℃。

（2）使用 220 V/380 V 电源，电压稳定，接地良好。

（3）设备周围 1 m 范围内无移动的大型铁磁性物质。

（4）磁体柜上勿放任何物品。

第 7 节　质构仪

质构仪能够检测样品的力学特质，灵敏性较高，且能量化成具体数值，需要根据样品的种类与基本特性选择恰当形状、规格的探头，通过自动压缩、切割、加压等获取样品的品质参数与相关图谱。本节以美国 FTC 公司 TMS-Pro 质构仪为例，介绍味觉分析系统在畜禽肉品质检测中的应用。

1 型号特点

质构仪（TMS-Pro）可以准确检测样品随时间变化的位移和力量从而给出样品的物性特征，实验方法包括全质构测试（TPA）、压缩实验、穿刺实验、挤出实验、剪切实验、弯曲实验、拉伸实验等基本实验模式。

2 功能原理

仪器由主机、软件、力量感应元和实验探头组成，可定量分析畜禽肉样品的嫩度、硬度、脆性、黏性、弹性、咀嚼性、拉伸强度、抗压强度、穿透强度、韧性、凝胶强度等各项物性指标。

3 适用范围

可用于畜禽肉及肉制品的物性学分析。

4　仪器操作

4.1　安装力量感应元

根据样品特点选择合适的力量感应单元和实验探头，在关机状态下，将力量感应元正确地安装到仪器指定位置并旋紧旋钮，检查质构仪后面的上下限位螺母是否正确，避免松动。

4.2　连接仪器

连接电源线、数据线，并打开电脑，点击质构仪程序软件，输入账号密码后，选择"Programmed Testing"，待软件左下角"UP/DOWN"键变亮则说明软件与设备连接成功。

4.3　选择测试程序

点击"File""Load Library Program"，根据实验需求选择检测相应测试程序。

4.4　设置最大力量限制

点击"Setup""Preference""General""Maximum Load"，检测最大力量限制是否与选用的力量感应元匹配（最大力量限制值要小于力量感应元量程）。

4.5　设置位移零点

正确安装实验所需探头，通过"UP/DOWN"或前面板上下键将其停止在合适的高度（距离平台约 2 cm 为宜），点击"Start"开始，输入暂停时间，一般 20 s，输入力量感应元量程后，探头开始向下运行，接触到平台后，设置平台为位移的零点。

4.6　运行试验

按提示要求输入实验参数，待设备运行至指定高度后放置样品，点击"resume"开始试验，测试结束后按提示选择：参数修改选择 0、继续测试选择 1，实验结束后软件自动计算数据结果。

4.7　保存实验结果

点击"File""Save as"保存实验结果，实验量较大时需随时保存。

4.8　关机

实验结束后清洗操作平台和探头，并且用纸巾擦干，关闭电源，约 2 min 后将力量感应元、探头正确取下，并擦拭清理干净，放回原处。

清理现场，填写使用记录。

5 维护保养

（1）放置仪器的台面应整洁无倾斜、晃动。

（2）探头精密，使用后应用中性洗涤液或清水清洗，擦干后存放收纳到固定位置，防止碰撞、磨损。

6 注意事项

（1）力量感应元应在主机关机 2 min 后，再安装或取下。

（2）安装主机与电脑的数据线时，需在主机关机 2 min 后，主机前面板的电源指示灯熄灭后，再接线。

（3）打开程序后，不要急于开始实验，先检测"最大限制"是否设置正确。

（4）运行速度应小于 300 mm/min。

（5）运行程序后，要密切注视实验的进程，如有紧急情况，须立即按主机前面板"EMERGENCY STOP"紧急停止按键。

（6）开始试验后，勿倚靠或晃动桌面，保持仪器平稳运行。

第 8 节　全自动热脱附系统

热脱附技术常与气-质联用技术搭配用于畜禽肉中挥发性风味物质的检测。全自动热脱附系统是挥发性风味物质检测的前富集装置，在低温采样后，经加热从吸附材料中提取挥发性有机物并将其浓缩到极小体积载气中，载气经气相色谱分离后用质谱分析，通过保留时间、质谱图或特征离子定性，内标法或外标法定量。本节以 Markes International 公司 TD100-xr 全自动热脱附系统为例，介绍其在畜禽肉品质检测中的应用。

1 型号特点

全自动热脱附系统（TD100-xr）是一种样品前处理装置，可与气相色谱-质谱联用仪（GC-MS）连接，用于富集、解析样品中的挥发性有机化合物（VOCs）和半挥发性有机化合物（SVOCs），连接时不占用 GC 标准进样口，同时含有 100 位自动进样器，可大批量上机检测。具有前处理时间短、灵敏度和准确性高的特点。

2　功能原理

全自动热脱附系统可分为仪器控制软件、吸附管、管解析加热区、冷阱、气体供应等几个部分。仪器开机运行正常后，通过仪器控制软件可设置进样方法，待样品吸附结束后可上机检测。吸附管可富集浓缩待测样品的挥发性物质，吸附管可分为有填料和无填料两种，有填料吸附管可在样品经过填料时将目标物吸附在表面，无填料吸附管可借助吸附棒上的吸附材料吸附目标物，将吸附棒放置于吸附管并盖帽密封后，就可放置在加热器中进行解吸。被解吸出来的待测组分直接进入低温条件下的聚焦冷阱中，在加热之前，载气通过吹扫冷阱的方式除去空气、水和溶剂，然后冷阱被载气沿反吹方向快速加热。解吸的分析物通过加热的传输线被引导至气相色谱仪（GC），并触发GC运行开始。

3　适用范围

可用于畜禽肉中挥发性风味物质检测，对畜禽肉品种优势和加工特性等进行分析评价。

4　仪器操作

4.1　开机程序

4.1.1　开机

使用时需确保气相色谱质谱联用仪运转正常，打开电源和氦气、氮气开关阀，氦气压力设置一般不超过 30 psi，氮气压力一般设置为 50 psi。

4.1.2　连接仪器

将色谱仪自动进样器插口切换为热脱附插口，将色谱柱进样端用两通与热脱附出口相连，待自检完成后，双击桌面上的"M"图标，打开软件。

4.2　新建方法

4.2.1　选择模板

点击"Workflow"下的方法编辑图标，点击新建方法，选择最常用的 2~3 阶解析模板，设置相应的温度和流速参数。

4.2.2 设置参数

GC 循环时间可根据需要选择，需大于或等于方法运行时间+降温时间+平衡时间。最低载气压力默认为 5 psi。可根据方法或者样品实际情况选择是否分流，设置对应的流量，吹扫流量大于或等于 50 mL/min。设置完毕后点击保存方法。

4.3 样品检测程序

4.3.1 吸附棒老化

吸附棒在第一次使用前需在大于 260 ℃条件下老化 1~2 h，每次做样前需老化 20 min。

4.3.2 装载样品管

将吸附棒有吸附材料一端向有刻槽端小心放入，样品管带刻槽的一端是样品进出的端口，使用钝化的半透密封件（紫色），另一端使用普通的不锈钢半透密封件，用双手压紧。样品盘装好后轻推入支架，听到"咔"一声即可。

4.3.3 运行序列

点击"Workflow"下的序列图标，设置样品管位置，添加描述及选择方法，保存后点击绿色三角箭头运行序列，同时在设置好 GC-MS 方法后，点击运行序列。

4.3.4 测漏

样品管加载后将自动进行泄漏测试，包括高压和低压泄漏检查，通过后继续运行方法。

（1）查看测漏原因：若低压泄漏测试失败，则序列自动终止，通过"sequence history"查看错误提示。左键点击"instrument"图标可查看仪器状态，右键点击"instrument"图标，点击"view schematic"可查看气路图，利用手动开关圆形气阀来调节气路，通过查看气路状态来确定压力泄漏原因。

（2）高压主检查：检查对应的密封 O 形圈是否有破损，尤其是半透密封件里面的 O 形圈是否需要更换。更换 O 形圈时应仔细小心，取、放 O 形圈均有专用的工具，小心避免划伤金属表面。低压泄漏可能是 HV 阀或者对应的电磁阀有漏，联系专业工程师处理。

4.3.5　关机

序列运行结束后关闭软件，关闭氮气，在关闭 GC–MS 后才可关闭氦气。

清理现场，填写使用记录。

5　维护保养

5.1　关机

维护保养前需关闭系统中的所有仪器，并断开电源，待所有部件冷却，关闭载气和/或吹扫气体（如有必要）。

5.2　吸附管的保存与寿命

老化或采样后的吸附管和吸附棒，两端需安装密封螺帽后再存放，安装密封螺帽时，使用扳手或专用工具手动拧紧后，再拧紧四分之一圈即可；若吸附剂没有在最高温度下进行解吸，那么"Tenax TA"管和装有碳基吸附剂的吸附管可以进行100~200 次循环，其他多孔聚合物在经过 100 个加热循环后，需重新填充吸附剂。

5.3　更换吸附管密封圈和过滤膜

在密封圈和过滤膜损坏和仪器检漏失败时需要更换，使用专用的 O 形圈移除工具，轻轻地将 O 形圈与过滤膜取出，检查吸附管与高温阀的连接处是否清洁，清洁后更换 010 号 O 形圈和"PTFE"滤膜，安装分流管将其密封在流路中，然后接通电源并打开仪器，进行检漏测试，确保新安装的 O 形圈和过滤膜密封完好。

5.4　更换活性炭分流管

分流管在使用一段时间后，活性炭会饱和，需要定期更换，建议每 3 个月更换1 次。在更换分流管前，须在"MIC"软件的直接控制模式下，点击"更换分流管"按键，此时载气不通过分流管，抬起分流管一侧带有黑色手柄的杠杆装置，取下需要更换的分流管后，安装新的分流管即可。

5.5　更换"DiffLok"管帽中的 O 形圈

在损坏或仪器检漏失败时需要更换，使用 O 形圈抽出和插入工具，与更换吸附管密封圈步骤类似，可参照执行。

5.6　更换冷端和热端的 O 形圈

高温和对吸附管的反复密封、启封，都会对两端（冷端和热端）喷嘴上的 O 形密封圈造成不同程度的损伤，从而导致检漏失败，更换时先需要卸下仪器的顶盖和右侧盖板，调整固定风扇的螺钉，将风扇尽可能向后倾斜，重新拧紧螺钉固定风扇，然后按下吸附管加热区的夹具，向后旋转吸附管加热区组件，使其靠近两个喷嘴，使用安装包中的 O 形圈抽出工具和 O 形圈插入工具来更换 O 形圈，确保正确插入凹槽。将所有移动部位恢复原状后，确保吸附管被向下推入到位，接通电源并打开仪器，进行检漏测试，确保新安装的 O 形圈密封完好。

6 注意事项

6.1 吸附管使用

存储在低温条件下的吸附管，在采样前，须将吸附管在环境温度下放置一段时间平衡温度，从而避免采样时大气中的水汽冷凝而保留在管中。

6.2 仪器连接

热脱附出口与色谱柱进样口需要通过原装的两通进行连接，为防止泄漏，此两通不可反复拆卸，在更换色谱柱时需更换新的两通。

6.3 样品采集

畜产品样品在吸附采集时，可借助吸附采样平台，利用振荡加热辅助吸附，使样品挥发性物质采集更充分。

附表1

兽药检测常用仪器设备一览表

序号	仪器名称	用途
1	气相色谱仪	用于易挥发有机化合物含量、有关物质、特征图谱及残留溶剂的检测
2	高效液相色谱仪	用于药品的鉴别、有关物质检查、含量测定和非法添加检测
3	超高效液相色谱仪	用于药品的鉴别、有关物质检查、含量测定和非法添加筛查
4	紫外分光光度计	用于药品的鉴别、杂质检查和含量测定
5	红外分光光度计	用于药品的鉴别、化学结构分析和定量分析
6	酸度计	用于药品酸碱度的测定
7	电位滴定仪	用于药品水分、含量测定
8	电子分析天平	用于药品质量的称量
9	熔点仪	用于药品熔点的测定
10	旋光仪	用于兽药典某些品种性状项下比旋度的测定，或一定制剂的含量测定
11	溶出度仪	用于片剂、胶囊、颗粒的溶出度检测
12	崩解仪	用于检测片剂、胶囊剂、丸剂等药物的崩解时限
13	微粒分析仪	用于大小容量注射液、粉针剂及包材的不溶性微粒的检测
14	渗透压摩尔浓度测定仪	用于注射剂、水溶液型滴眼液、洗眼剂等制剂的渗透压摩尔浓度测定
15	干燥箱	用于测定药品水分、恒重、干燥热处理及其他加热处理
16	浊度仪	用于测定药品的浊度
17	减压干燥箱	用于测定药品水分、干燥热处理及其他加热处理
18	马弗炉	用于药品水分、灰分等检测，基准物恒重
19	显微镜	用于兽药的鉴别检测
20	澄明度仪	用于药品澄明度检测
21	自动永停滴定仪	用于药品含量的检测
22	细菌内毒素测定仪	用于兽药定量定性细菌内毒素检测
23	全自动抑菌圈测定仪	用于抗生素微生物检定法检测

序号	仪器名称	用途
24	生化培养箱	用于培养试验、低温恒温试验、环境试验等
25	融变时限测定仪	用于测定药物融变时限
26	飞行时间质谱联用仪	用于药物定性分析
27	高速基因扩增仪	用于基因扩增、定性 PCR 基因扩增等
28	全自动核酸提取仪	用于动物尿液、粪便等不同样本核酸的快速提取
29	水平电泳系统	用于核酸分析、纯化及制备等实验
30	凝胶成像系统	用于蛋白质、核酸、多肽、氨基酸、多聚氨基酸等其他生物分子的分离纯化结果的定性分析
31	高速冷冻离心机	兽药前处理辅助设备
32	振荡器	兽药前处理辅助设备
33	电热恒温水浴锅	兽药前处理辅助设备
34	超声波清洗器	兽药前处理辅助设备
35	薄层色谱点样展开成像系统	用于兽药薄层鉴别
36	自动微生物鉴定及药敏分析系统	用于鉴定细菌菌种、细菌对药物敏感度的测定
37	实时荧光定量 PCR 仪	用于对病原体进行定量测定
38	纯水仪	制备实验室检验用水
39	恒温振荡培养箱	用于动物源细菌耐药性实验中培养细菌、药敏板孵育
40	生物安全柜	用于细菌分离、接种操作
41	超低温（-80 ℃）冰箱	用于菌种保存
42	超净工作台	用于固体或液体灭菌培养基分装
43	立式蒸汽灭菌器	用于培养基制作、器皿湿热灭菌
44	4/6 孔钢管放置器	用于抗生素及其他抗菌药物的效价检测的牛津杯放置

附表2

饲料检测常用仪器设备一览表

序号	仪器	主要功能
1	电子天平	样品质量称量
2	电子分析天平	样品质量精密称量
3	电热鼓风干燥箱	测定饲料中水分等
4	马弗炉	测定饲料中灰分及其他需要灰化处理的样品
5	定氮仪	测定饲料中粗蛋白等
6	脂肪提取仪	测定饲料等样品中粗脂肪及脂肪酸的提取
7	纤维分析系统	测定饲料中粗纤维时的提取
8	紫外分光光度计	测定饲料中总磷等
9	原子荧光光度计	测定饲料中总砷、汞等
10	原子吸收光度计	测定饲料中铜、铁、锰、锌、铅、铬等
11	高效液相色谱仪	测定饲料中各种维生素、违禁添加、霉菌毒素等
12	液相色谱串联质谱	测定饲料中兴奋剂等违禁添加及霉菌毒素等
13	气相色谱仪	测定饲料中违禁添加抗菌药、农药残留等
14	氨基酸分析仪	测定饲料中氨基酸
15	实时荧光 PCR 仪	测定饲料中微生物及牛、羊源性成分等
16	微孔分光光度计	采用酶联免疫快速法测定饲料中兴奋剂、霉菌毒素等
17	近红外分析仪	快速测定饲料中水分、灰分、粗蛋白等常规成分
18	生物安全柜	形成无菌的高洁净的工作环境常用于微生物检测
19	高压灭菌锅	用于培养基、生理盐水、微生物检测所用器械等的灭菌
20	恒温培养箱	用于微生物培养等
21	微波消解系统	用于金属元素微波消解法前处理
22	超纯水仪	用于制备实验室用水
23	漩涡仪	用于样品均质
24	振荡器	用于定时振摇提取
25	电热板	用于恒温加热消煮赶酸

序号	仪器	主要功能
26	离心机	用于分离液体和固体及不同密度的两种液体等
27	超声仪	用于流动相的脱气,超声溶解难溶固体及清洗容器等
28	水浴锅	用于蒸馏、干燥及浓缩样品及溶剂等
29	氮吹仪	用于浓缩样品等
30	酸度计	用于样品、流动相等的 pH 控制

附表3

兽药残留检测常用仪器设备一览表

序号	仪器	主要用途
1	电子分析天平	用于标准品的精密称量
2	电子天平	用于畜禽产品的一般称量
3	涡旋仪	用于兽药残留检测前处理中样品的混匀提取
4	匀质仪	可将肉类产品搅碎混匀，用于畜禽肉样品的均质处理
5	振荡器	用于兽药残留检测前处理中的振荡提取
6	离心机	用于兽药残留检测中对混合液体样品的分离处理
7	氮吹仪	用于兽药残留检测中少量液体的浓缩
8	旋转蒸发仪	用于兽药残留检测中液体的浓缩，适合大量液体的浓缩处理
9	微孔分光光度计	测定吸光值，用于兽药残留检测中药物的定性快速筛查
10	液相色谱仪	用于畜禽产品中兽药残留的定性、定量检测
11	气相色谱-质谱联用仪	用于畜禽产品中兽药残留的定性、定量检测
12	液相色谱-质谱联用仪	用于畜禽产品中兽药残留的定性、定量检测

附表4

生鲜乳检测常用仪器设备一览表

序号	仪器设备名称	主要用途
1	电子天平	主要用于称量物体质量
2	电子分析天平	主要用于精密称量物体质量，常见的分析天平应用的量程为52~520 g，读数精度为0.002~1 mg
3	超纯水器	主要用于动、植物细胞培养用水；各种医疗用生化仪、分析仪、血液透析仪用水；分析试剂及药品配置稀释用水；原子吸收光谱用水；各种高效液相色谱、离子色谱用水；其他各种实验室用水和医药用水
4	生化培养箱	适用于细菌、霉菌、微生物的培养
5	电热鼓风干燥箱	主要用来干燥样品，也可以提供实验所需的温度环境
6	恒温水浴锅	主要用于进行恒温加热或者其他温度试验的工具，也用在实验室中用来蒸馏、干燥、浓缩等
7	超声波清洗器	用于清除污染物的仪器，通过换能器将功率超声频源的声能并且转换成机械振动来清洗物品
8	氮吹仪	通过将氮气快速、可控、连续地吹到加热液体样品表面，使样品中的溶剂快速蒸发、分离，从而达到样品无氧浓缩的目的
9	酸度计	是一种常用的仪器设备，又名 pH 计。主要用来精密测量液体介质的酸碱度值，配上相应的离子选择电极也可以测量离子电极电位 MV 值
10	旋转蒸发仪	是实验室广泛应用的一种蒸发仪器，由马达、蒸馏瓶、加热锅、冷凝管等部分组成的，主要用于减压条件下连续蒸馏易挥发性溶剂
11	多样品平行蒸发浓缩定量及固相萃取系统	多样品同时浓缩/定量浓缩/合成反应
12	高速冷冻离心机	用于对混合液体进行快速分离的设备
13	盖勃氏乳脂离心机	用于盖勃氏法和伊尼霍夫氏碱法对乳及乳制品的相对密度和脂肪进行标准的理化检验
14	涡旋仪	是利用偏心旋转使试管等容器中的液体发生涡流，从而达到使溶液充分混合之目的
15	孵育器	是一种用来孵化卵类的机器设备，该设备的作用是读取反应结果
16	冰箱	低温保存试剂、耗材及样品
17	冰柜	低温保存试剂、耗材及样品
18	体细胞检测仪	用于检测牛奶中体细胞数的分析仪器

序号	仪器设备名称	主要用途
19	乳品成分分析仪	用于快速检测牛奶中的理化指标的分析仪器
20	冰点仪	用于检测牛奶中冰点的分析仪器
21	黄曲霉毒素检测读数仪	胶体金免疫层析法中用于检测牛奶中黄曲霉毒素的分析仪器
22	β-内酰胺酶测量分析仪	用于智能型的自动微生物、菌落计数分析、抑菌圈测量和抗生素药敏效价分析及β-内酰胺酶检测分析等
23	微波消解仪	是利用微波的穿透性和激活反应能力加热密闭容器内的试剂和样品，达到预处理的目的
24	蛋白消煮炉	消解蛋白
25	杂质度仪	过滤生鲜乳中杂质，用于测定杂质度
26	离子色谱仪	主要用于样品中的阴、阳离子测定
27	高效液相色谱仪	适于分析高沸点、不易挥发、受热不稳定易分解、分子量大、不同极性的有机化合物；生物活性物质和多种天然产物；合成的和天然的高分子化合物等
28	超高效液相色谱-串联质谱仪	生鲜乳中药物残留、违禁添加物、激素等物质的检测
29	原子吸收分光光度计	用于生鲜乳中微量元素、矿物质元素及重金属等元素的检测
30	电感耦合等离子体质谱仪	用于几乎所有分析领域内痕量、微量和常量元素，包括碱金属、碱土金属、过渡金属和其他金属类金属、稀土元素、大部分卤素和一些非金属元素的检测
31	自动菌落成像分析系统	用于菌落总数计数分析
32	全自动微生物鉴定及药敏分析系统	测试药物的药效、细菌鉴定实验、鉴定微生物细菌全自动微生物鉴定及药敏分析系统
33	双道原子荧光光度计	用于砷、汞等元素的检测
34	气相色谱仪	用于对气体、易挥发的物质及可转化为易挥发化合物的液体或固体物质的检测
35	超高效液相色谱-串联质谱联用仪	用于药物分析、食品分析和环境分析等许多领域大部分化合物的定性定量分析
36	紫外-可见分光光度计	用于紫外-可见光区具有特征吸收物质的定性和定量分析

附表 5

畜禽肉品质检测分析常用仪器设备一览表

序号	仪器设备名称	功能用途
1	分光测色计	测定畜禽肉中反射目标的颜色和色差
2	电子鼻	从气味方面识别样品的风味信息，描绘畜禽肉的风味轮廓
3	味觉分析系统	从味觉角度分析样本味觉信息，测定畜禽肉的苦味、涩味、酸味、咸味、鲜味、甜味、苦的回味、涩的回味和鲜的回味（丰富度）
4	凯氏定氮仪	测定畜禽肉中的蛋白质含量
5	分光光度计	测定畜禽肉中的蛋白质含量
6	索氏抽提器	测定畜禽肉及肉制品等食品中游离态脂肪含量
7	氨基酸分析仪（茚三酮柱后衍生离子交换色谱仪）	测定畜禽肉中的酸水解氨基酸含量，包括天冬氨酸、苏氨酸、丝氨酸、谷氨酸、脯氨酸、甘氨酸、丙氨酸、缬氨酸、蛋氨酸、异亮氨酸、亮氨酸、酪氨酸、苯丙氨酸、组氨酸、赖氨酸和精氨酸共 16 种氨基酸
8	气相色谱仪（具有氢火焰离子检测器 FID）	测定畜禽肉中的脂肪酸含量，包括总脂肪、饱和脂肪（酸）、不饱和脂肪（酸）
9	电感耦合等离子体质谱仪	测定畜禽肉中硼、钠、镁、铝、钾、钙、钛、钒、铬、锰、铁、钴、镍、铜、锌、砷、硒、锶、钼、镉、锡、锑、钡、汞、铊、铅的含量
10	电感耦合等离子体发射光谱仪	测定畜禽肉中铝、硼、钡、钙、铜、铁、钾、镁、锰、钠、镍、磷、锶、钛、钒、锌的含量
11	恒温培养箱	为畜禽肉样本中微生物培养提供适宜温度、湿度，可用于菌落总数、大肠菌群、致病菌的测定
12	干燥箱	用于直接干燥法测定畜禽肉中的水分含量
13	近红外水分速测仪	用近红外加热去除畜禽肉中的水分，通过质量差计算水分含量
14	低场核磁共振成像分析仪	畜禽肉中含油含水率测定、水分相态及定量分析、水油体系中水分/油脂分布
15	液相色谱仪	测定畜禽肉中苯并芘含量；测定食品中农药、兽药残留
16	液相色谱-质谱联用仪	测定畜禽肉中农药、兽药残留
17	剪切力测定仪（配有 WBS, Warner-BratzlerShear）	测定畜禽类肉的嫩度

序号	仪器设备名称	功能用途
18	质构仪	测定畜禽肉的嫩度、硬度、脆性、黏性、弹性、咀嚼性、拉伸强度、抗压强度、穿透强度、韧性、凝胶强度等物性指标
19	气相色谱–质谱联用仪	测定挥发性小分子化合物含量，对畜禽肉风味物质进行定性和定量；测定畜禽肉中 N–二甲基亚硝胺含量；测定畜禽肉中农药、兽药残留
20	全自动热脱附系统	挥发性物质的前富集–解析装置，能够与 GC–MS 联用对畜禽肉中风味物质定性定量
21	水分活度仪	测定畜禽肉中的水分活度，表征系统中水的能量状态
22	高光谱分选仪	畜禽肉中果蔬的大小、颜色、水分、糖酸度、机械损伤、内部腐败、虫害分选，以及畜产品的外物污染分选
23	近红外检测系统	通过大数据建模，实现畜禽肉成分和违禁添加等的预测